Studien- und Forschungsführer

Informatik, Technische Informatik, Wirtschaftsinformatik an Fachhochschulen

Lehrbücher für das Grundstudium

Aufbau und Arbeitsweise von Rechenanlagen
von W. Loy

Pascal!
von D. Cooper und M. Clancy

Pascal für Wirtschaftswissenschaftler
von U. Schnorrenberg

Mehr als nur Programmieren ...
Eine Einführung in die Informatik
von R. Gmehlich und H. Rust

„Elemente" der Informatik
von R. Beedgen

Analysis
von G. Schmieder

Numerik
von H. Späth

Theoretische Informatik
von W. Brecht

Modernes Software Engineering
von R. Dumke

Konzepte und Praxis des Compilerbaus
von V. Penner

Vieweg

Studien- und Forschungsführer

Informatik, Technische Informatik, Wirtschaftsinformatik an Fachhochschulen

hrsg. von Rainer Bischoff

ISBN-13: 978-3-528-05506-6   e-ISBN-13: 978-3-322-89194-5
DOI: 10.1007/978-3-322-89194-5

Inhaltsübersicht

Vorwort — 1

Informatik - Bedeutung und Abgrenzung — 4
Werner Burhenne, Albrecht Klages

Berufsbild und Berufsfelder des Diplom-Informatikers der Fachrichtung (Allgemeine) Informatik — 18
Rainer Bischoff

Berufsfelder des Wirtschaftsinformatikers - heute — 28
Rainer Bischoff

Die Technische Informatik — 39
Georg Christaller

Berufsaussichten des Medieninformatikers — 46
Fritz Steimer

Berufsbild des Medizinischen Informatikers — 52
Oskar Hoffmann

Praxisbezug, Angewandte Forschung und Transfer — 60
Rainer Bischoff

Das Studium der Informatik an den einzelnen Hochschulen — 65
zusammengestellt von Rainer Bischoff

Fachhochschule Aachen
Fachbereich Elektrotechnik
- *Studienrichtung Informationsverarbeitung* — 66

Fachhochschule Anhalt (Köthen)
Fachbereich Elektrotechnik/Informatik
- *Studiengang (Allgemeine) Informatik* — 68

Fachhochschule Augsburg
Fachbereich Informatik — 70
- *Studienrichtung Informatik in der Technik*
- *Studienrichtung Informatik in der Wirtschaft*

Fachhochschule für Technik und Wirtschaft Berlin
   Fachbereich Informationstechnik/Elektronik
     - *Studiengang Technische Informatik*   73
   Fachbereich Mathematik/Naturwissenschaften
     - *Studiengang Angewandte Informatik*   76
   Fachbereich Wirtschaftsinformatik/-ingenieurwesen/-
   kommunikation
     - *Studiengang Wirtschaftsinformatik*   78

Technische Fachhochschule Berlin
   Fachbereich Informatik   81
     - *Studiengang Allgemeine Informatik*
     - *Studiengang Technische Informatik*
     - *Ergänzungsstudiengang Ingenieur-Informatik*

Fachhochschule Brandenburg
   Fachbereich Technik
     - *Studiengang Angewandte Informatik*   86
   Fachbereich Wirtschaft
     - *Studiengang Wirtschaftsinformatik*   88

Fachhochschule Braunschweig/Wolfenbüttel
   Fachbereich Informatik   91
     - *Studiengang Technische Informatik*
     - *Studiengang Praktische Informatik*
     - *Studiengang Fertigungsinformatik im Praxisverbund*

Hochschule Bremen
   Fachbereich Elektrotechnik
     - *Studiengang Technische Informatik*   94
     -- *Studienrichtungen: Angewandte Informatik und*
      Automatisierungstechnik

Fachhochschule Darmstadt
   Fachbereich Informatik   97
     - *Studiengang Informatik*
     -- *Schwerpunkte: Systemprogrammierung, Prozeßdatenverarbeitung,*
      Technisch-wissenschaftliche Anwendungen, Betriebsinformatik,
      Telekommunikation, Graphische Datenverarbeitung, Anwendungen
      der Künstlichen Intelligenz

Fachhochschule Dortmund
  Fachbereich Informatik   100
  - Studiengang Allgemeine Informatik
  - Studiengang Technische Informatik
  - Studiengang Wirtschaftsinformatik

Hochschule für Technik und Wirtschaft Dresden (FH)
  Fachbereich Informatik/Mathematik   104
  - Studiengang Allgemeine Informatik
  - Studiengang Wirtschaftsinformatik

Fachhochschule Düsseldorf
  Fachbereich Wirtschaft   109
  - Studiengänge Wirtschaft (mit Praxissemester)/Außenwirtschaft
  -- Schwerpunkt Organisation und Datenverarbeitung (jeweils)

Fachhochschule Flensburg
  Fachbereich Technik
  - Studiengang Elektrotechnik
  -- Studienrichtung Technische Informatik   112
  Fachbereich Wirtschaft
  - Studiengang Wirtschaftsinformatik   114

Fachhochschule Frankfurt am Main
  Fachbereich Feinwerktechnik
  - Studiengang Ingenieur-Informatik   116
  Fachbereich Mathematik/Naturwissenschaften/
  Datenverarbeitung
  - Studiengang Allgemeine Informatik   119

Fachhochschule Fulda
  Fachbereich Angewandte Informatik und Mathematik
  - Studiengang Angewandte Informatik
  -- Studienschwerpunkt Wirtschaftsinformatik   121

Fachhochschule Furtwangen
  Fachbereich Allgemeine Informatik und Künstliche
  Intelligenz   124
  - Studiengang Allgemeine Informatik und Künstliche Intelligenz
  Fachbereich Ingenieur-Informatik   127
  - Studiengang Ingenieur-Informatik
  Fachbereich Medieninformatik   130
  - Studiengang Medieninformatik
  Fachbereich Wirtschaftsinformatik   133
  - Studiengang Wirtschaftsinformatik

Fachhochschule Gießen-Friedberg
Fachbereich Mathematik, Naturwissenschaften und Informatik
- *Studiengang Informatik*
-- *Studienrichtung Medizinische Informatik*   136
Fachbereich Wirtschaft
- *Schwerpunkt Wirtschaftsinformatik*   138

Fachhochschule Hamburg
Fachbereich Elektrotechnik und Informatik
- *Studiengang Softwaretechnik*   140
- *Studiengang Technische Informatik*   140

Fachhochschule Harz (Wernigerode)
Fachbereich Elektrotechnik/Informatik
- *Studiengang Ingenieur-Informatik*   144
Fachbereich Wirtschaftswissenschaften
- *Studiengang Wirtschaftsinformatik*   146

Fachhochschule Heidelberg
Fachbereich Informatik
- *Studiengang Wirtschaftsinformatik*   148

Fachhochschule Karlsruhe
Fachbereich Wirtschaftsinformatik   150
- *Studiengang Wirtschaftsinformatik*

Fachhochschule Kiel
Fachbereich Wirtschaft
- *Studiengang Betriebswirtschaft*
-- *Schwerpunkt Wirtschaftsinformatik/Planungsmethoden*   152

Fachhochschule Köln
Fachbereich Nachrichtentechnik
-- *Studienrichtung Informationsverarbeitung*   155

Fachhochschule Köln/Abteilung Gummersbach
Fachbereich Allgemeine Informatik   157
- *Studiengang Allgemeine Informatik*
- *Studiengang Wirtschaftsinformatik*

Fachhochschule Konstanz
Fachbereich Informatik
- *Studiengang Technische Informatik*   162
- *Studiengang Wirtschaftsinformatik*   165

Fachhochschule Lausitz (Senftenberg)
   Fachbereich Informatik
     - *Studiengang Technische Informatik*   168
     -- *Schwerpunkte: Informationstechnik und Realzeitsysteme*

Hochschule für Technik, Wirtschaft und Kultur Leipzig (FH)
   Fachbereich Informatik, Mathematik und Naturwissenschaften
     - *Studiengang Informatik*   170
     -- *Schwerpunkte: Praktische Informatik und Technische Informatik*
   Fachbereich Wirtschaftswissenschaften
     - *Studiengang Betriebswirtschaft*
     -- *Schwerpunkt/Vertiefung Wirtschaftsinformatik*   173

Fachhochschule Merseburg
   Fachbereich Informatik und Angewandte Naturwissenschaften
     Studiengang Informatik   175
     - *Fernstudienbrückenkurs Allgemeine Informatik*   175

Hochschule für Technik und Wirtschaft (FH) Mittweida
   Fachbereich Mathematik/Physik/Informatik
     - *Studiengang Angewandte Informatik*   178
     - *Studiengang Wirtschaftsinformatik*   178

Fachhochschule München
   Fachbereich Informatik/Mathematik
     - *Studiengang Informatik*   181
     -- *Studienrichtung Informatik in der Technik*
     --- *Schwerpunkte: Systemorientierte Anwendungen und Industrielle*
       Anwendungen
     -- *Studienrichtung Informatik in der Wirtschaft*

Fachhochschule Niederrhein/Abteilung Mönchengladbach
   Fachbereich Wirtschaft
     - *Studiengang Wirtschaft*
     -- *Schwerpunkt Betriebsinformatik*   185

Nordakademie Gemeinützige GmbH (FH)
     - *Studiengang Wirtschaftsinformatik*   187

Fachhochschule Nordost-Niedersachsen (Lüneburg)
   Fachbereich Wirtschaft
     - *Studiengang Wirtschaftsinformatik*   189

Georg-Simon-Ohm-Fachhochschule Nürnberg
Fachbereich Allgemeinwissenschaften und Informatik
- *Studiengang Informatik* 192
-- *Studienrichtung Technik*
-- *Studienrichtung Wirtschaft*

Fachhochschule Ostfriesland (Emden)
Fachbereich Elektrotechnik und Informatik
- *Studiengang Informatik* 195
-- *Studienrichtung Praktische Informatik*
-- *Studienrichtung Kommunikationsinformatik*
- *Studiengang Elektrotechnik*
-- *Studienrichtung Technische Informatik* 195
Fachbereich Wirtschaft
- *Studiengang Betriebswirtschaft*
-- *Studienrichtung Wirtschaftsinformatik bzw. Studiengang* 199
 Wirtschaftsinformatik

Fachhochschule Pforzheim
Hochschule für Gestaltung, Technik und Wirtschaft
Fachbereich 10
- *Studiengang Betriebsorganisation und Wirtschaftsinformatik* 201

Fachhochschule Regensburg
Fachbereich Informatik und Mathematik
- *Studiengang Informatik* 204
-- *Studienrichtung Technik*
-- *Studienrichtung Wirtschaft*

Fachhochschule für Wirtschaft und Technik Reutlingen
Fachbereich Automatisierungstechnik
- *Studiengang Automatisierungstechnik* 207
Fachbereich Wirtschaftsinformatik 210
- *Studiengang Wirtschaftsinformatik*

Fachhochschule Rheinland Pfalz/Abteilung Bingen
Fachbereich Elektrotechnik
- *Studiengang Ingenieur-Informatik* 213

Fachhochschule Rheinland Pfalz/Abteilung Koblenz
Fachbereich Betriebswirtschaft II
- *Studiengang Betriebswirtschaft II*
-- *Schwerpunkt Controlling und Organisation/Wirtschafts-* 215
 informatik

Fachhochschule Rheinland Pfalz/Abteilung Ludwigshafen
  Fachbereich Organisation/Wirtschaftsinformatik
    - *Studiengang Organisation/Wirtschaftsinformatik*
    -- *Schwerpunkt Wirtschaftsinformatik* 217

Fachhochschule Rheinland Pfalz/Abteilung Trier
  Fachbereich Angewandte Informatik 220
    - *Studiengang Angewandte Informatik*
  Fachbereich Betriebswirtschaft
    - *Studiengang Organisation/Wirtschaftsinformatik*
    -- *Schwerpunkt Wirtschaftsinformatik* 222

Fachhochschule Rheinland Pfalz/Abteilung Worms
  Fachbereich Informatik
    - *Studiengang Informatik* 225
    -- *Schwerpunkte: Allgemeine Informatik, Kommunikations-*
    informatik, Produktionsinformatik, Telekommunikation

Fachhochschule Rosenheim
  Fachbereich Informatik 228
    - *Studienrichtung Technik*
    - *Studienrichtung Wirtschaft*

Fachhochschule Schmalkalden
  Fachbereich Informatik 231
    - *Studiengang Allgemeine Informatik*
    -- *Schwerpunkte: Wirtschaftsinformatik, Technische*
    Informatik, Umweltinformatik

Fachhochschule Stralsund
  Fachbereich Elektrotechnik
    - *Studiengang Technische Informatik* 233
  Fachbereich Wirtschaft
    - *Studiengang Wirtschaftsinformatik* 236

Fachhochschule Wiesbaden
  Fachbereich Informatik 238
    - *Studiengang Allgemeine Informatik*

Technische Fachhochschule Wildau
  Fachbereich Informatik/Betriebswirtschaft
    - *Studiengang Betriebswirtschaft (Logistik)* 240
    - *Studiengang Wirtschaftsinformatik* 242

Fachhochschule Wilhelmshaven
  Fachbereich Wirtschaft
    - *Studiengang Wirtschaft*
    -- *Schwerpunkt Wirtschaftsinformatik* 244
  Fachbereich Wirtschaftsingenieurwesen
    - *Studiengang Wirtschaftsinformatik* 247

Hochschule Wismar
  Fachhochschule für Technik, Wirtschaft und Gestaltung
  Fachbereich Elektrotechnik
    - *Studiengang Informatik* 249
    - *Studiengang Elektrotechnik*
    -- *Studienrichtung Technische Informatik* 251
  Fachbereich Wirtschaft
    - *Studiengang Wirtschaftsinformatik* 254

Fachhochschule Würzburg-Schweinfurt-Aschaffenburg/
  Abteilung Würzburg
  Fachbereich Informatik, Kunststofftechnik und Vermessung
    - *Studiengang Informatik* 256
    -- *Studienrichtung Technik*
    -- *Studienrichtung Wirtschaft*

Hochschule für Technik, Wirtschaft und Sozialwesen
Zittau/Görlitz (FH) (Zittau)
  Fachbereich Elektrotechnik/Informatik
    - *Studiengang Informatik*
    -- *Studienrichtung Wirtschaftsinformatik* 260

Hochschule für Technik und Wirtschaft Zwickau (FH)
  Fachbereich Physikalische Technik/Informatik
    - *Studiengang Informatik* 262
    -- *Studienrichtung Ingenieur-Informatik*
    -- *Studienrichtung Wirtschaftsinformatik*
    -- *Studienrichtung Mathematische Methoden der Angewandten
       Informatik*

Informationen für ausländische Studienbewerber 266

Anhang

Neue Empfehlungen der Gesellschaft für Informatik für das
Informatikstudium an Fachhochschulen (Anhang 1)　　　268

Wirtschaftsinformatik in wirtschaftswissenschaftlichen
Studiengänge an Fachhochschulen - Empfehlungen zur
Integration der Wirtschaftsinformatik - (Anhang 2)　　　281

Fachbereichstag Informatik an Fachhochschulen
(Anhang 3)　　　293

Wirtschaftsinformatik an Fachhochschulen
-Arbeitskreis im Fachbereichstag Informatik an　　　299
 Fachhochschulen - (Anhang 4)

Literaturverzeichnis (zentral)　　　303

Namensregister der Professoren in den einzelnen Fachbereichen/
Studiengängen　　　309

Vorwort

Schon in den 60er Jahren bildeten sich an Fachhochschulen (bzw. an deren Vorgängerinstitutionen) erste organisatorische Einheiten mit einem starken Bezug zur Informatik. Aus diesen entstanden etwa ab 1970 die ersten Studiengänge, die sich, gemäß ihrer Entwicklung in der Elektrotechnik, meist mit der Technischen Informatik (Ingenieur-Informatik) beschäftigten.

Dieser Studienführer, der im Auftrage des Fachbereichstages Informatik an Fachhochschulen (FBT-I) und des Arbeitskreises Wirtschaftsinformatik an Fachhochschulen (AK-WI) im FBT-I herausgegeben wird, erhält die erste systematische Darstellung der Studiengänge Informatik bzw. von Studiengängen mit Vertiefungrichtungen/Schwerpunkten Informatik an Fachhochschulen. An der Umfrage, die diesem Studienführer zugrunde liegt, haben sich fast alle Informatikstudiengänge beteiligt. Dabei handelt es sich um

- ○ Studiengänge der *(Allgemeinen) Informatik*
  ggf. mit fachlichen Vertiefungen in betriebswirtschaftliche, technische oder medizinische Richtungen
- ○ Studiengänge der *Technischen Informatik* (Ingenieur-Informatik)
  ggf. mit fachlichen Vertiefungen in unterschiedliche informatische/ technische Ausrichtungen
- ○ Studiengänge der *Wirtschaftsinformatik*
  ggf. mit unterschiedlichen wirtschaftsinformatischen Ausrichtungen und
- ○ Studiengänge - *„Sonderinformatiken"* - wie z. B. die *Medieninformatik*

Hinzu kommen Studiengänge anderer Fachrichtungen mit Vertiefungen in Richtung Informatik („Nebenfachstudiengänge") wie z. B.

- ○ betriebswirtschaftliche Studiengänge
  mit Vertiefung/Schwerpunkt Informatik/Wirtschaftsinformatik
- ○ technische Studiengänge (meist Elektrotechnik/Elektronik)
  mit Vertiefung/Schwerpunkt Informatik/Technische Informatik

Mit diesem umfassenden Fächerspektrum erzielen die Fachhochschulen einen beträchtlichen Anteil an der gesamten Ausbildungskapazität in der Informatik an den Hochschulen der Bundesrepublik Deutschland. Allein bei den Vollstudiengängen Informatik werden derzeit fast gleich viele Absolventen wie an Universitäten, Technischen Hochschulen und Gesamthochschulen diplomiert.

Entsprechend der in den letzten Jahrzehnten enorm gewachsenen Bedeutung der Hochschulausbildung an der noch jungen Spezies „Fachhochschule" soll mit diesem Führer dem Studienbewerber und dem Studenten, aber auch dem interessierten Experten in der DV- bzw. Fachabteilung und ganz besonders dem Personalverantwortlichen einer Unternehmung die Bedeutung dieser Komponenten im Bereich Informatik an Fachhochschulen dargelegt werden.

Fachhochschulen sind Hochschulen besonderer Ausprägung: Im Mittelpunkt der Angewandten Forschung und Lehre steht die Ausbildung zum berufsfähigen, generalistisch ausgerichteten Akademiker auf der Basis einer für dieses Paradigma notwendigen wissenschaftlichen Fundierung.

Von besonderer Bedeutung erscheint dieser Führer auch für den Studienbewerber unter dem Aspekt, daß der ehemalige „Nur-Programmierer" oder „Nur-Organisator" oder der „Nur-Technische-Informatiker" nur noch bedingt in die Entwicklung paßt. Gefragt ist in der Informatik in erster Linie der Fachmann, der das informatische Problem, aber zunehmend auch den betriebswirtschaftlichen Kontext - bei dem Wirtschaftsinformatiker selbstverständlich und weitergehend - kennt und der damit die fachliche Lösung im Kontext des Gesamtproblems/Gesamtsystems mit seinem systematischen Wissen entwerfen und realisieren kann.

Die an Fachhochschulen schon lange existierende Informatik hat in den vollzügigen Informatik-Studiengängen zur Wahl des akademischen Grades Diplom-Informatiker(in) (FH) geführt, ggf. mit dem Zusatz der fachlichen Ausrichtung in Richtung Allgemeine Informatik, Ingenieur-Informatik, Wirtschaftsinformatik etc. In einigen Fällen wird bei der vollzügigen Wirtschaftsinformatik auch der Titel Diplom-Wirtschaftsinformatiker(in) (FH) vergeben. Im Bereich der Technischen Informatik (Ingenieur-Informatik) ist der Diplomgrad Diplom-Ingenieur(in) (FH) häufig vertreten.

Die Aufbereitung des Inhalts in verschiedene, weitgehend selbständige Beiträge gestattet dem Leser eine gezielte Informationsmöglichkeit. Die einzelnen „Moduln" sind damit sinnvollerweise nicht ganz redundanzfrei. Die Tatsache, daß einige Hochschulen mehrmals mit ihren verschiedenen Studiengängen Informatik aufgeführt sind und bei anderen diese in eine Darstellung integriert wurden, liegt am Grad der Redundanz in den einzelnen Darstellungen. Die einmalige Aufführung der Hochschulen tritt meist dann auf, wenn in einem Fachbereich mehrere Studiengänge Informatik geführt werden.

Der Herausgeber/die Autoren sind für Hinweise und Verbesserungsvorschläge dankbar, die insbesondere Realisierungen bezüglich zukünftiger Auflagen erleichtern.

Bei der Erstellung dieses Führers haben insbesondere Frau cand. inform. Karin Gräßle, Herr cand. inform. Jürgen Rombach und Frau cand. ing. Catherine Schemies tatkräftig geholfen (alle FH Furtwangen). Ihnen sei für ihre Mühe und Ausdauer an dieser Stelle herzlich gedankt. Ebenso gebührt Dank den Damen und Herren des Schreibsekretariats unserer Hochschule, insbesondere Frau Ingrid Steimle.

Es sei schließlich um Verständnis gebeten, daß die männliche Form „Diplom-Informatiker/-Wirtschaftsinformatiker" o.ä. meist zum Platzhalter für die männliche und weibliche Form gewählt wurde.

Furtwangen (Schwarzwald), im April 1995

Rainer Bischoff

Informatik - Bedeutung und Abgrenzung

Werner Burhenne, Albrecht Klages

Informatik wird oft als die „Wissenschaft von der systematischen Verarbeitung von Informationen " definiert. Die Verfasser sehen dies differenzierter. Anhand der drei informatischen, vollzügigen Studiengänge (Allgemeine) Informatik, Technische Informatik und Wirtschaftsinformatik verdeutlichen sie dies: Die Informatik gewinnt ein geändertes Gesicht.

Inhaltsübersicht

1. Informatik als Wissenschaft - Auswirkungen auf die Ausbildung

2. Die Entwicklung der Informatik-Studiengänge an Fachhochschulen

3. Der Studiengang Allgemeine Informatik

4. Der Studiengang Technische Informatik (Ingenieur-Informatik)

5. Der Studiengang Wirtschaftsinformatik

6. Neuere Studiengänge mit Ausrichtung auf besondere Anwendungsfelder

7. Diskussion der Studiengangsbezeichnungen

8. Nebenfach-Studiengänge

Anmerkungen
Literatur (zitiert)

1. Informatik als Wissenschaft - Auswirkungen auf die Ausbildung

Informatik ist nach einer von vielen Publikationen übernommenen Definition „die Wissenschaft von der systematischen Verarbeitung von Informationen - insbesondere der automatischen Verarbeitung mit Hilfe von Digitalrechnern."(vgl. im folgenden auch [Behr 1992]) Diese Definition zeigt sich jedoch als zu oberflächlich, wenn man versucht, daraus eine Zuordnung zu einem der gängigen Wissenschaftsbegriffe zu finden. Allein der Terminus „Information" läßt sich auf vielfache Weise interpretieren; so ist z. B. in den Anfängen der Datenverarbeitung von aktiven („Programm") und passiven („Daten") Informationen die Rede. Aus heutiger Sicht wird Information etwa als Zusammenwirken einer Nachricht und ihrer Bedeutung gesehen, wobei auch dies keine präzise Definition darstellt. [Zemanek 1992]

Ein weiterer Aspekt ist, daß sich die Einsatzbereiche und damit auch die Prioritäten der einzelnen Bestandteile des Fachgebiets Informatik in den ca. 40 Jahren ihrer Entwicklung immer wieder verändert haben und dies in einem vorher nicht zu überschauenden Ausmaß. Parallel dazu kann man beobachten, daß die Einschätzung der Informatik als Wissenschaft im Laufe der Zeit stark variierte, was sich natürlich auch auf die Ausbildung an den Hochschulen auswirkte. In den ersten Jahren wurde - je nach Herkunftsbereich der Gründungsprofessoren - von einem Ingenieurfach Informatik (Elektrotechnik) oder von einer mathematisch-naturwissenschaftlichen Disziplin Informatik (Mathematik/Physik) gesprochen.

In modernen Publikationen wird Informatik dagegen als „umfassende Basis- und Querschnittsdisziplin" bezeichnet, die zugleich Strukturwissenschaft, Architekturdisziplin und Ingenieurfach sein kann (soll). [Krückeberg/Schneider 1991] An anderer Stelle wird in ähnlicher Weise Informatik als „Legierung aus Formalwissenschaft, Naturwissenschaft, Technik und Geisteswissenschaften" charakterisiert. [Langenheder et al. 1992]

Die Sichtweise, Informatik ähnlich wie Architektur als Gestaltungswissenschaft zu betrachten („Form und Kontext plus Methoden"), hat auf die Ausbildung im Hochschulbereich sicher den größten Einfluß. [Freytag (Informatik) 1993]

2. Die Entwicklung der Informatik-Studiengänge an Fachhochschulen

Informatikstudiengänge an Fachhochschulen (FH) existieren seit der Gründung der Fachhochschulen im Jahr 1971; sie bestanden - wenn auch unter anderem Namen - schon an den Vorgängerinstitutionen, etwa um die Mitte der sechziger Jahre. [Haake/Fischbach 1972] Der Beginn der Informatik-Ausbildung (unter dieser Bezeichnung) an Fachhochschulen datiert daher etwa zur gleichen Zeit wie der Beginn der Informatik-Ausbildung an Universitäten und Technischen Hochschulen.

Im universitären Bereich spricht man mit Ausnahme der erst in späterer Zeit entstandenen speziellen Studiengänge (wie z. B. Wirtschaftsinformatik) allgemein von dem Studiengang „Informatik", dessen Inhalte, zumindest im Grundstudium, unabhängig von speziellen Ausrichtungen vermittelt werden. Eine Vertiefung in die klassischen, universitären Teilbereiche Theoretische, Praktische, Technische und Angewandte Informatik erfolgt dann in der Regel im Hauptstudium.

Zur Abgrenzung gegenüber der Terminologie im Fachhochschulbereich sollen die genannten Gebiete stichwortartig aufgefächert werden [Behr 1992]:

○ Theoretische Informatik
  Modellbildung, Berechenbarkeit, Formale Sprachen, Komplexitätstheorie, Formale Spezifikation,...
○ Praktische Informatik
  Sytemsoftware; Entwurf, Implementierung und Bewertung von Programmsystemen; Rechnerkommunikation,...
○ Technische Informatik
  Technologische Grundlagen; Rechnerarchitektur und Rechnerorganisation; Mikroprogrammierung,...
○ Angewandte Informatik
  konkrete Anwendungen wie Datenbanksysteme, Grafik und Bildverarbeitung, Expertensysteme, ...

Die Bezeichnungen in der Informatik an Fachhochschulen sind dagegen von einer anderen Sichtweise geprägt. Gemäß ihrem Paradigma einer theoretisch fundierten aber praxisorientierten Ausbildung spielt einmal der Bereich der Theoretischen Informatik „nur" eine fundierende Rolle, zum anderen eignen sich die Begriffe „Praktische Informatik" und „Angewandte Informatik" nicht gut als Kennzeichnungen für spezielle Studiengänge; schließlich orientiert sich jedwede Ausbildung an einer Fachhochschule an Anwendungen aus der Praxis.

Sinnvoll war es daher, von Anfang an eine Trennung der einzelnen Studiengänge bezüglich der Informatik-Anwendungsfelder vorzunehmen, wobei sich als wesentliche Unterscheidungsmerkmale technische Aufgabenstellungen und Aufgabenstellungen aus dem wirtschaftlichen Bereich anboten. Aus diesen Überlegungen heraus entwickelten sich die Bezeichnungen

○ Allgemeine Informatik (AI)
○ Technische Informatik (TI) (auch Ingenieur-Informatik)
○ Wirtschaftsinformatik (WI).

Diese Differenzierung wird in den meisten Fällen bereits im Grundstudium berücksichtigt. Gleichwohl gibt es selbstverständlich in allen drei genannten Studiengängen Möglichkeiten zu Spezialisierungen bzw. Vertiefungen: sie gehören zum individuellen Profil des einzelnen Fachbereichs bzw. der einzelnen Hochschule.

Unabhängig von gelegentlichen, örtlichen Abweichungen hat die bundesweite Vereinigung der Informatik-Studiengänge an Fachhochschulen - der Fachbereichstag Informatik - die oben genannte Unterscheidung beibehalten und spricht daher auch in den offiziellen Verlautbarungen von Allgemeiner Informatik, Technischer Informatik und Wirtschaftsinformatik.

Abseits von dieser Klassifikation findet man im FH-Bereich seit kurzer Zeit Studiengänge mit einer Bezeichnung, die auf informatische Studienanteile hinweisen, jedoch ein von den oben charakterisierten Studiengängen fachlich abweichendes Programm anbieten. Sie werden daher in der Regel nicht in das obige Schema eingeordnet und demzufolge häufig als eigenständige Gruppe erwähnt. Als Beispiele hierfür dienen der Studiengang „Medieninformatik" [Böhme (Diplom-Informatiker) 1993] (siehe auch Kapitel 6 dieses Beitrags sowie den Studiengang Medizinische Informatik.[1])

Ob es sich im Einzelfall (wie auch bei den zitierten Beispielen) um ein Hauptfachstudium Informatik im Sinne der Empfehlungen der Gesellschaft für Informatik (GI) oder um ein Nebenfachstudium handelt, muß an Hand der Lehrinhalte entschieden werden.[2]

3. Der Studiengang Allgemeine Informatik

Vergleicht man die offiziellen Bezeichnungen von Informatik-Studiengängen „Allgemeine Informatik" an Fachhochschulen mit den entsprechenden Lehrinhalten oder auch mit der jeweiligen Schwerpunktsbildung, so fällt auf, daß sich in vielen Fällen die Definition des Studiengangs eher aus einer Komplementärbeschreibung ableiten läßt: „Allgemeine Informatik an Fachhochschulen befaßt sich mit der praxis- und anwendungsorientierten Informatik, die nicht ausschließlich der Technischen oder Wirtschaftsinformatik zuzuordnen ist." [Burhenne 1993]

Eine derartige Abgrenzung des Studiengangs AI gibt jedoch keine weitere Information über seine Ausbildungsinhalte. Die in den meisten Publikationen gegebene Beschreibung versucht die Vokabel „allgemein" wie folgt zu erklären (vgl. hierzu auch Kapitel 7):

Der Begriff „Allgemeine" Informatik soll zum Ausdruck bringen, daß nicht das Erlernen von Fakten - wie zum Beispiel technische Details der Rechner-Hardware oder Einzelheiten bei der Einführung von betrieblicher Datenverarbeitung - im Vordergrund steht, sondern das Studium der Software-Entwicklung ganz „allgemein", d.h. die Beschäftigung mit dem Software-Lebenszyklus in all seinen Facetten und unter Berücksichtigung des zugehörigen Umfeldes. [Böhme (Diplom-Informatiker) 1993]

Eine Beschreibung des Studiengangs Allgemeine Informatik orientiert sich damit an den Zielsetzungen Konzeption, Realisierung und Einsatz von Software, wobei Aufgabenstellungen sowohl aus der Systemprogrammierung wie auch aus der Anwendungsprogrammierung mit den unterschiedlichsten Anwendungsbereichen gemeint sein können.

Konkrete Lehrinhalte könnten sein:

○ Analyse von Aufgabenstellungen im Hinblick auf den Einsatz von Informationstechniken
○ Analyse von Benutzeranforderungen
○ Modellierung von komplexen Systemen
○ Auffinden von Algorithmen, Datenstrukturen und deren Bewertung
○ Entwurf und Design von Lösungskonzepten
○ Auswirkungen des Software-Einsatzes auf das Umfeld
○ Software-Ergonomie
○ Methoden und Vorschläge zur Realisierung und zur Implementierung von Software
○ Einsatz von Software-Werkzeugen
○ Test und Dokumentation
○ Präsentation und Schulung
○ Pflege und Wartung

Darüber hinaus werden zur Unterstützung dieser Ausbildungsinhalte die in der heutigen Praxis vorkommenden Anwendungsbereiche untersucht. Lehrveranstaltungen hierzu werden zum Teil auch in Form von alternativen Studienschwerpunkten oder Vertiefungsrichtungen angeboten.

Zur Bewältigung all dieser Programmpunkte müssen die notwendigen theoretischen Grundlagen sowie die Methoden und Techniken einer modernen Informationsverarbeitung studiert werden, ohne dabei die praktische Anwendung aus den Augen zu verlieren.
Eine weitere typische Kennzeichnung eines Studiengangs AI besteht darin, daß in hohem Maße Projektarbeit mit Kleingruppen bzw. ganz allgemein Teamarbeit gefördert wird. Die Einbindung dieser Arbeitstechniken in ein

Studienprogramm, in dem der Aspekt der Software-Entwicklung die höchste Priorität besitzt, versteht sich von selbst, wenn man die Praxis bei der Produktion von komplexen Softwaresystemen im Alltag zugrunde legt. Dies gilt bezogen auf die direkten Probleme der betriebswirtschaftlichen Fachabteilung sicherlich in verstärktem Maße für die Wirtschaftsinformatik und bei technischen Fachabteilungen für die Technische Informatik.

Schließlich sollen einige Aspekte der Ausbildung erwähnt werden, die auch auf die anderen Studiengänge bezogen werden können, die aber gerade in AI-Studienprogrammen anzutreffen sind (wenn auch noch nicht in ausreichender Quantität): Es handelt sich um Veranstaltungen aus dem Bereich der Geistes - und Sozialwissenschaften; so stellen zum Beispiel das Vorhandensein von Sozialkompetenz (Gesellschaft und Informatik) (siehe z. B. auch [Bischoff (Verantwortung) 1991]), Management- und Präsentationstechniken, Rhetorik und Führungspsychologie, oder auch verstärkt Fremdsprachenkenntnisse nicht nur sinnvolle sondern zum Teil notwendige Ergänzungen der Ausbildung dar. Dabei bietet sich für diesen Bereich und die Vermittlung seiner Inhalte ein interdisziplinärer Ansatz an.

Die derzeit existierenden Studiengänge AI (ca. 30 in der Bundesrepublik) sind zum Teil mit anderen Kennzeichnungen versehen: Es finden sich außer AI auch die Bezeichnungen „Informatik", „Angewandte Informatik", „Praktische Informatik", „Systemanalyse" und „Softwaretechnik" (Kapitel 7 dieses Beitrags).

Das Studium der Allgemeinen Informatik an Fachhochschulen schließt ab mit dem Grad Diplom-Informatiker(in) (FH), gegebenenfalls mit dem Zusatz der Bezeichnung der speziellen Studienrichtung. Vereinzelt findet man stattdessen auch den Grad Diplom-Ingenieur(in) (FH) mit den entsprechenden Zusätzen.

4. Der Studiengang Technische Informatik (Ingenieur-Informatik)

Wie bereits weiter oben angedeutet beinhaltet ein Studienprogramm Technische Informatik außer den üblichen Grundlagen Ausbildungsziele, die auf die Anwendung von Informatik in technischen Prozessen bezogen sind. Da es hier wie bei allen Studiengängen, die zu einem berufsqualifizierenden Abschluß in einem technischen Arbeitsfeld führen, auch um die Vermittlung von ingenieurmäßigen Fertigkeiten geht, wurde an einigen Fachhochschulen die Bezeichnung „Ingenieur-Informatik" statt Technischer Informatik gewählt. Beide Benennungen können als synonym bezeichnet werden und werden auch in vielen Publikationen synonym benutzt. Der im Unterschied zur Allgemeinen Informatik bzw. Wirtschaftsinformatik stark technik-orientierte Studiengang wird zusätzlich dadurch charakterisiert, daß in den meisten Fällen der Grad Diplom-Ingenieur(in) (FH) vergeben wird.

Was mit „technischem Prozeß" gemeint ist, läßt sich durch einige Schlagworte verdeutlichen [Nielinger 1990] [Pieper 1993]:

○ Automatisierungstechnik
○ Prozeßtechnik
○ Leittechnik
○ Betriebs- und Meßdatenerfassung
○ Produktionsplanung und -steuerung (aus mehr technischer Sicht)
○ Integration (CIM)

Eine zusätzliche charakterisierende Komponente der Technischen Informatik ist dadurch gegeben, daß auf Grund der oben genannten Zielsetzung im Grundlagenbereich die technisch-elektronischen Grundlagen eine stärkere Rolle spielen müssen und ein ausführliches Studium der Hardware notwendig wird.

Grundsätzlich werden demnach in einem Studienprogramm TI Fachgebiete wie Elektrotechnik, Digitaltechnik, Halbleitertechnolgie, Schaltungstechnik, Elektrische Meßtechnik, Regelungstechnik, Übertragungstechnik wesentliche Ausbildungsinhalte darstellen.

Die Aussagen über die Notwendigkeit der Projektarbeit in AI-Studiengängen müssen in analoger Form auch hier betont werden: Projektstudien mit Gruppenarbeit an exemplarisch konkreten Projekten technischer Anwendungsfelder sind in der Ausbildung sinnvoll wenn nicht sogar notwendig, da ein Hauptarbeitsgebiet in der beruflichen Praxis darin bestehen wird, mit "Technikern" gemeinsam Probleme zu lösen. Ebenso bedingt diese Kooperation zunehmend Sozialkompetenz und Managementfähigkeiten.

Die Benennung der Studiengänge mit TI-Inhalten variiert vor allem in Abhängigkeit von der örtlichen Anbindung der Ausbildungsprogramme an Bereiche mit fachlich verwandten Studienprogrammen. So werden neben der bereits angesprochenen Bezeichnung „Ingenieur-Informatik" Kennzeichnungen für TI-Studiengänge wie „Elektrotechnik" oder „Prozeßautomatisierung" angegeben, ebenso findet man aber auch „Informatik" und „Angewandte Informatik". Leider wird gerade im Bereich der Technischen Informatik die Namensgebung relativ häufig widersprüchlich benutzt, so daß hier sehr genau auf die einzelnen Lehrinhalte geachtet werden muß.

Das Studium der Technischen Informatik an Fachhochschulen schließt in der Regel ab mit dem Grad Diplom-Ingenieur(in) (FH), vereinzelt auch Diplom-Informatiker(in) (FH), gegebenenfalls mit dem Zusatz der Bezeichnung der speziellen Studienrichtung.

5. Der Studiengang Wirtschaftsinformatik

Es gibt unterschiedliche Auffassungen darüber, was Wirtschaftsinformatik ist bzw. sein sollte (vgl. dazu und im folgenden [Bischoff (Wirtschaftsinformatik) 1992, S. 3ff.]). Hier soll unter Wirtschaftsinformatik die „Allgemeine" Wirtschaftsinformatik verstanden werden, mit der Ausrichtung auf eine breite betriebswirtschaftliche und systemtechnische/DV-technische Basis.

Die Wirtschaftsinformatik als anwendungsorientierte Wissenschaft beschäftigt sich mit dem Aufbau, der Arbeitsweise und der Gestaltung computergestützter betrieblicher Kommunikations- und Informationssysteme. Den unverzichtbaren Rahmen bildet das Verständnis, daß es sich bei diesen Systemen um Mensch - Aufgabe - Technik - Systeme handelt. Neben den spezifischen funktionalen Zweck tritt also die Berücksichtigung des jeweiligen personalen, sozialen/soziologischen und organisatorischen Kontextes (soziale Kompetenz, Teamarbeit). Während der Betriebswirt in der Praxis eher als Spezialist für Marketing oder Finanz- und Rechnungswesen oder Personalwesen gefragt ist, muß der Wirtschaftsinformatiker über ein betriebswirtschaftliches Wissen verfügen, das alle betrieblichen Grund- und Querschnittsfunktionen erfaßt (vgl. zur Weiterentwicklung der Wirtschaftsinformatik z. B. [Bischoff et al. (Wirtschaftsinformatik morgen) 1992]).

Gefragt ist also ein Systemarchitekt, dessen ganzheitliche Betrachtungsweise über alle notwendigen betrieblichen Funktions- und Fachbereiche weiter geht, als die zum Beispiel formal angestrebte Datenintegration. Er ist ein betriebswirtschaftlicher Generalist, dessen Know-how in Datenverarbeitung und Informatik auf die betriebswirtschaftlichen Belange der Lösung eines Problems ausgerichtet ist. Im Vordergrund stehen für ihn

○ Beherrschen der besonderen Problematik der informationellen und prozeßmäßigen Verflechtung aller betrieblichen Bereiche, insbesondere unter Berücksichtigung des Fertigungsbereiches,
○ Erkennen der Kommunikationsstrukturen im Betrieb, Durchführung von Kommunikationsanalysen,

O Umsetzen der Erkenntnisse in klare Systemstrukturen in fachlicher und DV-technischer Hinsicht,

O Entwurf organisatorischer und DV-organisatorischer Steuerungsmechanismen zur Beherrschung der Systemstrukturen,

O Beurteilung und Berücksichtigung gesellschaftlicher und individueller Prozesse im Spannungsfeld Mensch - Technologie - Unternehmung - Staat. [Bischoff (Verantwortung) 1991]

Neben einem wirtschaftsinformatorisch orientierten betriebswirtschaftlich breiten Wissen gehören dazu Kenntnisse über den Aufbau und die Struktur von Systemsoftware wie Datenbanken und Betriebssysteme und von Kommunikationssystemen/Netzen.

Schließlich sollen einige Aspekte der Ausbildung aufgeführt werden. Was die Informatik-Inhalte angeht, so werden in der Wirtschaftsinformatik solche Gebiete ausführlicher behandelt, die für betriebliche Anwendungen besonders relevant sind. Genannt seien hier etwa Datenmodellierung und Datenbank-Design, Operations Research-Anwendungen, Bürokommunikation oder Endbenutzersysteme. [Wirtz 1993]

Grundsätzlich stellen die Lernziele zum Software-Engineering, wie sie bei der Beschreibung des AI-Studiengangs angedeutet wurden, einen ganz wesentlichen Anteil der Ausbildung dar.

Eine ganz entscheidende Bedeutung kommt auch hier der Projektarbeit und vor allem dem ständigen Bezug zur Praxis zu. Reale wirtschaftsinformatische Problemstellungen zum Beispiel aus dem Marketing (Informatik im Marketing), dem Personalwesen (Informatik im Personalwesen) oder der Materialwirtschaft (Informatik in der Materialwirtschaft) führen zum besseren Verständnis.

Die bereits bei der Beschreibung des Studiengangs AI erwähnten Inhalte aus dem Bereich der Geistes - und Sozialwissenschaften (Fremdsprachen, Management- und Präsentationstechniken usw.) werden gerade im Studiengang Wirtschaftsinformatik mit einem noch höheren Stellenwert versehen werden müssen: Der diplomierte Wirtschaftsinformatiker ist der Mittler zwischen Informationsverarbeitung und Fachabteilung.

Die Benennung der Studiengänge in der Wirtschaftsinformatik ist - wenn man die Hauptfach-Studiengänge zugrundelegt - relativ einheitlich: Es wird hier von den vollzügigen Studiengängen „Wirtschaftsinformatik" oder von Studiengängen „Informatik mit Studienrichtung Informatik in der Wirtschaft" gesprochen.

In Publikationen über das Studium der Wirtschaftsinformatik werden häufig auch Studiengänge Wirtschaft bzw. Betriebswirtschaft mit entsprechenden Schwerpunkten/Vertiefungen aufgeführt (auch in diesem Führer). Ihr Informatik-Anteil bzw. Wirtschaftsinformatik-Anteil liegt zwischen ca. 20% und 40% der Gesamt-SWS-Anzahl. [Bischoff et al. (Empfehlungen) 1990] Man könnte von Nebenfachstudiengängen sprechen.

Das Studium der Wirtschaftsinformatik an Fachhochschulen schließt in der Regel ab mit dem Grad Diplom-Informatiker(in) (FH), ggf. mit dem Zusatz der Bezeichnung des Studiengangs, vereinzelt auch mit Diplom-Wirtschaftsinformatiker(in) FH.

6. Neuere Studiengänge mit Ausrichtung auf besondere Anwendungsfelder

Wie bereits in Kapitel 2 erwähnt, haben sich in letzter Zeit Studiengänge mit Informatikinhalten entwickelt, die sich an speziellen Anwendungsbereichen orientieren, ohne daß sie direkt in die genannte Klassifizierung eingeordnet werden können. Beispielhaft für eine solche Entwicklung sei hier der Studiengang Medieninformatik erwähnt.

Inwieweit diese Studienprogramme den weiter oben erwähnten Richtlinien der GI-Empfehlungen für ein Hauptfachstudium Informatik entsprechen, muß kritisch betrachtet werden. In den meisten Fällen wird es sich, nach obigen Empfehlungen, um Nebenfach-Studiengänge handeln. Man darf jedoch nicht außer acht lassen, daß sich gerade im Bereich Informatik/Informations-/Kommunikationstechnologie gewaltige Veränderungen (Paradigmenwechsel) abspielen.

In einer den Studiengang Medieninformatik darstellenden Kurzbeschreibung wird dieser wie folgt charakterisiert: „Die Medieninformatik orientiert sich in den Lehrinhalten an den Anforderungsprofilen der im Entstehen begriffenen Informations- und Computergesellschaft." [Böhme (Diplom-Informatiker) 1993]

Da einerseits diese Anforderungsprofile einer ständigen Veränderung unterworfen sind, andererseits bisher (wohl) nur ein Fachbereich in der Bundesrepublik Erfahrungen mit einem entsprechenden Studiengang gesammelt hat, erscheint es angebracht, hier keine grundsätzlichen Ausbildungsziele bzw. allgemeine Lehr- und Lerninhalte zu definieren.

Vielmehr soll exemplarisch und nur grob skizzierend das Studienprogramm

des Fachbereichs Medieninformatik der Fachhochschule Furtwangen angedeutet werden (vgl. die Darstellung auf S. 46 dieses Führers und [Böhme
(Diplom-Informatiker) 1993]):
Im Grundstudium werden die üblichen Grundlagen eines Informatik-Stu-
diums (mathematisch-naturwissenschaftliche, allgemeine, theoretische und
informatische) sowie Lehrveranstaltungen aus dem Medienbereich angeboten (z. B. Kommunikationstheorie, Druck- und Reprotechnik). Das
Hauptstudium behandelt neben Vertiefungsvorlesungen in allen Medienbereichen die Behandlung des konzeptionellen, dramaturgischen und gestalterischen Rahmens. Das Studium der Medieninformatik an der Fachhochschule Furtwangen schließt ab mit dem Grad Diplom-Informatiker(in)
(FH), Studiengang Medieninformatik (neuerdings: Diplom-Medienin-
formatiker(in) (FH).

7. Diskussion der Studiengangsbezeichnungen

Um ein teilweise vorhandenes Begriffswirrwarr beseitigen zu helfen, schla-
gen die Autoren - auch in diesem Studienführer (!) - eine klare und über-
sichtliche Abgrenzung vor:

Die Bezeichnung *Informatik (I)* kennzeichnet einen grundständigen, informatischen Studiengang, der im Grundstudium noch nicht auf spezielle
Anwendungsbereiche ausgerichtet ist und bei dem im Hauptstudium gegebenenfalls mehrere Studienrichtungen oder Schwerpunkte bzw. Vertiefungsrichtungen angeboten werden.[3] Dabei werden die Begriffe
Studienrichtung bzw. Vertiefungsrichtung oder Schwerpunkt wie folgt
definiert:

○ Studienrichtung:
   ein völlig getrennt ausgewiesenes, jedoch stark informatisch
   ausgerichtetes Hauptstudium
○ Vertiefungsrichtung/Schwerpunkt:
   zusätzlich zu gemeinsamen Lehrveranstaltungen im Hauptstudium ein
   Block von z. B. mindestens 20-25 Semesterwochenstunden innerhalb
   des konkreten Anwendungsbereichs

Beispiele:
○ Studiengang Informatik mit Studienrichtungen Informatik in der Technik und Informatik in der Wirtschaft (vgl. die Studiengänge an bayerischen Fachhochschulen in diesem Führer)
○ Studiengang Informatik mit Vertiefungsschwerpunkten wie Systemprogrammierung, Prozeßrechneranwendungen etc.

Die Bezeichnungen *Technische Informatik (TI)* und *Wirtschaftsinformatik (WI)* kennzeichnen die jeweiligen grundständigen, informatischen Studiengänge, die bereits im Grundstudium Teile der oben skizzierten Lehrinhalte (teilweise in Integration von Informatik und Fachwissenschaft) vermitteln. Schwerpunkte oder Vertiefungsrichtungen im Hauptstudium dieser Studiengänge dienen der Spezialisierung in entsprechenden Anwendungsfeldern und werden im Hauptstudium und in Form von Wahlpflichtbereichen (WP) angeboten.

Beispiele:
O Studiengang TI mit den Schwerpunkten Anwendungs- und Systemprogrammierung oder Automatisierung technischer Prozesse oder Digitale Meß- und Regelungstechnik
O Studiengang WI mit den Schwerpunkten Software-Engineering oder verteilte Systeme oder Marketing etc.

Alle anderen Bezeichnungen erschweren die Transparenz für die Studierenden bzw. die Öffentlichkeit und sollten daher, wenn möglich, der angegebenen Terminologie angepaßt werden.

8. Nebenfach-Studiengänge

Im Zusammenhang mit dem Einzug der Informationstechnik in fast alle Bereiche des öffentlichen Lebens hat auch die Bedeutung von Informatik-Lehrinhalten in der Ausbildung allgemein erheblich zugenommen. So hat man in ingenieurwissenschaftlichen Studiengängen das Gewicht von entsprechenden Lehrveranstaltungen relativ frühzeitig erkannt; heute werden jedoch im universitären Bereich wie auch im Fachhhochschulbereich in fast allen Studiengängen Informatikinhalte vermittelt.

Dabei sind im wesentlichen zwei unterschiedliche Ansätze zu beobachten:

1. Die notwendigen Grundlagen der Informatik (bzw. Informationsverarbeitung oder Informationstechnik) werden in den Studiengang integriert, meist in Form von Zusatzveranstaltungen, zum Teil jedoch auch durch die Anpassung der Inhalte von Fachveranstaltungen an die veränderten Anforderungen. Die GI-Empfehlungen sprechen in einem Absatz über Informatik in anderen Fachhochschulstudiengängen von folgenden Lernzielen [GI-Arbeitskreis 7.1.2 1984b]:
   O die Fähigkeit zum Erkennen potentieller Informatikeinsatzgebiete,
   O die Fähigkeit zum Transfer fachspezifischer Probleme und Lösungsansätze an den Informatiker,

O   die Fähigkeit zur Beurteilung von Lösungsvorschlägen und
O   die Fähigkeit zur selbständigen Realisierung von Lösungsvorschlägen der Informatik mit geeigneten Endbenutzersprachen,

Dabei sollen folgende Lehrinhalte in mindestens 6 Semesterwochenstunden vermittelt werden:

O   Aufbau und Funktionsweise von DV-Anlagen,
O   Programmiertechnik (nicht zwingend die Vermittlung einer bestimmten Programmiersprache, sondern das Kennenlernen von Programmierlogik und strukturierter Vorgehensweise),
O   Überblick über den fachspezifischen DV-Einsatz.

Ausführliche Empfehlungen für Ingenieurstudiengänge sowie wirtschaftswissenschaftliche Studiengänge an Fachhochschulen sind von entsprechenden Fachausschüssen der GI publiziert worden. [Burhenne et al. 1988] [Bischoff et al. (Empfehlungen) 1990] [Bischoff-Kümmel et al. 1990]

2. In einigen Bereichen der beruflichen Praxis ist der Bedarf an Absolventen/innen mit umfangreichen Zusatzkenntnissen in Informatik in den letzten Jahren gestiegen. Parallel dazu entwickelten bzw. entwickeln sich Studienschwerpunkte oder *Nebenfach-Studiengänge Informatik*, die diesem Trend gerecht werden wollen.

Als Beispiele aus dem Fachhochschulbereich seien hier die folgenden Studienprogramme erwähnt:

O   Bauinformatik oder Architektur mit Schwerpunkt Bauinformatik
O   Designinformatik
O   Informatik als Schwerpunkt in der Elektrotechnik
O   Fertigungsinformatik
O   Geoinformatik
O   Maschinenbauinformatik
O   Medizinische Informatik
O   Informatik als Schwerpunkt in Studiengängen Physikalische Technik
O   Produktionsinformatik
O   Rechnerintegrierte Produktionstechnik

Leider werden auch hier - vor allem in jüngster Zeit - durch widersprüchliche Bezeichnungen Mißverständnisse erzeugt; in vielen Fällen wird durch die Bezeichnung ein Studienprogramm mit ausführlichen Informatik-Lehrveranstaltungen suggeriert, wogegen in Wirklichkeit nur grundlegende Kenntnisse vermittelt werden. Ein Nebenfach-Studiengang mit entsprechender Bezeichnung sollte mindestens 30 Semesterwochenstunden Informatik- Anteil enthalten.

Anmerkungen

1) Der Studiengang Medizinische Informatik wird an der Fachhochschule Heilbronn angeboten; die Durchführung des Studiums erfolgt in Zusammenarbeit mit der Medizinischen Fakultät der Universität Heidelberg. Der akademische Grad Diplom-Informatiker(in) wird von der Universität verliehen. Der Studiengang wird häufig auch als Hauptstudiengang apostrophiert.

Eine Studienrichtung Medizinische Informatik gibt es seit SS 94 an der Fachhochschule Gießen-Friedberg (vgl. S. 52 in diesem Führer)

2) Die Empfehlungen der GI für das Informatikstudium an Fachhochschulen (vgl. Anhang 1 in diesem Führer) sprechen von einem Hauptfach-Studium Informatik (AI, TI, WI), wenn der Anteil der eigenständigen Informatik-Veranstaltungen im Studienprogramm mehr als 50% beträgt. Im Einzelnen sind 75% (AI), 65% (WI) und 55% (TI) als Mindest-Richtwerte angegeben. Diese GI-Empfehlungen werden zur Zeit überarbeitet und im Laufe des Jahres 1995 neu publiziert.

3) Hier werden auch Studiengänge mit der Bezeichnung Allgemeine Informatik subsumiert. Eine Unterscheidung zwischen „Informatik" und „Allgemeine Informatik" erscheint nicht angebracht; der Begriff „Allgemeine Informatik" wird von den Autoren an dieser Stelle verworfen, da er keine zusätzliche Aussagekraft besitzt und in den meisten Fällen inhaltlich der seitherigen AI-Gruppe zuzurechnenden Studiengänge bereits mit „Informatik" bezeichnet werden.

Literatur (zitiert): siehe zentrales Literaturverzeichnis

Berufsbild und Berufsfelder des Diplom-Informatikers der Fachrichtung (Allgemeine) Informatik

Rainer Bischoff

Das Berufsbild des diplomierten Informatikers der Ausrichtung Allgemeine Informatik (AI) wird beschrieben. Es wird versucht, die Qualifikationsspezifika des Allgemeinen Informatikers - auch wenn er z. B. im gleichen Berufsfeld wie ein Wirtschaftsinformatiker tätig ist - herauszuarbeiten. Anhand aktueller, diese Spezifika besonders verlangender Tätigkeitsfelder (Stellenangebote) wird die Ausrichtung Allgemeine Informatik akzentuiert. Eine Umfrage unter den Absolventen des Fachbereichs Allgemeine Informatik der Fachhochschule Furtwangen von 7/94 differenziert und verdeutlicht mit der Frage nach der Haupttätigkeit obiges Bild. Bei den letztendlichen Berufsfeldern (Tätigkeitsbereichen) verwischen sich die Grenzen zu dem diplomierten Wirtschaftsinformatiker und zum diplomierten Technischen Informatiker.

Inhaltsübersicht

1. Zur Geschichte der Informatik an den Hochschulen

2. Das Berufsbild 1975

3. Das Berufsbild heute

4. Berufsfelder - Beispiele von Stellenangeboten

5. Haupttätigkeiten von (Allgemeinen) Diplom-Informatikern - Ergebnisse einer Umfrage

Anmerkungen
Literatur (zitiert)
Einführende Literatur (Hinweise)

1. Zur Geschichte der Informatik an den Hochschulen

Der erste Studiengang Informatik wurde im Rahmen des Mathematik-Studiums an der TU München im WS 67/68 (vgl. auch im folgenden [Haake/Fischbach 1972]) eingerichtet. Schon vorher, seit Mitte der 50er Jahre, wurden erste Einführungen in die Datenverarbeitung an deutschen

Hochschulen (bzw. den Vorgängerinstitutionen bei den Fachhochschulen) angeboten. An den heutigen Fachhochschulen Dortmund, Gummersbach und Paderborn wurde schon 1962 versucht, einen Studiengang Informationsverarbeitung (heute: Ingenieur-Informatik) zu etablieren. Das zuständige Ministerium stimmte jedoch erst 1966 zu.

1971 konnte man an 22 Fachhochschulen Informatik, meist Technische Informatik, studieren. Heute (SS 93 und WS 93/94) [Freytag (Memorandum) 1994] strukturiert sich die Informatik an Fachhochschulen wie es Abbildung 1 zu entnehmen ist[1].

Anzahl Studiengänge/ Anzahl Absolventen / Vollstudiengänge Informatik	Anzahl Studiengänge (ca.)	Absolventen bis einschl. 1993	Absolventen in 1993
Allgemeine Informatik (incl. Medieninformatik, Softwaretechnik etc.)	35	9500	1000
Technische Informatik	26	7900	1000
Wirtschaftsinformatik	16	3900	500
Gesamtzahl	77	21300	2500

Abb. 1 Informatik an Fachhochschulen 1993

Dabei gibt es ca. 20000 Studenten. Den 4700 Anfängern standen 11600 Bewerber gegenüber.

Ein Fachbeirat für Datenverarbeitung beim BMwF (Bundesministerium für wissenschaftliche Forschung) veröffentlichte 1968 (vgl. auch [Bischoff (Wirtschaftsinformatik) 1992]) Empfehlungen für ein Studium der Informatik mit Schwerpunkt der Ausbildung im Hardware- und Softwarebereich an Universitäten. Die Ausrichtung der Studiengänge folgte der amerikanischen Computer-Science. Als Reaktion erschien 1969 die „Gemeinsame Stellungnahme des Fachausschusses Informationsverarbeitung der GAMM" (Gesellschaft für Angewandte Mathematik und Mechanik) und des Fachausschusses 6 der NTG (Nachrichtentechnische Gesellschaft, heute ITG). [o. V. 1969] Ergänzungen und Detaillierungen folgten, die schließlich in einem konkreten Studienmodell [Brauer et al. 1989] mit einer Gesamt-SWS-Zahl von 152 SWS (ohne Diplomarbeitsanteil) mündeten.

Im Jahre 1978 veröffentlichte ein 1968 beim Kultusministerium des Landes Nordrhein-Westfalen ins Leben gerufener Ausschuß ein Modell für den Studiengang Informatik an Fachhochschulen. [o. V. 1970] Die 1972 in den Blättern zur Berufskunde der Bundesanstalt für Arbeit aufgeführten Stu-

diengänge Allgemeine Informatik, Ingenieurinformatik und Wirtschaftsinformatik an Fachhochschulen führten 1975 zu den GI-Empfehlungen zum
Informatikstudium an Fachhochschulen [Böhme (Empfehlungen) 1977], die
1983/84 völlig überarbeitet wurden (vgl. in diesem Führer) und die heute
(1994) wieder aktualisiert werden (siehe Bemerkungen am Schluß von
Anhang 1).

2. Das Berufsbild 1975

Nach den GI-Empfehlungen von 1975 [Böhme (Empfehlungen) 1977]
sollte der an der Fachhochschule ausgebildete Informatiker in der Lage
sein, „aus konkreten Fragestellungen der Praxis entstandene Probleme
systemgerecht aufzubereiten, daß sie der Bearbeitung durch eine Daten-
verarbeitungsanlage zugänglich gemacht werden können. Die hierbei
gesuchten Lösungen sind unter Verwendung bekannter Verfahren oder
unter Entwicklung neuer Lösungen unter ökonomischen und betriebswirtschaftlichen Randbedingungen zu realisieren. Dazu bedarf es nicht nur der
Beherrschung DV-spezifischer Arbeitsweisen, sondern auch der Fähigkeit
eines auf wissenschaftlicher Basis entwickelten und für die Informatik
typischen algorithmischen Denkens, das weit über die Handhabung
gängiger Programmiersprachen hinausgeht. Daneben steht mit gleichem
Stellenwert ein breites Wissen in den wichtigsten Anwendungsgebieten der
Datenverarbeitung." Die AI-Schwerpunkte werden mit Informationssysteme (einschl. Datenbanken, Systemprogrammierung (Betriebssysteme),
Methodik der Software-Entwicklung, Rechenzentrums-Betrieb (Organisation, Systemkonfiguration), die TI-Schwerpunkte mit Prozeßtechnik,
Fertigungs- und verfahrenstechnische Abläufe, Simulation technischer
Prozesse, Hardwarestrukturen und Interfacetechnik, Datenfernverarbeitung
und die WI-Schwerpunkte mit Systemanalyse, DV-Organisation,
Anwendungsprogrammierung (kommerziell, verwaltungstechnisch), Statistik und Operations Research angegeben.

3. Das Berufsbild heute

Heute hat sich in allen drei Richtungen einiges getan (siehe hierzu den Beitrag von Burhenne/Klages, den Beitrag über TI von Christaller, den Beitrag
über WI von Bischoff in diesem Führer). Für die Allgemeine Informatik ist
sicherlich festzustellen, daß der Schwerpunkt die Methodik der Software-
Entwicklung im systemnahen Bereich sowie die Anwendungsentwicklung
im technisch-wissenschaftlichen Bereich, jedoch auch im kommerziellen
Bereich sind. „Allgemeine" Informatik soll ja zum Ausdruck bringen, daß

nicht so sehr ein spezielles Fachwissen im Vordergrund steht, sondern die Beherrschung rechnerunterstützter Arbeits- und Verfahrensweisen im Zentrum steht und das ganze vielleicht unter dem Motto (vom Studium her) „so viel Praxis wie möglich, so viel Theorie wie nötig".

Der grundsätzliche Aufgabenbereich umfaßt die Entwicklung und Anwendung von Methoden und Verfahren (vgl. im folgenden auch [Brauer 1994] [Böhme (Diplom-Informatiker) 1993])

O zur *Analyse* von Problemen der Informationsverarbeitung, Kommunikation und Organisation

O zum *Entwurf* vom komplexen Verfahren und Systemen der Informationsverarbeitung

O zum *Auffinden* von Algorithmen, Datenstrukturen, Kommunikationsformen und Organisationsmodellen

O zur präzisen *Formulierung* von Algorithmen und Kommunikationsverfahren

O zur formalen *Definition* von Datenstrukturen und Organisationsmodellen

O zur *Konstruktion* von Datenverarbeitungssystemen (Systemen von Prozessoren, die datenverarbeitende Algorithmen ausführen können, zusammen mit Standardalgorithmen) und zugehörigen Kommunikationssystemen

O zur präzisen *Beschreibung* von Struktur, Wirkungsweise und Fähigkeiten von Datenverarbeitungs- und zugehörigen Kommunikationssystemen

O zur *Implementierung* von Algorithmen auf Datenverarbeitungssystemen (Überführung von Algorithmen in Programme, d. h. Folgen von Handlungsanweisungen für das System der Prozessoren) und von Verfahren der Mensch/Maschine-Kommunikation

O zur *Prüfung* und *Bewertung* von Datenstrukturen, Algorithmen, Programmen, Datenverarbeitungs- und Kommunikationssystemen und Organisationsformen (hierher gehören Fragen nach Korrektheit, Zuverlässigkeit, Effektivität und Adäquatheit und Benutzerfreundlichkeit von Verfahren, sowie nach Sinn, Nutzen und Auswirkung ihrer Anwendung in der Praxis)

O zur *Planung* und *Durchführung* von großen Projekten zur Erstellung von praktisch einsatzfähigen, effizienten und zuverlässigen Datenverarbeitungs- und Kommunikationssystemen.

Die Unterschiede zur Wirtschaftsinformatik verwischen sich dann, wenn der Allgemeine Informatiker im kommerziellen Bereich (Anwendungsentwicklung) tätig ist. Nach der GI-Umfrage von 1991/92 unter ihren Mitgliedern [GI-Fachausschuß 7.4 1992] ist bei 90% die dominante Tätigkeit die Entwicklung von Informationssystemen, wobei ca. 53% der Mitglieder (Allgemeine) Informatiker sind (und ca. je 5% Technische Informatiker und Wirtschaftsinformatiker).

Die wesentlichen Unterschiede dürften jedoch

○ in der größeren Systemnähe (Hardware, Betriebssysteme, Netze, Netzbetriebssysteme etc.)
○ in der vertieften Ausbildung des Auffindens bzw. die Entwicklung von Algorithmen und Methoden im systemnahen Bereich und im Werkzeugbereich (Toolbereich) (Metasprache, CASE-Tools etc.)
○ in der stärkeren Betonung des formalen/mathematischen Bereiches überhaupt (Knowledge-Technologie) und
○ in der besonderen Fähigkeit liegen, komplexe, algorithmische, formale bzw. methodische Probleme zu lösen, die bei konkreten Anwendungen auftauchen, die jedoch nicht unbedingt anwendungs-spezifisch sind.

Die hauptsächlichen Berufsfelder sind unter diesen genannten Prämissen/Sichten (vgl. auch [Fischer 1994]):

○ die Anwendungssoftware-Entwicklung
○ die Systemsoftware-Entwicklung (einschl. der gesamten Netz- und Kommunikationsproblematik auf "Systemebene")
○ die Metasoftware-Entwicklung (d. h. Software zur Software-Entwicklung (Support-Tools) bzw. auch Shell-Entwicklung (z. B. Expertensysteme))
○ die Prozeßdatenverarbeitung/Prozeßrechentechnik
○ der Vertrieb/Verkauf

4. Berufsfelder - Beispiele von Stellenangeboten

Kommen obige Spezifika in einer konkreten beruflichen Tätigkeit nicht voll zur Geltung, sind die Unterschiede zum Wirtschaftsinformatiker im kommerziellen Bereich bzw. zum Technischen Informatiker im prozeßtechnischen Bereich nicht mehr feststellbar. Insofern sind viele der Berufsfelder der Wirtschaftsinformatik, aber auch der Technischen Informatik, auch solche für den Allgemeinen Informatiker, vor allen Dingen dann, wenn er das notwendige anwendungsspezifische Wissen in der Berufspraxis angereichert bzw. sich erworben hat. Dies gilt durchweg und wird sicherlich unterstrichen durch die Tatsache, daß ca. 60% in der kommerziellen Praxis (Anwendungsentwicklung) tätig sind.

Nichtsdestoweniger sollen hier die Ergebnisse einer kleinen Stellenange-
botsanalyse von der FAZ von 11/93-4/94 vorgestellt werden, die sich auf
die mehr allgemeininformatischen und z. T. ganz aktuellen Einsatzgebiete
beschränkt hat. In allen aufgeführten Bereichen werden Aufgeschlossenheit
und Teamgeist durchweg verlangt/erwartet.

(1) *Netzwerk-/Kommunikationstechnik*

Ein häufig zu findenes Stellenangebot mit expliziter Forderung nach
dem Allgemeinen Informatiker. Die Aufgaben/Tätigkeitsbereiche umf-
fassen Aufbau, Ausbau und Pflege der bestehenden komplexen Netze
und die Planung, Implementation der zukünftigen Netzwerke. Fachliche
Kompetenz wird z. B. in den Gebieten LAN/WAN/Server/Brid-
ger/Rooter/Gateway und in Client-Server-Architekturen gefordert. Da
und dort wird die Bürokommunikationskomponente mit angesprochen.
Einige konkrete Ausprägungen von verschiedenen Angeboten seien
aufgeführt:

○ Netzwerk-Management mit gutem Überblick über alternative Netz-
   werk-Architekturen/Technologien
○ Ausbau und Realisierung von UNIX-LAN- und PC-Netzen
○ Aufbau und Anbindung eines Fertigungs-Netzwerkes
○ Betreuung heterogener, vernetzter Bürokommunikationssysteme in
   einem Konzern im „Umfeld" von VTAM, TCP/IP, OS/2, UNIX,
   LAN/WAN, X.400, X.500, DB/2, Oracle etc.
○ Leitung eines Teams Kommunikation/Netzwerkmanagement
○ Netzwerk-Consultant bei einem einschlägigen Hersteller
   (Netzwerkanforderungen des Kunden erfassen (=Beratung beim
   Aufbau verteilter Informationssysteme) und optimale Lösungen er-
   bringen (Studien, Angebotserstellung, Projektrealisierung))
○ Netzwerk-Administrator in Novell- und Minirechner-Umgebung
○ Netzwerk-Redakteure bei Fachzeitschriften
○ Mitentwicklung aktiver und passiver ISDN-Karten unter Berück-
   sichtigung der Bildkommunikation
○ Entwicklung von Netzsteuerungssoftware

(2) *Softwareentwicklung in den technisch ausgerichteten bzw. kommuni-
kationsorientierten Bereichen*

Das Wort „sichere Software" ist hier des öfteren zu finden. Es wird der
„Ingenieur" (im Sinne der geforderten ingenieurmäßigen Vorgehensweise) für die Software-Entwicklung gesucht. Einige Beispiele seien angegeben (Überschneidungen mit (1) sind gegeben):

O Entwicklung von Software zur Steuerung eines sicheren zügigen und wirtschaftlichen Luftverkehrs

O Entwicklung von Software im Bereich KFZ-Steuergeräte

O Software-Entwicklung für Kommunikationsprotokolle

O Software-Entwicklung für Echtzeitanwendungen auf der Basis der Prozessorfamilie 68xxx

O Objektorientierte Software-Entwicklung im Bereich der instrumentellen Analytik

O Entwicklung statistischer Software für einen Information-Broker

O Systementwicklung im Bereich Image Processing

O Software-Entwicklung (und Hardware-) im Bereich ISDN- und ATM-Produkte

O Softwareentwicklung im Bereich technischer, produktbezogener Berechnungen

O Softwareentwicklung im Bereich Forschung und Entwicklung neu zu entwickelnder digitaler Dienste bei einem einschlägigen Anbieter

O Adaption und Pflege von GUI-Treibern

(3) *Prozeßinformatik*

O Implementation von Standard-Anwendungssystemen für Produktion, Prozeßüberwachung und Qualitätssicherung für einen IT-Services-Dienstleister

O Entwicklung von Simulationssoftware für technische Prozesse unter Einbezug von KI

(4) *Entwicklung von Werkzeugsoftware*

Erarbeitung und Umsetzung zukünftiger, erfolgsträchtiger Softwareentwicklungswerkzeuge und Softwareentwicklungsmethoden bei Anbietern von Standardanwendungssoftware

(5) *Datenbankadministration*

Administration/Betreuung von konkrete Datenbanken mit den Aufgabengebieten DB-Design, Implementierung, Performanceüberwachung, Tuning und Unterstützung der Anwendungsabteilung und des RZ (oft - natürlicherweise - gekoppelt mit der Administration des Betriebssystems (z. B. UNIX-ORACLE))

(6) Leistungsmessung und Leistungsbewertung

Verbesserung der Instrumentierung von Betriebssystemen (z. B. UNIX). Spezifizierung/Design/Implementierung von Leistungsverbesserungen. Durchführung von Leistungstest ($\rightarrow$ Performance-Spezialist) etc.

5. Haupttätigkeiten von (Allgemeinen) Diplom-Informatikern - Ergebnisse einer Umfrage

In einer Umfrage unter den Absolventen des Fachbereichs Allgemeine Informatik der Fachhochschule Furtwangen mit einer Rücklaufquote von 34,7 % (= 173 Absolventen) bezogen auf die angeschriebenen Absolventen (= 600) und etwa 17,3 % bezogen auf alle Absolventen (1974 - 1994) wurde die Frage nach den Haupttätigkeiten in ihren Aufgabengebieten gestellt[2]. [Ha 1994] Eine Klassenbildung ergibt folgendes Bild (vgl. Abbildung 2).

Verglichen mit den Stellenangeboten in der FAZ kann festgestellt werden, daß in den Stellenangeboten mit den Arbeitsgebieten von Klasse I der entsprechend kommerziell ausgerichtete Diplom-Informatiker gesucht wird, während die Arbeitsgebiete der Klassen II, III und IV meist nur den Allgemeinen Informatiker ansprechen. (vgl. auch den Beitrag von Bischoff in diesem Führer „Berufsfelder...")

Bezogen auf die Abbildung (Tabelle) sei festgehalten, daß es sich um die Hauptausrichtung der Tätigkeiten handelt: Ein in der Softwareentwicklung Tätiger kann durchaus in einem am Markt anbietenden Softwarehaus entwickeln und damit nicht unter III geführt werden, da er vielleicht tendentiell wenig Kundenkontakt hat: Die Branche ist mit obiger Klassifizierung also nicht angesprochen. Ebenso wurde hiernach nicht differenziert, ob sich die Managementtätigkeiten nicht auch auf IV und III beziehen. Des weiteren kann z. B. ein hauptsächlich systemnahe Software entwickelnder Informatiker - sagen wir zu 80 % - auch zusätzlich kommerzielle Software entwickeln (ca. 20 % seiner Arbeitszeit). Eine erste überschlägige Analyse zeigt, daß ca. 25 % der Absolventen im DV-Dienstleistungsbereich (Computerhersteller, Softwarehaus, Beratung, Selbstständig, Systemhaus etc.) tätig sind, wobei berücksichtigt werden muß, daß darüber hinaus die DV-Abteilungen großer Unternehmen oft auch DV-Dienstleistungen auf dem Markt anbieten.

I	Phasenübergreifende Softwareentwicklung inkl. Beratung intern/Projektmanagement/DV-Leitung	100%	58,3%
	- Entwicklung kommerzieller Systeme	50,1%	
	- Entwicklung systemnaher Systeme	13,8%	
	- Entwicklung prozeßnaher Systeme	5,6%	
	- Projektmanagement/DV-Leitung	21,9%	
	- Schulung	8,6%	
II	Systemmanagement systemnaher Hardware/Software:	100%	21,7%
	- Datenbanken/Repository/etc.	57,5%	
	- Netze etc.	42,5%	
III	Beratung extern/Vertrieb/Verkauf:	100%	11,6%
	- beratungsorientiert, entwicklungsorientiert /Projektmanagement-orientiert	61,5%	
	- reiner Vertrieb/Verkauf (auch medizinische H/S)	38,5 %	
IV	Entwicklung von Support-Tools (z. B. CASE, SQS-Tools, GUI-Software etc.)		6,9%
V	Forschung		0,6%
VI	Sonstiges		0,6%
	Summe		100%

Abb. 2 Berufliche Haupttätigkeiten in den Arbeitsgebieten diplomierter Allgemeiner Informatiker 1994

Anmerkungen

1) Zur Terminologie Allgemeine Informatik, Technische Informatik, Wirtschaftsinformatik vgl. auch den Beitrag von Burhenne/Klages in diesem Führer. Dort wird nicht mehr von "Allgemeiner Informatik" sondern von "Informatik" gesprochen.

2) Die Absolventenzahl bis WS 93/94 betrug 1000. Es wurden 600 angeschrieben. Der Rücklauf betrug 173 Fragebögen, also 34,7%. Die der Abbildung 1 zugrunde liegende Absolventenanzahl ist 168. Dem Verfasser

wurden die Rohdaten zu dieser Frage zur Verfügung gestellt (168 Antworten), die dann klassifiziert wurden.

Literatur (zitiert): siehe zentrales Literaturverzeichnis

Einführende Literatur für das Studium der Allgemeinen Informatik (Hinweise)

Goldschlager, L.; Lister, A.: Informatik. Eine moderne Einführung. 3. Auflage, Carl Hanser Verlag, München - Wien 1989

Bauer, F. L.; Goos, G.: Informatik I. Eine einführende Übersicht. 4. Auflage, Springer-Verlag, Berlin et al. 1991

Dvoratschek, S.: Grundlagen der Datenverarbeitung. 9. Auflage, Walter de Gruyter Verlag, Berlin 1990

Coy, W.: Aufbau und Arbeitsweise von Rechenanlagen. 2. Auflage, Friedr. Vieweg & Sohn Verlagsgesellschaft, Wiesbaden - Braunschweig 1992

Grainer, S.: Programmierung in Turbo C: Strukturen, Konzepte, Realisierung. IWT-Verlag, Vaterstetten bei München 1989

Swan, T.: C++ lernen. Eine systematische Einführung in die objektorientierte Programmiersprache C++. Systhema-Verlag, München 1991

Richter, M. M.: Prinzipien der Künstlichen Intelligenz. 2. Auflage, Teubner Verlag, Stuttgart 1992

Böhme, G.: Algebra/Analysis I/Analysis II. Anwendungsorientierte Mathematik. 7. bzw. 6. Auflage, Springer-Verlag, Berlin et al. 1993 bzw. 1990/1991

Berufsfelder des Wirtschaftsinformatikers - heute

Rainer Bischoff

In diesem Beitrag werden die hauptsächlichen Berufsfelder skizziert, die den diplomierten Informatiker, Studiengang Wirtschaftsinformatik (an einigen Hochschulen: Diplom-Wirtschaftsinformatiker) bzw. in einigen Bereichen auch den Diplom-Betriebswirt (Diplom-Kaufmann) mit starker Wirtschaftsinformatik-Ausrichtung in der Praxis erwarten. Basis sind Analysen von Stellenanzeigen in der FAZ von 1/88 bis 3/88 mit einer Aktualisierung in 7/90 und 2/94. Ein Teil der Stellenangebote richtet sich dabei auch an den „Allgemeinen Informatiker" mit ggf. genügender wirtschaftsinformatischer Ausrichtung. [Bischoff (Berufsfelder) SS94] [Bischoff (Berufsfelder) 1994] [Bischoff (Entwicklung) 1986]

Inhaltsübersicht

1. Die Berufsfelder heute

1.1 Beschäftigte in der DV-Industrie und in DV-Abteilungen von Anwendern

1.2 Schwerpunkte der Tätigkeitsfelder

2. Zusammenfassende Würdigung

Anmerkungen
Literatur (zitiert)
Einführende Literatur (Hinweise)

1. Die Berufsfelder heute

1.1 Beschäftigte in der DV-Industrie und in DV-Abteilungen von Anwendern

Nach Angaben des ZVEI (Zentralverband der Elektrotechnischen Industrie) waren 1984 in der Bundesrepublik Deutschland 500.000 DV-Fachkräfte in DV-Abteilungen von DV-Anwendern beschäftigt. Hinzu kommen die Beschäftigten bei Softwarehäusern/Service-RZ/DV-Unternehmungsberatern mit 50.000, bei Vertriebsgesellschaften DV (Direktvertrieb und Fachhandel) mit 55.000 (zuzüglich Bürohandel mit 12.000) und bei DV-Herstellern mit 66.000. Die Volksbefragung 1987 ergab (nur) 227.000

DV-„Spezialisten" (Selbstangabe) mit 166 unterschiedlichen DV-Berufs-
bezeichnungen. Auch die Bundesanstalt für Arbeit rechnet mit einer enormen Dunkelziffer. Bis einschließlich 1994 haben ca. 35.000 (!) diplomierte
Informatiker/Wirtschaftsinformatiker die Hochschulen verlassen (Fachhochschulen und Universitäten ungefähr hälftig). Jährlich kommen zur Zeit
und in der heutigen Prognose von jedem Hochschultyp ca. 2500 hinzu. Der
Anteil der diplomierten Wirtschaftsinformatiker von den Informatik-
Absolventen von Fachhochschulen dürfte bei knapp 30% liegen. Bis zum
Jahre 2000 wird ein jährlicher Zusatzbedarf von 10000 DV-Fachkräften
pro Jahr angegeben, eine Anzahl, die die Hochschulen bei weitem nicht
„liefern" können: Die Berufschancen des diplomierten Wirtschaftsinformatikers sind auch heute noch - 1995 - gut. Der Job muß vielleicht etwas mehr gesucht werden, er wird jedoch noch gefunden.

1.2 Schwerpunkte der Tätigkeitsfelder

Bei der Analyse von für Wirtschaftsinformatiker relevanten Stellenangeboten in der FAZ von 1/88 bis 3/88 und einer Aktualisierung in 7/90 und
2/94 - der Titel Diplom-Informatiker/-Wirtschaftsinformatiker wurde dabei
nicht häufig genutzt, jedoch wesentlich häufiger als 1983[1] und 1990/1994
häufiger als 1988 - konnten gut 150 unterschiedliche, zum Teil jedoch nur
leicht variierende Berufsfeldbezeichnungen registriert werden. Die ca. 500
untersuchten Stellenangebote „fordern" - erkenntlich an dem Aufgabengebiet bzw. der expliziten Angabe - zum großen Teil den Hochschul-
absolventen.

Die Schlagworte Programmierung, Systemanalyse, Organisation stehen im
Vordergrund, jedoch mit abnehmender Tendenz bei der „nur reinen" Programmierung. Hinzugekommen sind schon in den letzten Jahren: Software-
Entwickler; Software-Engineer; Spezialist für Datenbanken, Bü-
rokommunikation/Telekommunikation, Netze, PC, Workstations, Künstliche Intelligenz, CAD/CAM/CIM (Computer Aided Design/Computer
Aided Manufacturing/Computer Integrated Manufacturing); System-
Manager, Informationsmanager u.v.a.m. Eine einheitliche Terminologie
wird weitgehend nicht benutzt. Was z. B. in dem einen Angebot Anwendungsprogrammierer heißt, wird in einem anderen Angebot mit Systemplaner bezeichnet.

*(1) Anwendungsprogrammierer/Anwendungsentwickler/Anwendungsana-
   lytiker*

Anwendungsspezifische Kenntnisse (z. B. Fertigungsplanung, Bankwesen) werden oft vorausgesetzt. Bei *Anwendungsprogrammierern* geht es mehr um administrative und operative Informationssysteme, die wohl im wesentlichen auf der Basis bestehender Datenbestände entwickelt werden.

Beim *Entwickler* geht es um integrative Aufgabenstellungen, beim *Analytiker* um neue Aufgabenstellungen. Pflegeaufgaben werden dem Programmierer explizit zugewiesen. Selten wird die alleinige Bezeichnung „Programmierer" genutzt. In der Analyse von Anfang 1988 sind einige wenige Stellenangebote mit der Bezeichnung „PC-Programmierer" zu finden, im wesentlichen von Software-Häusern, die kleine Handwerksbetriebe versorgen.

(2) Organisationsprogrammierer

Die Forderung nach speziellen Branchenkenntnissen tritt oft zurück. Es werden eher breite betriebswirtschaftlich-funktionale Kenntnisse verlangt. Das Spektrum der beschriebenen Aufgaben reicht von der Entwicklung des systemtechnischen Entwurfs aus vorgegebenem fachlichen Rahmenentwurf bis hin zur eigenverantwortlichen Durchführung der Ist-Analyse und Erstellung des Rahmenkonzeptes in Zusammenarbeit mit der Fachabteilung, der Realisierung und letztendlichen Schulung und Beratung der Fachabteilungen (auch PC-Einsatzberatung). Die reine Codierung wird ab und zu ausgenommen.

(3) Systemanalytiker/Systemplaner

Planung und Realisation von (speziellen) betrieblichen Aufgabenstellungen, die der Analytiker/Planer aus Studium oder Praxis kennt, vom fachlichen Entwurf, Mitwirkung beim Datendesign bzw. der Mitarbeit bei Datenbankproblemen über die Realisierung bis hin zur Benutzerschulung stehen im Vordergrund. Beim Analytiker tritt gegenüber dem Planer eine (oder die) spezielle fachliche Orientierung etwas in den Hintergrund. Das Einsatzspektrum erscheint damit breiter und mehr softwareentwicklungsorientiert mit Betonung auf „Entwicklung softwaretechnologisch integrierter Systeme". Erhebliche Überschneidungen zum Systemplaner, Anwendungsprogrammierer, Organisationsprogrammierer sind gegeben. Beim Systemplaner, bei dem die integrierte, fachliche Komponente im Vordergrund steht, werden häufig Eigeninitiative, Verhandlungsgeschick und Flexibilität gefordert.

Kenntnisse in verteilter Datenverarbeitung (DDP = Distributed Data Processing) und Kommunikationstechnologie werden zunehmend gewünscht. Im fachlichen Bereich stehen die Komponenten Warenwirtschaft (Handel), PPS (= Produktionsplanung und -steuerung) und CIM (= Computer Integrated Manufacturing) verstärkt auf der "Wunschliste". Da und dort werden Spezialisten für Expertensysteme gesucht.

(4) EDV-Organisator/-analytiker (DV-)

Ein Unterschied zum Systemplaner ist in einigen Angeboten nicht feststellbar, in anderen wiederum stehen „EDV-organisatorische" Aspekte im Vordergrund: generelles Wissen über das Zusammenspiel aller betrieblichen Daten, also „Generalist und kein Spezialist", Erarbeiten (integrierter) fachlicher Vorgaben mit der Fachabteilung, Erstellung des EDV-Konzeptes und Aufwandschätzung und Terminierung. Als besonders wünschenswerte Eigenschaften werden die Fähigkeiten, sich fehlende Informationen zu holen, Nüchternheit und analytische Denkfähigkeit erwähnt. Die hohe Selbständigkeit bei der Aufgabenerfüllung wird öfter betont.

Auch hier wird zunehmend die Kommunikationskomponente stärker hervorgehoben, wie z. B. die Planung und Einführung von Netzwerken und die Realisierung der Schnittstellen.

Im Bankbereich scheint die Organisationskomponente etwas eingeschränkt zu sein. Die Stellenangebote in 1994 - im Banken- und Versicherungsbereich sehr viele mehr als früher - zeigen hier eine Änderung mehr zur Datenverarbeitung hin.

(5) Software-Entwickler/Software-Engineer/Software-Ingenieur/System-
   Ingenieur

Software-Entwickler werden meist von Software-Produzenten gesucht, die Software auf dem Markt vertreiben. Kenntnisse der Methoden des SE (Software-Engineering), von Datenbanken und Betriebssystemen, Erfahrungen bei Projektabwicklungen, methodische Arbeitsweise, die Fähigkeit, sich schnell einarbeiten zu können und Teamfähigkeiten werden verlangt. Dies gilt gleichermaßen für Anwendungssoftware und Systemsoftware. Erfahrungen zur Portierung von Software und spezielles Know-how - Erstellung von Kommunikationssoftware (interne Kommunikation: LAN = Local Area Network; öffentliche Kommunikation: ISDN = Integrated Services Digital Network), Netzwerkmanagement, PC-Anbindung an Mainframe, Client Server-Architekturen etc. - werden ebenfalls verlangt.

Software-Engineer/Software-Ingenieur/System-Ingenieur (auch System-Entwickler): Diese Bezeichnungen werden meist genutzt, wenn es um prozeßnahe bzw. „techniknahe" Softwareerstellung geht: Realtime-Systeme, fehlertolerante Systeme, nachrichtentechnische Systeme. Die Bezeichnungen werden ebenfalls im Zusammenhang mit der Entwicklung von Experten-Systemen (Knowledge Engineering, KE) und im Bereich der Entwicklung DV-gestützter Logistiksysteme benutzt.

(6) Systemprogrammierer/System-Software-Entwickler/System-Manager

Ein wohl nicht gerade auf den Wirtschaftsinformatiker ausgerichtetes Berufsfeld. - Aufgeführt werden Entwicklungs- und Realisationstätigkeiten von Standards und anwendungsunabhängigen Softwarekomponenten (z. B. Testprodukte), Wartungstätigkeiten, Richtlinienerstellung für Nutzung solcher Programme, Unterstützung der Anwendungsprogrammierung und des RZ (z. B. Job-Ablauf-Steuerungssysteme). Dedizierte Tätigkeitsfelder wie z. B. Einführung und Wartung von Datenbanken und Netzwerken (System-, Netzwerk-, Online-) Monitoring („Coverage" Programming) werden beschrieben.

Der System-Manager (auch: Systembetreuer) ist ein (System-) Programmierer als System-Spezialist: kompakte Betreuung einer geschlossenen, „systemnahen" Aufgabenstellung, z. B. alleinige Verantwortung für eine kleinere Anlage aus dem Mini-Bereich, Einführung, Wartung und Weiterentwicklung eines Betriebsdatenerfassungssystems (BDE-Systems) oder Einführung und Integration eines Rechnersystems in bereits bestehende andere Systemumgebungen (Zielumgebungen).

(7) Datenbankadministrator/Datenbankverwalter/Datenbankspezialist

Neben der Betreuung bestehender Datenbanken liegt der Tätigkeitsbereich auch in der Auswahl und Einführung neuer DB (nach vorheriger Aufstellung des logischen und physischen Datenmodells) einschließlich integrierter Anwendungsentwicklungsumgebungen (z. B. Dialogprogrammierung).

(8) Fachleute für spezielle Aufgabengebiete

Einige besonders aktuelle Beispiele seien aufgeführt:

○ *Bürokommunikationsspezialisten*
   Auswahl und Einsatz moderner Bürotechniken. Entwicklung individueller Anwendungen für den Einsatz von PC und Bürocomputern, 'Textverarbeitungssysteme, Desk-Top-Publishing

O *Telekommunikationsspezialisten*
O *Netzwerkspezialisten* (LAN, WAN = Wide Area Network)
O *Spezialisten für Fertigungssteuerung und BDE/CAP* (Betriebsdatener-
fassung/Computer Aided Production)
Organisation von Daten in komplexen Rechnernetzen, Planung und
Auslegung von Betriebsrechnern, Kopplungen und Netzauslegung
O *Logistikspezialisten*
O *Spezialisten für Expertensysteme* (Aufbau, „Wartung")
O *Grafik-Fachleute*
O *Spezielle Informatiker*, z. B. *Medizininformatiker* bzw. *Industrieinfor-
matiker* (1990)
O *Spezialisten zur Einführung von Management Support Systemen*
(MSS) bis hin zum *MIS-Manager* (Management Information System)
(1990)
Schlagworte: DSS (Decision Support System), ESS (Execution Support
System)
O *Produktmanager bei DV-Unternehmungen*
Konzeption neuer Produkte, Analyse von Markttrends, Produkteinfüh-
rung (zum Verkauf), Preisgestaltung etc.
O *Informationsmanager*
Steuerung des wirtschaftlichen Ablaufs der DV (⇨ DV-Controller) und
Steuerung des Einsatzes der Informationstechnologie, teilweise mit einer
Überordnung zur DV-Leitung
O *DV-Controller*
DV-Planung und DV-Steuerung: Aufbereitung von Informations- und
Entscheidungshilfen für informationstechnologische Konzeptionen,
Anwendungslösungen, Projektmanagement; Investitions- und Budget-
planung/kontrolle; Berichtswesen; Soll-Ist Vergleiche
O *DV-Revisor*
Durchführung von System-, Programm- und Informationsprüfungen,
Prüfungen der Projektorganisation und -realisierung, der Datensiche-
rung, der Programmverwaltung, der Leistungsverrechnung und des RZ-
Betriebes etc.

*(9) Beratungsfunktionen (Systemberater/Support-Engineer) und Ausbil-
dung/Weiterbildung*

Bei einer auf dem Markt anbietenden DV-Unternehmung (Softwarehaus,
Hersteller, Systemhaus etc.) ist die besondere Beratungsfunktion dem
Kunden gegenüber selbstverständlich. Oft werden spezielle Branchen-
kenntnisse, allgemein die Fähigkeit zu betriebswirtschaftlichem Denken und
die Fähigkeit, komplizierte Zusammenhänge allgemeinverständlich auf
allen Ebenen darstellen zu können, gefordert. Dies sollte auch für die un-

ternehmensinterne Beratung seitens der DV-Abteilung der eigenen Fachabteilung gegenüber gelten. Der angesprochene Systemberater unterstützt im ersten Fall dabei den Vertriebsbeauftragten. Die Qualitätsproblematik wird stark betont, während sie 1988 praktisch kaum erwähnt wurde.

Der Systemberater ist Spezialist für die von ihm zu erledigende Beratungs- und Betreuungsaufgabe (Support) dem Kunden gegenüber, bezogen auf z. B. Hardware/Software, Bürokommunikation, Datenkommunikation, spezielle Rechnertypen, PPS, CIM etc. Die Beratung kann dabei beim Kunden oder ergänzend auch im sogenannten Knowledge Center bzw. Support Center erfolgen.

Hier sollen nun desweiteren Beratungsgebiete, die in selbständigen Stellenangeboten fixiert wurden, skizziert werden. Es handelt sich um einzelne Angebote:

O Beratungstätigkeit zum Markt hin
- *Berater für DV-Sicherheit*
  RZ-Sicherheit, Sicherheit der Datenübertragung, Softwareschutz, Test von Sicherheitseinrichtungen durch Penetrationsgruppen
- *Berater für IDV (Individuelle Datenverarbeitung)*
  Beratung von Anwendern, Erstellung von Prototypen, Erstellen von PC-Anwendungen
- *Berater Informationstechnik*
  Performance-Analysen, Kapazitätsplanung, Systemmessung, RZ-Organisation
- *Methodenberater*
  Beratung beim Einsatz von Software-Werkzeugen, Ausbildung auf diesem Gebiet
- *Berater von (kleineren) Softwarehäusern*, die z. B. einem Hersteller zuliefern
- *Fortbildungsberater*

Ein häufig zu findendes Wort ist der Hochleistungsberater

O Beratungsfunktion intern
- *Berater von Tochtergesellschaften* in Organisations- und DV-Fragen; Beratung der Muttergesellschaft durch ausgegliederte Tochtergesellschaften; Beratung in Verbänden
- *Berater Daten-Kommunikation:* Einführung und Verbreitung
- *Berater IDV* (siehe auch oben). Schlagwort: Information Center (IC). Konzepte zur Bereitstellung von Unternehmensdaten und von Host- und PC-Softwarewerkzeugen, Umsetzung dieser; Programmierung

im IC; Endbenutzerberatung bei IDV, Schulung etc. - Dem IC obliegt damit auch eine wesentliche Koordinationsaufgabe
- *DV-Systemberater/Methodenspezialist*
Unterstützung der Programmierung beim Einsatz von Methoden und Werkzeugen; verantwortlich für deren Weiterentwicklung und die Software-Qualitätssicherung

O Ausbildung/Weiterbildung, extern-intern
- Trainer, Produkt-Trainer etc.

(10) Koordinationsfunktionen

Koordinationsfunktionen sind in enger Verbindung mit Beratungsfunktionen zu sehen. Einige Beispiele von Stellenangeboten:

O *Bürokoordinator*
Koordination aller verarbeitungstechnischen EDV-Aktivitäten
O *DV-Koordinator*
Koordination der DV-bezogenen Aktivitäten der Fachabteilung, Verantwortlichkeit für die Mitarbeiter der Fachabteilungen, Verbindungsstelle zum Rechnungswesen
O *Information Center* als Koordinationsstelle
O *Koordinator Logistik-Informationssysteme*
Verantwortung für Entwicklung, Implementierung und Betrieb der logistischen Informationssysteme

(11) Vertrieb/Verkauf

Benutzte Bezeichnungen sind Verkaufsmanager, Vertriebsbeauftragte, Vertriebsspezialist, Verkaufsingenieur/Vertriebsingenieur (Hardware und produktionsnahe Software, z. B. CAD). Das Spektrum der Aufgabengebiete reicht vom reinen Verkauf, der Aquisition, der Kundenpflege und der Beratung bis hin zur Ausarbeitung von Konzeptionen, dem eigenständigen Abschluß von Verträgen unter Berücksichtigung von organisatorischen und betriebswirtschaftlichen Grundsätzen, Kosten-Nutzen-Betrachtungen und der Projektüberwachung einschließlich der nachfolgenden Kundenbetreuung. Fundierte Kenntnisse des Marktes und fachliches Wissen über die spezifischen Zusammenhänge und die Anwendbarkeit organisatorischer Hilfsmittel und Tools werden oft vorausgesetzt.

Der Verkauf/Vertrieb im Kontext neuer Medien steht häufig im Vordergrund: DFÜ (Datenfernübertragung), Bürokommunikation, Informationssysteme mit Text, Bild und Sprache, CAD/CAM (Computer Aided Design/Computer Aided Manufacturing), CASE (Computer Aided Software Engineering), AI (Artificial Intelligence), LAN, Information Services etc.

Allgemeine Voraussetzungen sind Hartnäckigkeit, gewandtes Auftreten, Beweglichkeit, Einsatzfreudigkeit, Belastbarkeit. Die Leitungsfunktionen verlangen entsprechende Führungsfähigkeiten (siehe unten).

(12) Leitungsfunktionen

Es werden aufgeführt: Leiter Informationsmanagement, IS-Controlling, EDV, EDV- und Informationssysteme, Informatik und Rechnungswesen, Entwicklung Anwendungssysteme/Softwareentwicklung, Graphische EDV, Organisation/EDV, Systemanalyse/Anwendungsprogrammierung, Software-Planung, EDV-Organisation und Programmierung, Systemprogrammierung, RZ, Organisation; Projektleiter; Vorstandsmitglied EDV, Betriebsorganisation und Personalwesen; Vorstandsmitglied Controlling und Informationsmanagement; leitende Berater; Leiter Anwendungsservice; Vertriebsleiter etc.

In den angesprochenen Leitungsfunktionen werden die Stelleninhaber wohl nur bei kleiner Anzahl von Untergebenen noch konkrete Realisierungen durchführen. - Die Management-Funktion steht im Vordergrund. Einige derartige Aufgaben und notwendige Eigenschaften dazu sehen bei einem EDV-Leiter in etwa wie folgt aus:

O Erarbeitung und Umsetzung einer langfristigen Gesamtkonzeption für
   die Informationsverarbeitung
O Planungsaufgaben/Budgetierungsaufgaben
O Terminierung und Steuerung von Vorhaben
O Steuerung des Einsatzes von Methoden und Standards im Gesamtfeld
   EDV (insbesondere der Qualität)
O Beratung des Managements
O Standing und Einfühlungsvermögen, Durchsetzungskraft
O Ausgeprägte konzeptionelle Fähigkeiten
O Motivationsfähigkeit
O Personalverantwortung
O Kostenstellenbewußtsein

2. Zusammenfassende Würdigung

Eine prozentuale Aufteilung der Häufigkeiten von Stellenangeboten ist nicht vorgenommen worden. Der Vergleich der Analysen von 1994, 1990 und 1988 läßt folgendes erkennen: Das gesuchte Spektrum im Bereich „spezielle Fachleute" ist größer geworden, andererseits wird aber auch in anderen Anzeigen das generelle Wissen über das Zusammenspiel aller betrieblichen Daten betont. Verglichen mit 1988 ist heute im Bereich PPS/CIM eine größere Anzahl von Stellenangeboten zu verzeichnen. Im Bereich Leitungsfunktionen wird 1994 im Vergleich zu früher häufiger die strategische DV-Planung angesprochen. Stellenangebote in Richtung Informationsmanagement sind einige zu verzeichnen. Spezielle Kenntnisse und Praxis werden in den meisten Angeboten verlangt. Der „unbedarfte Junior" ist seltener angesprochen. Er wird wohl oft von der Hochschule direkt „geholt" bzw. in anderer Presse angesprochen.

Nach einer repräsentativen Umfrage (1992) unter allen Absolventen der Wirtschaftsinformatik der Fachhochschule Furtwangen sehen diese die folgenden Fähigkeiten bzw. Eigenschaften für besonders wichtig für ihre jetzige Tätigkeit (absteigend; Mehrfachnennungen) an:

    (1) Initiative/Zielstrebigkeit
    (2) Belastbarkeit
    (3) Flexibilitiät
    (4) Beharrlichkeit/Arbeitsdisziplin
    (5) Abstraktionsfähigkeit/analytisches Denkvermögen
    (6) Kommunikationsfähigkeit/Teamgeist
    ..
    ..
    (18)   Fähigkeit zur raschen Einarbeitung

Nach einiger Zeit Berufserfahrung sind DV-Spezialisten (in Anlehnung an [Rohr/Zander 1994]) gefragt, die

○ auswählen und anpassen - statt nur entwickeln,
○ beraten und betreuen - statt nur betreiben,
○ planen und steuern - statt nur entwickeln, warten und betreiben sowie
○ kommunizieren und dienstleisten - statt nur isoliert zu produzieren.

Anmerkungen

1) Der Verfasser hatte 1983 eine entsprechende Analyse gemacht.

Literatur (zitiert): siehe zentrales Literaturverzeichnis

Einführende Literatur für das Studium der Wirtschaftsinformatik (Hinweise)

Stahlknecht, P.: Einführung in die Wirtschaftsinformatik. 6. Auflage, Springer-Verlag, Berlin et al. 1993

Scheer, A.-W.: EDV-orientierte Betriebswirtschaftslehre. Grundlagen für ein effizientes Informationsmanagement. 4. Auflage, Springer-Verlag, Berlin et al. 1990

Kurbel, H.: Programmentwicklung. 5. Auflage, Betriebswirtschaftlicher Verlag Dr. Th. Gabler, Wiesbaden 1990

Wöhe, G.: Einführung in die Allgemeine Betriebswirtschaftslehre. 18. Auflage, Franz Vahlen Verlag, München 1993

Böhme, G.: Algebra/Analysis 1/Analysis 2. Anwendungsorientierte Mathematik. 7. Auflage, Springer-Verlag, Berlin et al. 1991/92

Martin, J.: Information Engineering. Vol. I: Introduction and Principles. Vol II: Planning and Analysis. Vol III: Design and Construction. Simon & Schuster, New York 1989

Ludewig: Einführung in die Informatik. Bde I + II. 3. Auflage, Teubner Verlag, Stuttgart 1991

Sedgewick, R.: Algorithmen. Addison-Wesley, Publishing Company, Bonn et al. 1992

Cooper, D., Clancy, M.: Pascal. Lehrbuch für strukturiertes Programmieren. 3. Auflage, Friedrich Vieweg & Sohn Verlagsgesellschaft, Wiesbaden - Braunschweig 1991

Pratt, T.W.: Pascal: A New Introduction to Computer Science. Prentice Hall, Englewood Cliffs (N.J.) 1990

Swan, T.: C++ lernen. Eine systematische Einführung in die objektorientierte Programmiersprache C++. Systhema-Verlag, München 1991

McCracken, D. D., Golden, D. G.: COBOL. Einführung in COBOL 85 und Anleitung zur strukturierten Programmierung. Neue Ausgabe, Oldenbourg Verlag, München - Wien 1990

Die Technische Informatik

Georg Christaller

Die Technische Informatik beschäftigt sich mit der technischen Seite des Rechners und dem Einsatz des Rechners in der Technik. Sie ist ein Ingenieurfach. Der Einsatz des Technischen Informatikers reicht von reiner Hardware-Entwicklung über Systemprogrammierung bis zur Systemtechnik. Typische Gegenstände der Studienrichtungen sind z. Bsp. VLSI- und ULSI-Entwurf, Rechnerarchitektur und Prozeßdatenverarbeitung.

Inhaltsübersicht

1. Zur Entwicklung der Technischen Informatik

2. Die Aufgaben der Technischen Informatik

3. Das Studium der Technischen Informatik/Ingenieur-Informatik an Fachhochschulen

4. Die Berufsfelder in der Technischen Informatik

Einführende Literatur (Hinweise)

1. Zur Entwicklung der Technischen Informatik

Wenn man die allgemein akzeptierte Einteilung des Wissenschaftsgebietes Informatik in fünf Gruppen

○ Theorie,
○ Methodik,
○ Analyse und Konstruktion von Rechnersystemen
○ Anwendungen und
○ Einfluß und Auswirkung des Einsatzes

betrachtet, dann beschreibt die Technische Informatik - die auch gelegentlich Ingenieur-Informatik genannt wird - das Gebiet der Analyse und Konstruktion. Damit ist die Technische Informatik ein Ingenieurfach, was sich auch im anglo-amerikanischen Wort „computer engineering" niederschlägt. Wenn man einmal von dem „mechanischen" Zeitalter der Informatik absieht, so hat insbesondere die Elektrotechnik als Ingenieurfach einen erheblichen Anteil an der Entwicklung der Rechner. Es war ja geradezu üblich, die ersten Rechnergenerationen nach dem jeweiligen elektronisch-technologischen Stand zu definieren:

1. Generation: Benutzung von Elektronenröhren als Bauelemente; ab 1946
2. Generation: Benutzung von Transistoren als Bauelemente; ab 1955
3. Generation: Einführung einfacher integrierter Schaltungen als Bauele-mente: Small Scale Integration (SSI) und Medium Scale Integration (MSI); ab 1962
4. Generation: Einführung hochintegrierter Bauelemente: Very Large Scale Integration (VLSI) und Ultra Large Scale Integration (ULSI), z.B. Mikroprozessoren und Speicher-Chips; ab 1974
5. Generation: Sprach- (Logik-) orientierte Rechner und Parallelrechner; ab 1980
6. Generation: Selbstlernende Computer (z.B. Neurocomputer); ab 1989

Die Technische Informatik hat ihre Wurzeln in der Digitalelektronik, also einem Teilgebiet der Elektronik, der Aussagenlogik (Schaltalgebra), also einem Teilgebiet der mathematischen Logik, und der technischen System-technik, einem Querschnittsgebiet der Meß-, Regelungs- und Steuerungs-technik. Die Technische Informatik beschäftigt sich also mit den Aspekten der logischen Entwicklung von Rechnern und den System- und Hardware-aspekten des Rechnereinsatzes. Sie ist aufgespannt zwischen den elektroni-schen Grundlagen, der Systemtheorie, der Systemprogrammierung und der Kommunikationstechnik bis zum Entwurf und zur Konstruktion von Rech-nern, Rechner- und Peripherie-Modulen und von rechnerbasierten Steue-rungs- und Regelungssystemen sowie von Einheiten der Prozeß- und Au-tomatisierungstechnik. Ein typisches Fach der Technischen Informatik heißt „Rechnerarchitektur".

2. Die Aufgaben der Technischen Informatik

Die Technische Informatik ist heute geprägt von hochintegrierten Logik-schaltungen (VLSI). Diese kann man in zwei Hauptgruppen einteilen:

1. fest programmierte Logikschaltungen
2. programmierbare Logikschaltungen

Zu den ersteren gehören z. B. die Mikroprozessoren, die Peripherieschal-tungen, Controller für Steuerungen und zur Abwicklung von Kommuni-kationsprotokollen etc. Zu den letzteren gehören vor allem die anwendungs-spezifischen oder kundenspezifischen integrierten Schaltungen (ASIC,

Application Specified Integrated Circuit und USIC, User Specified Integrated Circuit). Die VLSI-Schaltungen mit vom Hersteller vorgegebenen Logikstrukturen werden wegen ihres niedrigen Preises vor allem für Massenartikel aller Art - bekanntestes Beispiel ist der PC - verwendet. Die zweite Gruppe wird dort verwendet, wo mit auf das zu lösende Problem zugeschnittenen Logikschaltungen ein besseres und/oder preiswerteres Ergebnis erzielt werden kann. Bei all diesen Schaltungen, vom Entwurf bis zum Einsatz und zur Systemzusammenstellung, wird der Rechner als Werkzeug benutzt.

Für den Technischen Informatiker spielt also der Rechner eine doppelte Rolle: er ist Ziel der Bearbeitung, und er ist Hilfsmittel zum Erreichen des Ziels.

Die Hauptaufgabe der Technischen Informatik ist es also, rechnergesteuerte Systeme zu entwerfen, zu modellieren, zu simulieren, zu programmieren, zu installieren und auch zu vertreiben und zu betreiben und schließlich zu warten und zu reparieren. Zum Entwurf gehört auch der logische Entwurf von integrierten Schaltungen weniger die Herstellung, obwohl die Entwicklung und der Aufbau einer rechnergesteuerten Herstellungslinie für integrierte Schaltungen durchaus zu den Aufgaben der Technischen Informatik gehören kann. Der Systementwurf führt heute über ein Modell, das auf einem Rechner simuliert und schrittweise programmiert und emuliert wird, bevor das System konstruiert, getestet, installiert, vertrieben, betrieben, gewartet und eventuell repariert wird.

Die Erfüllung dieser Aufgaben erfordern vom Technischen Informatiker ein logisches und vor allem systembezogenes analytisches Denkvermögen, also die Fähigkeit, ein komplexes System zerlegen, beschreiben und erstellen zu können. Besonders nützlich ist eine Begabung in Richtung eines „vernetzten Denkens". Aber die Einsicht in technisch Machbares und die Umsetzungsfähigkeit in eine Konstruktion sind ebenso wichtig. Die Beherrschung der Konstruktions- und Testhilfsmittel ist neben der Bereitschaft zur Gruppenarbeit essentiell notwendig für die Arbeit des Technischen Informatikers. Aber eine weitere Aufgabe der Technischen Informatik soll nicht vergessen werden: Jeder hat sich schon mal mit einer Beschreibung - dem Manual (Handbuch) - eines komplexen technischen Systems auseinandergesetzt. Also ist es auch eine Aufgabe der Technischen Informatik und des Technischen Informatikers, das erstellte System so zu beschreiben, daß der Benutzer nicht nur die Arbeitsweise des Systems versteht, sondern daß er auch eine Idee der dahintersteckenden Philosophie mitbekommt. Nur so ist ein optimales Arbeiten möglich.

3. Das Studium der Technischen Informatik/Ingenieur-Informatik an Fachhochschulen

Die Technische Informatik ist ein Ingenieurfach. Dies bestimmt ganz wesentlich das Studium. Im Grundstudium - im allgemeinen 3 bis 4 Semester - wird mit den mathematisch-naturwissenschaftlichen Fächern das notwendige breite Grundwissen vermittelt. Weitere Grundlagenfächer sind Systemtheorie und Systemtechnik aber auch die Methodik des Programmierens und das Software-Engineering. Zum Handwerkszeug gehört natürlich die Kenntnis moderner elektronischer Bauelemente. Da Englisch im Gesamtgebiet der Informatik extensiv benutzt wird, ist ein Kursus in technischem Englisch unumgänglich. In vielen Studiengängen werden auch noch Wirtschaftsfächer angeboten.

An nahezu allen Fachhochschulen mit einem Studiengang Technische Informatik ist wenigstens ein in das Studium integriertes praktisches Studiensemester obligatorisch. Dies unterstreicht den Anspruch auf eine praxisorientierte Ausbildung. Der Student bzw. die Studentin sollen in einer realistischen Arbeitsumgebung - also nicht wie in einer Lehrveranstaltung - mit Problemen des Faches und ihren Lösungen unter Anleitung konfrontiert werden.

Im Hauptstudium - also den letzten 3 bis 4 Semestern - werden vor allem die Anwendungen auf verschiedenen Gebieten behandelt. Dabei besteht häufig ein breites Angebot von Wahlpflichtfächern, über die der Student oder die Studentin ihren Studienschwerpunkt bis zu einem gewissen Grade selbst bestimmen kann. Zu den Anwendungen gehören u. a.:

- Mikrocomputer- oder Mikrocontroller-gestützte Steuerungssysteme,
- Systemschnittstellen der Hardware und der Software,
- rechnergestützte Prozeß- und Automatisierungstechnik,
- Prozeßleit- und Prozeßmeßtechnik,
- Systemprogrammierung in verteilten Systemen,
- Planung und Betrieb komplexer, vernetzter Anlagen.

Das Studium schließt mit der Anfertigung einer Diplomarbeit und einer im Kolloquiumsstil abgehaltenen Prüfung ab. Die Diplomarbeit schließlich soll zeigen, daß der Student oder die Studentin ein bestimmtes Problem mit den Mitteln der Technischen Informatik nach Vorgabe (auch eigener) selbständig lösen und dabei technisch-wissenschaftliche Methoden anwenden kann. Es wird dabei durchaus bergrüßt, wenn die Diplomarbeit auch außerhalb der Hochschule unter fachmännischer externer Betreung angefertigt wird.

So wie die Namen der Studiengänge sich unterscheiden, so differieren auch die Namen der Abschlußgrade: Diplom-Informatiker(in) (FH), wenn der Anteil der Software-orientierten Informatikfächer überwiegt, Diplom-Ingenieur(in) (FH), wenn der Anteil der hardwareorientierten Informatikfächer überwiegt.

4. Die Berufsfelder in der Technischen Informatik

Wird der typische Technische Informatiker auf dem Arbeitsmarkt, so etwa in Zeitungsinseraten, gesucht, dann wird meist ein „Diplom-Ingenieur" mit vielfältigen Zusatzbezeichnungen beschrieben. Erst wenn ein klares Überwiegen des Umgangs mit Software vorhanden ist, aber trotzdem gediegene Kenntnisse der Hardware gewünscht werden, wird ein „Diplom-Informatiker", ebenfalls mit unterschiedlichen Zusatzbezeichnungen gesucht.

Zur Unterstützung einer Darstellung der Berufsfelder wurde eine Recherche von relevanten Stellenangeboten in der Frankfurter Allgemeinen Zeitung (FAZ) zwischen September 1993 und März 1994 durchgeführt. Die angebotenen Stellen konnten in vier Bereiche eingeteilt werden:

○ Hardwaretechnik,
○ Softwaretechnik,
○ Systemtechnik und
○ Kundenbetreuung.

In der *Hardwaretechnik* werden Stellen für Diplom-Ingenieure ausgeschrieben. Die Zusatzinformationen heißen: Entwickler für Elektronik, Steurungstechnik, Meß- und Regelungstechnik, Mikrocomputer, Computer, Interface-Technik, Kommunikationstechnik, Prozeßtechnik u. ä. Erwartet werden insbesondere die Beherrschung der Hardware-Entwicklungswerkzeuge wie CAD- und CAE-Programme, Hardware-Emulatoren und Logik-Analysatoren, aber auch der Meßtechnik und das Hardware-nahe Programmieren in „C" oder Assembler, gelegentlich auch in Forth.

In der *Softwaretechnik* werden gesucht: Programmierer für Technik, Informatiker für die oder in der Technik, Programmierer für Echtzeitanwendungen, Anwendungsprogrammierer für MSR-Technik (Meß-, Steuer-und Regelungstechnik). Erwartet wird die Beherrschung der Software-Entwicklungswerkzeuge wie CASE-Tools, aber auch Kenntnisse im Arbeiten in vernetzten Umgebungen.

In der *Systemtechnik* lauten die Wünsche so: Gesucht werden Systemprogrammierer, Systemingenieure, Netzwerk-Ingenieure, System-Operators und Systemadministratoren. Hier werden Kenntnisse in Betriebssystemen erwartet, vor allem DOS, UNIX und Netzwerkbetriebssysteme, aber auch Kenntnisse und Erfahrungen in Implementierungen und in Hard- und Softwareinstallationen.

In der *Kundenbetreuung* werden gesucht: Vertriebsingenieure, Kundenberater, Wartungsingenieure. Hier wird vor allem ein Übersichtswissen, ein gewisses handwerkliches Geschick, aber auch ein offener Umgang mit Menschen (den Kunden) erwartet.

In sehr vielen Anzeigen werden gute englische Sprachkenntnisse verlangt. In der Kundenbetreuung häufig noch eine zweite Sprache.

Einführende Literatur für das Studium der Technischen Informatik (Hinweise)

Almaini, A. E. A.: Kombinatorische und sequentielle Schaltsysteme. VCH, Weinheim 1989

Kahlert, J.; Frank, H.: Fuzzy-Logik und Fuzzy-Control. Eine anwendungsorientierte Einführung mit Begleitsoftware. 2. Auflage, Friedr. Vieweg & Sohn Verlagsgesellschaft, Wiesbaden - Braunschweig 1994

Mano, M. M.: Computer Engineering. Prentice-Hall, Englewood Cliffs (NJ) 1988

Noltemeier, H.: Informatik I: Einführung in Algorithmen und Berechenbarkeit. Informatik II: Einführung in Rechnerstrukturen und Programmierung. Informatik III: Einführung in Datenstrukturen. 2. Auflage, Carl Hanser Verlag, München - Wien 1993

Oberschelp, W.; Vossen, G.: Rechneraufbau und Rechnerstrukturen. 6. Auflage, R. Oldenbourg Verlag, München-Wien 1994

Rembold, U. (Hrsg.): Einführung in die Informatik. Carl Hanser Verlag, München - Wien 1991

Schiffmann, W.; Schmitz, R.: Technische Informatik. Band 1: Grundlagen der digitalen Elektronik. Band 2: Grundlagen der Computertechnik. Springer-Verlag, Berlin et al. 1992

Schneider, H.-J. (Hrsg.): Lexikon der Informatik und Datenverarbeitung. R. Oldenbourg Verlag. 4. Auflage, München - Wien 1995 (im Druck)

Tanenbaum, A. S.: Structured Computer Organization. Prentice-Hall, Englewood Cliffs (NJ) 1990

Tietze, U.; Schenk, Ch.: Halbleiterschaltungstechnik. 10. Auflage, Springer-Verlag, Berlin et al. 1993

Waldschmidt, H.: Informatik für Ingenieure. R. Oldenbourg Verlag, München - Wien 1987

Wiener, N.: Kybernetik. ECON, Düsseldorf 1992

Berufsaussichten des Medieninformatikers

Fritz Steimer

Die Berufsaussichten des Medieninformatikers sind vielversprechend, da sein berufliches Profil den gegenwärtigen und vor allem auch den zukünftigen Anforderungen einer Dienstleistungs- und Informationsgesellschaft in hohem Maße entgegenkommt. Mehrere unabhängige Studien (z. B. u. a. der Prognos AG - Basel) prophezeien bis zur Jahrhundertwende Milliarden-Märkte in dreistelliger Höhe.

Inhaltsübersicht

1. Medieninformatik: Entwicklung, Profile, Inhalte

2. Multimedia und Medieninformatik - was ist das?

3. Berufsbilder des diplomierten Medieninformatikers

Literatur (zitiert)
Einführende Literatur (Hinweise)

1. Medieninformatik: Entwicklung, Profile, Inhalte

Seit dem Sommersemester 1990 ist es möglich, an einer Fachhochschule das Fach Medieninformatik im Vollstudiengang zu studieren. Damit wird bundesweit erstmalig ein Studium angeboten, das speziell auf den rasanten - und mittlerweile unverzichtbaren - Einzug des Computers in der Medienlandschaft eingeht. Medien tragen heute bereits einen wesentlichen Teil der Kommunikation in unserer Informationsgesellschaft.

Moderne Medien sind äußerst komplexe Systeme: die den Menschen verändern, seine Beziehungen zu anderen Menschen, seine Beziehung zur Technik, zu sich selbst. Systeme, die geplant, entwickelt und zielgerichtet eingesetzt werden müssen. Systeme, die ohne Einsatz der Computertechnik nicht mehr zu realisieren sind. Informatik ist deswegen zu einem elementaren und unverzichtbaren Bestandteil im Medienbereich geworden.

Durch den Computer ändert sich zum einen die Arbeitsweise in den verschiedenen Medienbereichen, zum anderen wachsen die Medien, die traditionell getrennt waren, immer mehr zusammen und lassen dadurch neue

Medien und Formen der Informationsverarbeitung und Informationsübermittlung entstehen. (vgl. Steimer in [Böhme (Diplom-Informatiker) 1993])

2. Multimedia und Medieninformatik - was ist das?

Möglich wird dadurch insbesondere das, was mit dem Begriff „Multimedia" verbunden ist: Die anwendungsbezogene und interaktive Verknüpfung von Daten, Text, Bild und Ton, gesteuert von Computern, zu Informations-, Präsentations- oder Lernzwecken (siehe Abbildung 1).

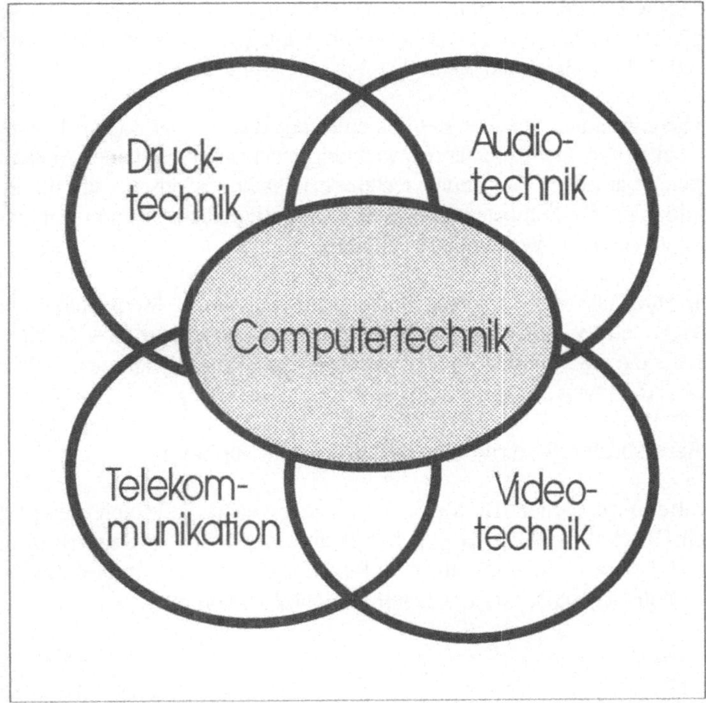

Abb.1 Integration von Medientechniken durch Computertechnologie

Multimediale Informationen werden charakteristisch sein für die technikge-
stützten Medien von morgen. Deswegen nimmt „Multimedia" mit den sowohl technischen als auch gestalterischen Fragen, die hiermit verbunden
sind, einen breiten Raum im Rahmen des Studiums der Medieninformatik
ein.

Die Medieninformatik will Multimedia-Wissen in seiner ganzen Breite
vermitteln, von der Technik über die Konzeption bis hin zur Gestaltung:
Audio- und Videotechnik, Computergrafik und -animation, Bildverarbeitung und interaktive Medien sowie Telekommunikation sind u.a. Gegenstand der Ausbildung. In acht Semestern erlernt der angehende Medieninformatiker gleichermaßen das Programmieren (C und andere Sprachen) wie
das Schreiben eines Drehbuchs, befaßt sich mit den Problemen der Analog-
Digital-Wandlung ebenso wie mit den Grundlagen des Grafikdesigns oder
erstellt Computeranimationen.

Medieninformatik versteht sich als eine spezifische Angewandte Informatik, bei der es nicht um die Entwicklung technischer Systeme, sondern -
basierend auf dem Verständnis technischer Funktionsweisen - um die Produktion und den kompetenten Einsatz von Multimedia-Systemen geht, zum
Beispiel auch für Werbung und Schulung.

Den Studenten eines solchen Studiengangs müssen in Medienlabors und
Studios selbstverständlich moderne Entwicklungssysteme zur Verfügung
stehen, die in Praktika und Workshops zum Einsatz kommen müssen.
(siehe Abbildung 2)

3. Berufsbilder des diplomierten Medieninformatikers

Die Berufsaussichten des Medieninformatikers sind vielversprechend (vgl.
auch [Bischoff 1994]), da sein berufliches Profil den gegenwärtigen und
vor allem auch den zukünftigen Anforderungen einer Dienstleistungs- und
Informationsgesellschaft in hohem Maße entgegenkommt.

Medienprojekte in der beruflichen Praxis orientieren sich in der Mehrzahl
der Fälle an den allgemein bekannten Phasen eines Projekts, als da sind
Konzeptionsphase - Designphase - Implementierungsphase - Einsatzphase.
Der Medieninformatiker kann sich hinsichtlich der in diesen Phasen zu er-
füllenden Aufgabenstellungen auf eine entsprechend ausgerichtete Ausbildung abstützen.

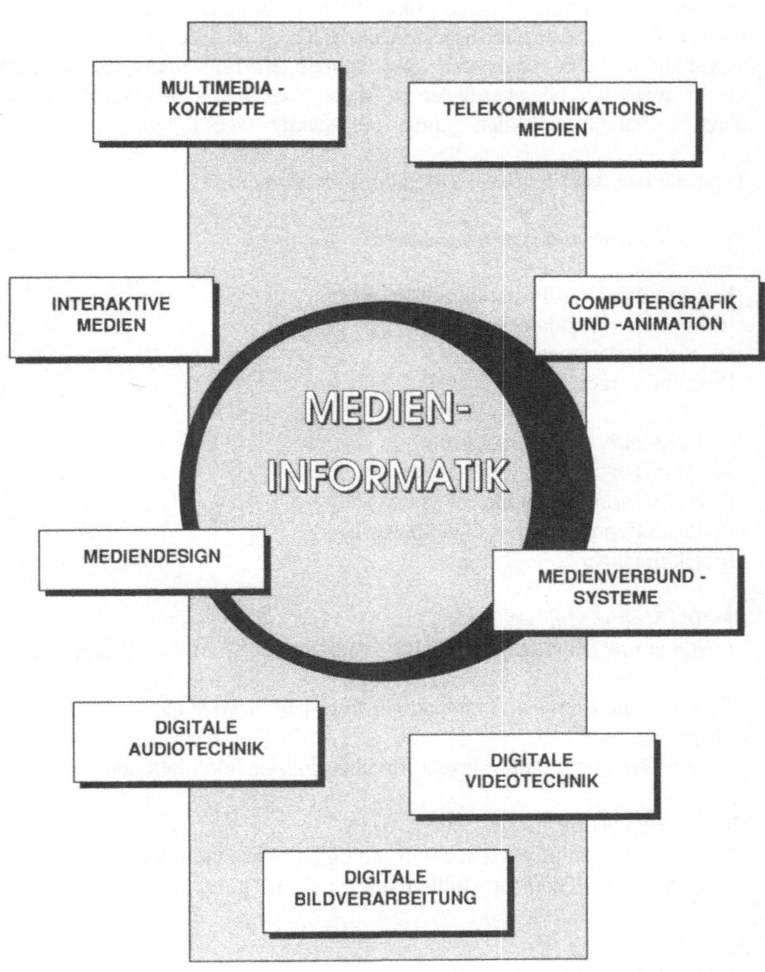

Abb. 2 Medieninformatik

Je nach Neigung wird dieses breite, generalistisch ausgelegte Ausbildungs-
fundament um spezifische Ausbildungsfundamente, z. B. in Richtung des
Mediendesigns, ergänzt.

Der Medieninformatiker ist aufgrund dieser breitgefächerten, aber fundierten Ausbildung, aber auch jederzeit in der Lage, in neue und zukünftig in
verstärktem Maße entstehende Berufsbilder der Informationsgesellschaft
hineinzuwachsen. Gleichermaßen ist er auch befähigt, sich - beispielsweise
durch Aufbau einer Medienagentur - selbständig zu betätigen.

Typische Berufsbilder für den Medieninformatiker sind:

Bereich Grafik- und Werbeagenturen
- Art-Director
- Kommunikations-/Präsentationsdesigner
- (Computer-) Grafikdesigner
- Animationsdesigner
- Projektmanager

Bereich Audio-/Videoproduktion
- Art-Director
- Regisseur von Rundfunk/TV-Spots
- Produzent von Rundfunk/TV-Spots
- Projektmanager

Bereich Multimedia
- Designer und Entwickler von CBT-Programmen (Computer Based Trai-
  ning)
- Designer und Entwickler interaktiver Informationssysteme
- Projektmanager
- Lektor, Designer und Produzent für elektronische Publikationen

Bereich Informatik
- Konzeptionist und Entwickler von Multimedia-Programmen
- Systemmitentwickler für Multimedia Hard- und Software

Sonstige
- (Tele-)Kommunikationsmanager
- Information-Broker

Literatur (zitiert): siehe zentrales Literaturverzeichnis

Einführende Literatur für das Studium der Medieninformatik (Hinweise)

Bieger, E.: Praxis der Medienpädagogik. Pädagogischer Verlag Schwann, Düsseldorf 1980

Cube, F.: Visodata 80. In: AV-Medien und Datensysteme für Bildung und Kommunikation, hrsg. von A. Schorb, TR-Verlagsunion, München 1980

Dichanz, H.; Kolb, G.: Beiträge zur Medienforschung. Verlagsgesellschaft Schulfernsehen, Köln 1979

Eckgold, F.: Virtual Reality - Methoden und Algorithmen. Friedr. Vieweg & Sohn Verlagsgesellschaft, Wiesbaden - Braunschweig 1994

Eichhorn, D. R.: Medien-Infothek. Lehrbriefe und Overhead-Folien. Fachhochschule für Druck, Stuttgart 1985

Feldmann, E.: Theorie der Massenmedien. 2. Auflage, Reinhardt-Verlag, München 1977

Höllinger, S.: Die neuen Medien an den Hochschulen. Bundesministerium für Wissenschaft und Forschung, Wien 1986

Ratzke, D.: Handbuch der neuen Medien. Information und Kommunikation, Fernsehen und Hörfunk, Presse und Audiovision heute und morgen. 2. Auflage, Deutsche Verlagsanstalt, Stuttgart 1984

Strasser, W.: Graphische Datenverarbeitung heute - eine Bestandsaufnahme. HMD (Schwerpunktheft Graphische Datenverarbeitung (VLSI)), Heft 127, 23. Jg. 1986, S. 3-22

Willim, B.: Leitfaden der Computer-Grafik. 3 R-Verlag, Berlin 1989

Berufsbild des Medizinischen Informatikers

Oskar Hoffmann

Im Bereich der Medizin ist der Einsatz informationsverarbeitender Verfahren immer stärker gefragt. Mitarbeiter auf diesem Gebiet sind mit einem breiten Aufgabenspektrum konfrontiert. Diese spezifischen Anforderungen prägen das Berufsbild des Medizinischen Informatikers.

Inhaltsübersicht

1. Was ist Medizinische Informatik?

2. Das Berufsbild

3. Einsatzmöglichkeiten/Arbeitsplätze

4. Einsatz und Anwendungsgebiete in der Medizinischen Informatik

5. Berufsfelder des Medizinischen Informatikers

Literatur (zitiert)
Einführende Literatur (Hinweise)

1. Was ist Medizinische Informatik?

Die Medizinische Informatik hat in den letzten 25 Jahren zunehmend an Bedeutung für den medizinischen Alltag und die medizinische Forschung gewonnen, nicht zuletzt auch bedingt durch die rasanten Fortschritte auf dem Gebiet der Informatik selbst. Ausbildungs- und Einsatzmöglichkeiten in diesem Bereich sind aber noch relativ unbekannt. Dies mag zu einem großen Teil daran liegen, daß ein eigenständiger Studiengang „Medizinische Informatik" bisher nur an der Universität Heidelberg/Fachhochschule Heilbronn existiert. An einigen wenigen anderen Universitäten besteht die Möglichkeit der Kombination „Medizin/ Nebenfach Informatik" oder „Informatik/Nebenfach Medizin". An Fachhochschulen ist, von obiger Ausnahme abgesehen, die Medizinische Informatik als eigener Studiengang oder Schwerpunkt laut [Trampisch et al. 1992] bisher überhaupt nicht vertreten. Hier übernimmt die Fachhochschule Gießen-Friedberg ab Sommersemester 1994 eine Vorreiterrolle, indem sie ihren

Informatikstudenten die Möglichkeiten einer schwerpunktmäßigen Spezialisierung in diese Richtung anbietet.

Die „Deutsche Gesellschaft für Medizinische Informatik, Biometrie und
Epidemiologie" (GMDS) definiert „Medizinische Informatik" folgenderma-
ßen:

Die Medizinische Informatik umfaßt die systematische Verarbeitung von
Informationen in der Medizin durch die Modellierung von informations-
verarbeitenden Systemen unter der Zielsetzung, diese zu beschreiben, zu
analysieren, zu konstruieren und zu bewerten, wobei eigenständige Methoden der Medizinischen Informatik, der Informatik, der Mathematik und
der Biometrie angewandt werden und die praktische Systemrealisierung
wesentlich durch den Einsatz von Computern erfolgt.

Eine Tätigkeit im Bereich der Medizinischen Informatik erfordert wegen
der Beziehungen der Medizin zu einer Vielzahl von Wissensgebieten ein
breites Basiswissen, sind doch eine Reihe von Fachdisziplinen involviert,
wie z. B. Informatik, Medizin, Biometrie bzw. Biomathematik und Wirtschaftswissenschaften.

2. Das Berufsbild

Diese Definition der Medizinischen Informatik impliziert ein weites Aufga-
benfeld, entsprechend der Vielfalt von Informationen, die im Medizinbe-
trieb anfallen, nämlich einmal alle Arten von Information über die
Krankheit eines Patienten und deren Verlauf, wie Vorgeschichte
(Anamnese), Untersuchungsbefunde (Biosignale), Behandlungsergebnis
(Outcome) etc. Auf der anderen Seite entstehen im Medizinbetrieb eine
Vielzahl von Informationen verwaltungstechnischer Natur: Soziale Daten
des Patienten, Verweildauer, Kassenzugehörigkeit etc., die zur Abrechnung
zwischen Krankenhaus und Krankenkasse bzw. Patient erforderlich sind.
Und der dritte Aspekt ergibt sich aus dem Großbetrieb „Klinikum" selbst.
Hier sind eine Reihe klassischer Verwaltungsaufgaben zu lösen, aber auch
Probleme wie Bettenverwaltung, Patientenaufnahme und - unter dem Ge-
sichtspunkt des Gesundheits-Strukturgesetzes (GSG) zunehmend wichtiger
- Qualitätssicherung.

Entsprechend facettenreich ist das Berufsbild des Medizinischen Informatikers. (Man kann schon fast sagen, daß es *den* Medizinischen Informatiker
überhaupt nicht gibt). Er wird in der Praxis mit einem breiten Spektrum an-
spruchsvoller Aufgaben aus nahezu allen Gebieten der Informationsverar-

beitung konfrontiert, welches eine entsprechende Breite in der Methoden-
kenntnis voraussetzt. Durch ständig wechselnde Problemstellungen und
Fortschritte in der Medizintechnik wird ihm ein erhebliches Maß an Flexibilität abverlangt. Einerseits stellen diese immer wiederkehrenden Her-
ausforderungen eine erhebliche Belastung dar, andererseits wird der Medizinische Informatiker auf diese Weise gezwungen, sich eine Vielzahl von
Fertigkeiten anzueignen, die ihn auch für den Einsatz in anderen Bereichen
der Informatik qualifizieren.

Der administrativ-organisatorische Bereich der Medizinischen Informatik
stellt die Krankenhausbetriebslehre und Klinische Informationssysteme in
den Vordergrund. Ziel ist es, mit Hilfe moderner informationsverarbeitender Verfahren die Kooperation der einzelnen Teile des Gesamtunterneh-
mens „Krankenhaus", d. h., Patientenpflege und Versorgung, Diagnostik,
Therapie, Verwaltung und Technische Einrichtungen zu optimieren. Damit
leistet der Medizinische Informatiker einen wesentlichen Beitrag zur opti-
malen Versorgung und Steuerung von Patientenströmen, zur Kostenkon-
trolle im Gesundheitswesen, aber auch zur Leistungsstatistik und zur
Qualitätssicherung in der Medizin.

Die wissenschaftlich-technische Ausrichtung verlangt zunächst vorwiegend
Kenntnisse aus dem Gebiet der Biomathematik und Biostatistik. Dazu kommen Prozeßrechentechnik, Biosignalverarbeitung und Verfahren der Bildverarbeitung, da medizinisch-diagnostische Verfahren sich vielfach auf
bildgebende Verfahren oder die Analyse von Biosignalen stützen. Ergänzt
werden sollten diese Kenntnisse um Methoden der Simulationstechnik.

3. Einsatzmöglichkeiten/Arbeitsplätze

Bisher gibt es wenig verläßliche Informationen, in welchen Bereichen wel-
cher Anteil von Medizinischen Informatikern tätig ist. Untersuchungen über
den beruflichen Einsatz von Absolventen des Studienganges „Medizinische
Informatik" an der Universität Heidelberg/FH Heilbronn nennen einen Anteil von 35%, der in der DV-Industrie tätig ist. Die mit 25% zweitstärkste
Gruppe hat ihren beruflichen Schwerpunkt in der Forschung und Lehre
gefunden. 19% der Absolventen sind bei DV-Anwendern tätig, wobei un-
klar bleibt, was in diesem Fall ein DV-Anwender ist. In einem Krankenhaus sind nur 9% tätig, und 12% verteilen sich auf sonstige Tätigkeiten.

Nach Tätigkeiten aufgeschlüsselt, nimmt die Entwicklung mit 59% den
größten Raum ein, gefolgt von der Systemanalyse mit 51% (mit Mehrfachnennungen). Eine forschende Tätigkeit üben 35% der Absolventen aus,

während 20% in der Ausbildung tätig sind. Im Management sind 18% tätig und im Vertrieb 6%. Diese Zahlen dürften für Absolventen von Fachhochschulen mit Schwerpunkt „Medizinische Informatik" aber nicht vollständig repräsentativ sein, da der Studienschwerpunkt nicht ein komplettes Studium der Medizinischen Informatik ersetzen kann.

4. Einsatz und Anwendungsgebiete in der Medizinischen Informatik

Einen kleinen Überblick über die Einsatzmöglichkeiten des Medizinischen Informatikers ergibt sich durch die Auflistung der Institutionen, in denen er tätig ist oder werden kann:

Öffentliche Forschungseinrichtungen

Mehrere große Forschungseinrichtungen in Deutschland verfügen über eigene Abteilungen für Medizinische Informatik, bzw. Medizinische Biometrie. Die dort anfallenden Aufgaben können unter schwerpunktmäßiger Berücksichtigung der Forschung mit denen in einer Universitätsklinik verglichen werden.

Universitäten

Arbeitsplätze für Medizinische Informatiker bieten in der Regel die medizinischen Fakultäten der Universitäten in speziellen Instituten für Medizinische Informatik oder für Medizinische Statistik, aber auch häufig einzelne, besonders forschungsintensive Kliniken. Darüber hinaus besteht besonders im Verwaltungsbereich von Universitätskliniken und anderen Krankenhäusern ein Bedarf an betriebswirtschaftlich-organisatorisch ausgerichteten Medizin-Informatikern.

Pharmazeutische Industrie

Bei großen Arzneimittelherstellern besteht insbesondere Bedarf an biomathematisch-statistisch ausgerichteten Medizinischen Informatikern. Die Tätigkeit konzentriert sich dort vorwiegend auf die Planung, Durchführung, Analyse und Dokumentation von Arzneimittelprüfungen, wie sie für die Einführung eines neuen Pharmakons vom Bundesgesundheitsamt vorgeschrieben ist. Entwicklung und Pflege betriebsinterner Informationssysteme für die Verwaltung von Datenbeständen und Prüfungsergebnissen, sowie von eingesetzter Hard- und Software erweitern das Aufgabenspektrum.

Dienstleistungsinstitute

Dienstleistungsinstitute übernehmen häufig Beratung, Planung und auch
Auswertung klinischer Studien für Kliniken und pharmazeutische Unternehmen, die keine eigene biometrische Abteilung unterhalten. Sie erfordern
vom Medizinischen Informatiker die Anwendung seiner Kenntnisse auf eine
breite Palette von Problemstellungen.

Industrie (Hard- und Software)

In der Industrie besteht eine der Haupttätigkeiten in der Planung, Entwicklung, Realisierung und Implementierung von Anwendungssystemen. Speziell in der Hardware-Industrie mit ihrem Bezug zur Medizintechnik steht
die Entwicklung systemnaher Software im Vordergrund. Dabei kann es
sich um Steuerungs- und Auswertungssoftware für bildgebende Geräte, für
Biosignalprozessoren oder für Geräte zur Labordatenverarbeitung handeln.

Im Bereich der Software-Industrie existiert ein breites Aufgabenspektrum
im Zusammenhang mit kommerzieller Anwendungssoftware im Medizin-
bereich. Hierzu gehören Planung, Realisierung, Implementierung und
Wartung von z. B. betriebswirtschaftlichen Analyse- und Abrechnungs-
systemen, Kliniks- und Praxis-Informationssystemen, sowie Anwendungssystemen für Krankenkassen und kassenärztliche Vereinigungen. Einsatzmöglichkeiten sind auch im Bereich der Schulung und der Entwicklung
zugehöriger Dokumentationen gegeben.

Zusammenfassend läßt sich sagen, daß dieser Ausschnitt aus dem Einsatzspektrum Medizinischer Informatiker naturgemäß unvollständig ist. Durch
neue Entwicklungen (z. B. rechnergestütztes Operieren (Computer Integrated Surgery)) verändern und erweitern sich die Aufgabengebiete ständig.
Unabdingbare Voraussetzung für eine Tätigkeit im Bereich der Medizinischen Informatik ist die interdisziplinäre Ausbildung, die ein gewisses Maß
an medizintheoretischen Kenntnissen und Verständnis für medizinische
Fragestellungen erfordert. Diesem Aspekt muß bei einem FH-Studium mit
Schwerpunkt Medizinische Informatik Rechnung getragen werden. Die
Berufsperspektiven für Medizinische Informatiker werden übereinstimmend
als zur Zeit „sehr gut" bis „ausgezeichnet" bezeichnet.

Ständige Fortbildung wird jedoch den weiteren beruflichen Weg prägen.
Spezielle Fortbildungsprogramme bietet z. B. das GSF-Forschungszentrum
für Umwelt und Gesundheit GmbH in Oberschleißheim zusammen mit der
GMDS an (GSF = Gesellschaft für Strahlen- und Umweltforschung mbH).

Weitere Unterstützung kann der Berufsverband Medizinischer Informatiker e. V. (BVMI) in Heidelberg bieten, der auch eine Job-Datenbank unterhält.

5. Berufsfelder des Medizinischen Informatikers

Wie schon erwähnt, ist ein weit gefächertes Aufgabengebiet kennzeichnend für die Medizinische Informatik. Beschäftigte in diesem Bereich kommen originär aus den unterschiedlichsten Disziplinen, wie Informatik, Mathematik, Physik, Betriebswirtschaft etc. Entsprechend sieht sich der stellensuchende Medizinische Informatiker dem Problem gegenüber, daß auf dem allgemeinen Stellenmarkt diese Berufsbezeichnung unbekannt zu sein scheint, abgesehen von Anzeigen in Spezialblättern, wie der Mitgliederzeitschrift des Berufsverbandes MI. In den Stellenangeboten in der FAZ in den Monaten Dezember 1993 und Januar 1994 taucht der Begriff „Medizinischer Informatiker" nicht auf.

Insgesamt ergibt die Analyse der Stellenanzeigen in der FAZ ein relativ kleines Angebot für Berufe aus dem Bereich der Medizinischen Informatik. Einer der Ursachen dafür dürfte in der geringen Zahl voll ausgebildeter Medizinischer Informatiker liegen. Bisher ist ein Abschluß als Diplom-Informatiker der Medizin nur an der U Heidelberg/FH Heilbronn möglich, und in den über 20 Jahren seines Bestehens hat es bisher nur ca. 600 Absolventinnen und Absolventen dieses Studienganges gegeben. Das führt letztlich auch dazu, daß sich auf diesem Arbeitsmarkt vieles über persönliche Kontakte regelt.

Noch nicht nachgefragt ist der Diplom-Informatiker (FH), Studienschwerpunkt Medizinische Informatik, einfach deswegen, weil es einen solchen bisher (Stand Januar 1994) noch nicht gibt.

Aus dem relativ begrenzten Stellenangebot aus der FAZ-Analyse im Zusammenhang mit Erfahrungen aus Heidelberg/Heilbronn lassen sich dennoch drei Schwerpunkte extrahieren:

Biometriker, Biostatiker, Biomathematiker

Planung, Durchführung und Auswertung präklinischer und klinischer Studien bedürfen der Betreuung, bzw. der Mitarbeit eines statistisch gut ausgebildeten Fachmannes, der ein Gespür für die spezielle Problematik biomedizinischer Fragestellungen aufweist. Gefragt sind besondere Kenntnisse auf dem Gebiet der Statistik und der Anwendung statistischer Auswertungssysteme. Von besonderem Vorteil erweisen sich Kontaktfreudigkeit und die Fähigkeit zu interdisziplinärem Arbeiten, um die Zusammenarbeit mit den jeweiligen medizinischen Partnern erfolgreich zu gestalten.

Klinische Datenmanager, Datenbankspezialisten

Sowohl im Rahmen klinischer Informationssysteme als auch bei der Durchführung klinischer Studien ergibt sich das Problem, der immer stärker anwachsenden Informationsflut Herr zu werden. Hier werden Mitarbeiter benötigt, deren Aufgabe der Entwurf, die Betreuung und das Management geeigneter Datenbanksysteme ist. Zusätzliche Kenntnisse im Bereich der Bildverarbeitung und der Bildspeicherung in Datenbanksystemen sind von besonderem Vorteil.

Softwareentwickler (mit und ohne medizinische Spezialkenntnisse)

In allen Bereichen der Medizin haben gut ausgebildete Softwareentwickler ihre Chance. Während für die Entwicklung von Laborsystemen und Beratung der Anwender solcher Systeme gewisse medizinische Grundkenntnisse erforderlich sind, gibt es viele Bereiche, wo ganz allgemein der Softwareentwickler gefragt ist, so z. B. bei Krankenkassen oder bei Softwarehäusern, die Systeme für die Arztpraxis entwickeln.

Literatur (zitiert): siehe zentrales Literaturverzeichnis

Einführende Literatur für das Studium der Medizinischen Informatik (Hinweise)

Berufsverband Medizinischer Informatiker (Hrsg.): Der Medizinische Informatiker. BVMI, Heidelberg 1985

Eichhorn, S.: Krankenhausbetriebslehre (Bd. I-III). Kohlhammer Verlag, Stuttgart - Berlin - Köln - Mainz 1987 (Nachdruck der 3. Auflage von 1977)

Engelbrecht, R.; Schlaefer, K.: Information und Kommunikation im Krankenhaus. In: Informationsverarbeitung im Gesundheitswesen, Bd. 6, hrsg. von C. O. Köhler und C. Maurer, ecomed, Landsberg 1989

Harms, V.: Biomathematik, Statistik und Dokumentation. 6. Auflage, Harms Verlag, Kiel 1992

Köhler, C.O. et al., Böhme, K., Thome, R.: Aktuelle Methoden der Informationsverarbeitung in der Medizin. In: Informatiosverarbeitung im Gesundheitswesen, Bd 2, hrsg. von C. O. Köhler und C. Maurer, ecomed, Landsberg 1983

Köhler, C. O.; Elsässer, K. H.; Engelbrecht, R.; Pretschner, P.; Vosseler, C.: Medizinischer Informatiker/Medizinische Informatikerin. Blätter zur Berufskunde, 3-IA 04, hrsg. von der Bundesanstalt für Arbeit, 3. Auflage, Bertelsmann Verlag, Bielefeld 1991

Köhler, C. O.; Schlaefer, K.: EDV-Einsatz im Krankenhauslabor. In: Informationsverarbeitung im Gesundheitswesen, Bd. 3, hrsg. von C. O. Köhler und C. Maurer, ecomed, Landsberg 1985

Michaelis, J.: Medizinische Statistik und Informationsverarbeitung. Thieme Verlag, Stuttgart - New York 1980

Reichertz, P.L.; Koeppe, P. (Hrsg.): Ausbildung in der Medizinischen Informatik. Reihe: Medizinische Informatik und Statistik, Band 39, Springer-Verlag, Berlin et al. 1982

Shortliffe, E.H., Perreault, L.E. (Hrsg.): Medical Informatics. Computer Applications in Health Care. Addison-Wesley, Reading (Mass.) et al. 1991

Trampisch, H. J.; Haux, R.; Nowak, H.; Strobawa, F. F.; Hense, H. W.; Köpke, W.; Lehmacher; W. (Hrsg.): Medizinische Informatik, Biometrie und Epidemiologie. Praxis -, Studien- und Forschungsführer. Gustav Fischer Verlag, Stuttgart - Jena - New York 1992

Walter, E.: Biomathematik für Mediziner. Teubner Studienbücher, Stuttgart 1988

Praxisbezug, Angewandte Forschung und Transfer

Rainer Bischoff

Die drei Problembereiche Praxisbezug, Angewandte Forschung und Transfer bedingen einander, hängen voneinander ab. - Die wesentlichen inhaltlichen und organisatorischen Ausprägungen werden in den folgenden Ausführungen skizziert. Von besonderer Bedeutung ist hierbei die Einbeziehung des Studenten. Vertiefende Diskussionen bringt die zitierte Literatur. (vgl. auch [Bischoff (Wirtschaftsinformatik) 1992])

Inhaltsübersicht

1.   Die Dimensionen des Praxisbezugs

1.1 Der Praxisbezug für den Studenten

1.2 Der Praxisbezug für den Professor

2.   Angewandte Forschung und Technologie-Transfer

Literatur (zitiert)

1. Die Dimensionen des Praxisbezugs

Die alleinige Orientierung an der Praxis reicht heutzutage nicht mehr aus. Die Gestaltung humaner, sinnvoll integrierter, wirtschaftlicher, betrieblicher Informationssysteme verlangt ganz wesentlich aus der Erfahrung gewonnene Erkenntnisse, die neben dem „rein geistigen Schauen" wohl größerer Bestandteil der Wissenschaft Informatik mit ihren Teildisziplinen ist.

Es kommt hinzu, daß heutzutage oft pragmatische Lösungen angegangen werden müssen, die da und dort mancher idealen, denkbaren Lösung weh tun, für die Praxis aber hohe „praktische Bedeutung" haben. Praktisch heißt ja auch „Handeln im Dienste des Lebens". In diesem Sinne ist die DV-Technologie praktisch und nicht nur technisch-instrumentell und die Informatik praktisch und nicht nur mathematisch-theoretisch.

Das Paradigma der Fachhochschulen ist der Praxisbezug bei wissenschaftlicher Fundierung.

1.1 Der Praxisbezug für den Studenten

Der Praxisbezug ist für den Studenten in zweierlei Hinsicht gesichert:

○ Eigene Praxiserfahrung im Studium und damit die Möglichkeit der diesbezüglichen Reflexion im Studium
○ Vermittelte Praxiserfahrung durch den Lehrenden und damit gesicherte Systematisierung, Integration und Wertung

Die eigene Praxisausrichtung des Studenten heißt:

○ Die besondere Qualität der Lehrveranstaltungen (Vorlesungen, Workshops, Seminare, Praktika, Übungen) an Fachhochschulen: neben einer soliden wissenschaftlichen Fundierung eine hochgradig pragmatische Ausrichtung an den wirklichen Problemen in der Praxis durch Einbringung von praktischen Problemstellungen in das Studium.

○ Hinzu kommt in den geeigneten Veranstaltungen ein Workshop-ähnlicher Arbeitsstil. Der kooperative Stil („Professoren zum Anfassen") unterstützt dies. Kleine Semester sind selbstverständlich die dringlichste Voraussetzung dazu. Wird das nicht eingehalten, ist das Paradigma der Fachhochschulen aufs äußerste gefährdet.

○ Gegebenenfalls in das Studium integrierte, strukturierte Studiensemester in der Praxis: Sie bieten dem Studenten die Gelegenheit, die im Studium erworbenen Kenntnisse praxisorientiert anzuwenden, sich mit konkreten betrieblichen Problemen auseinanderzusetzen und eigene Ideen und Lösungsvorschläge in die betriebliche Praxis einzubringen. Außerdem geben diese Semester den Betrieben die Möglichkeit, sehr frühzeitig qualifizierte Nachwuchskräfte kennenzulernen und zu gewinnen.

○ Erste kleine Praxisaufgaben - Systemanalysen, Bewertungen, Entwicklungen - für und zum Teil in der Praxis in curricularen Seminaren und Projektarbeiten

○ Praxisorientierte Diplomarbeiten in und für die Praxis unter Anleitung und Führung des Professors auch unter den oben genannten Organisationsformen

1.2 Der Praxisbezug für den Professor

Für den Hochschullehrer an einer Fachhochschule heißt Praxisbezug:

O Einschlägige berufliche Tätigkeit in der Praxis vor der Tätigkeit als Hochschullehrer
O Pflege und Aktualisierung dieses Know-hows während der Tätigkeit als Hochschullehrer

Der Hochschullehrer an einer Fachhochschule muß bundesweit unter anderem mindestens fünf Jahre einschlägige berufliche Praxis vor Eintritt in die Lehr- und Forschungstätigkeit an der Hochschule nachweisen. Der Bundes Durchschnitt liegt bei achteinhalb Jahren. Regelmäßige Forschungssemester - leider in zu langen Zyklen - helfen aktualisieren. Seine meist konkret geforderte Mitarbeit in der Angewandten Forschung und im Technologie-Transfer mildern die langen Zyklen.

2. Angewandte Forschung und Technologie-Transfer

„Die Fachhochschulen haben in den vergangenen Jahren wachsende Bedeutung

O im Technologie-Transfer,
O in der qualifizierten Wirtschaftsberatung,
O im Regionalbezug von Forschung und Entwicklung

gewonnen. Sie sind u. a. ein besonders bedeutender Ansprechpartner kleiner und mittlerer Unternehmen für anwendungsorientierte Forschungs- und Entwicklungsaufgaben. Sie nehmen in unserer Hochschullandschaft einen so bedeutenden Platz ein, daß ihre Leistungsfähigkeit in der anwendungsorientierten Forschung und Entwicklung die internationale Wettbewerbsfähigkeit der Hochschulforschung insgesamt mitbestimmt." (Aus einem Grußwort des Bundesministers für Bildung und Wissenschaft, Jürgen W. Möllemann, anläßlich des 33. Plenums der Fachhochschulrektorenkonferenz vom 24. bis 26.10.88. [BMBW 1989, S. 60]

Die primären Wege der Angewandten Forschung und des Transfers an Fachhochschulen sind die folgenden:

O An erster Stelle steht die Beratungstätigkeit des Professors und seine Mitarbeit in industriellen F&E-Projekten (Forschungs- und Entwicklungs-Projekten).

❍ An zweiter Stelle sind die F&E-Projekte in den sogenannten Transferzentren zu erwähnen. In einigen Bundesländern gibt es eigene, landesweite Trägerorganisationen für solche Zentren (z. B. die Steinbeis-Stiftung, Stuttgart, für Baden-Württemberg). Professoren von Fachhochschulen leiten solche Zentren.

❍ An weiterer Stelle sind die zentralen Transfer- und Beratungsbüros, meist an konkreten Fachhochschulen lokalisiert, zu erwähnen. Sie werden teilweise von Industrie- und Handelskammern mitgetragen.

❍ Ein weiterer wesentlicher Teil der Angewandten Forschung und des Transfers läuft über Institute an den Fachhochschulen, die voll im Verantwortungsbereich der Hochschulen liegen und durch die entsprechenden Landeshochschulgesetze ermöglicht werden.

❍ Ein zunehmend hoffentlich nicht unwesentlicher Teil ist in der Einrichtung von Laboren zu sehen, die auch mit genügendem wissenschaftlichem Personal ausgestattet sind.

❍ Von wachsender Bedeutung sind die sogenannten „Technischen Akademien", meist von der Wirtschaft mitgetragene Institutionen der Weiterbildung für Industrie und Wirtschaft mit überregionaler Bedeutung.

❍ Erwähnenswert ist die gezielte Öffnung von Vorlesungen für die Wirtschaft. Die Überlast an Fachhochschulen erlaubt hier jedoch nur Einzellösungen.

❍ Schließlich ist die beachtliche Transferleistung von vielen Diplomarbeiten zu sehen, ggf. mehrere aufeinander aufbauende, die in den Bereichen Informatik oft Bestandteile bzw. Kerne „marktfähiger" (innerbetrieblicher/außerbetrieblicher) „Produkte" (Beratungsleistung, Orgware, Software etc.) sind. Es gibt eine Vielzahl von Preisen „die beste Diplomarbeit", die fast durchweg von Wirtschaft und Industrie gefördert werden.

Der Technologie- und Wissenstransfer über die Fachhochschulen bzw. über deren Professoren ist durch folgende Grundsätze gekennzeichnet [Schulte 1987, S. 19f.]:

1. Der Prozeß des Technologie- und Wissenstransfers ist marktwirtschaftlich organisiert. Die Fachhochschulen verstehen sich als Anbieter.

2. Erfolgreicher Technologietransfer geschieht unmittelbar von Person zu Person. Der Forscher ist Mittler. Neues Wissen wird in dieser Form am ehesten von der Praxis aufgenommen.

3. Die Transferaktivitäten an Fachhochschulen sind im Verhältnis zu Universitäten durch einen geringeren quantitativen Organisationsgrad gekennzeichnet. Dadurch ist eine größere Flexibilität und Anpassungsfähigkeit an die Bedürfnisse der Praxis begründet.

4. „Diplomarbeiten vor Ort" (in der Praxis), betreut vom Hochschullehrer, sind zum einen Transfer, zum anderen aber besitzen sie Aufschließungsfunktion für engere und intensivere Kooperation von Hochschule und Wirtschaft.

Der Technologie-Transfer ist keine Einbahnstraße, er ist eine Zweibahnstraße. [Bues WS 85/86]

Literatur (zitiert): siehe zentrales Literaturverzeichnis

SIEMENS

Als Weltunternehmen brauchen wir junge Menschen, die den Fortschritt in der Technik prägen wollen. Mit neuen Ideen und dem Mut zu unternehmerischem Risiko.

Verbinden Sie Kreativität mit Unternehmergeist?

Dann sehen wir vier Tätigkeitsfelder für Sie:

<u>Entwicklung:</u>
Die Entwicklung von Produkten steht hier im Vordergrund. Schnell und marktgerecht.

<u>Fertigung:</u>
Sind Sie Praktiker mit Regiequalitäten? In der Fertigung brauchen Sie beide Eigenschaften: von der Materialbeschaffung bis zur Endprüfung.

<u>Vertrieb und Projektierung:</u>
Ihre zentrale Aufgabe: das Problem des Kunden erkennen, die Lösung finden und dann dranbleiben, bis alles wunschgemäß läuft.

<u>Inbetriebnahme und Service:</u>
Drei Dinge setzen wir hier voraus: einen kühlen Kopf, Improvisationsgeschick und einen Hang zur Systematik.

Aber das ist noch nicht alles. Wollen Sie gern mehr wissen? Dann schreiben Sie an unseren Infoservice.

Siemens AG
Infoservice
ZP 128 g
Postfach 2348
D-90713 Fürth

Das Studium der Informatik an den einzelnen Hochschulen

zusammengestellt von

Rainer Bischoff

Inhaltsübersicht

1. Bezeichnung des Fachbereichs bzw. des Studiengangs/der Studienrichtungen

2. Akademischer Grad

3. Professoren im angegebenen Fachgebiet - ihre Arbeitsgebiete

4. Organisation des Studiums

5. Rechnerausstattung

6. Sonstige Angaben: Studienbeginn, Angewandte Forschung und Transfer etc.

7. Auslandskontakte

8. Forschungs- und Transferinstitutionen

Die folgenden Angaben wurden auf der Basis einer detaillierten Umfrage mit Stand Ende 1994 zusammengestellt.

Das Prüfungswesen an Fachhochschulen (Kapitel 4: Organisation des Studiums) bedarf einiger Erläuterungen: Es kennt fächerübergreifende mündliche und/oder schriftliche Abschnittsprüfungen am Ende von Grundstudium und Hauptstudium. Die "Hauptprüfungslast" liegt jedoch meist am Ende eines jeden Semesters (Variationen bei Studiengängen mit Prüfungssemestern). In sogenannten Prüfungszeiten werden in den wichtigsten Fächern Leistungsnachweise in Form von Klausuren/Kolloquien und/oder mündlichen Prüfungen abgelegt. Es gibt benotete Nachweise und Scheine (bestanden/nicht bestanden). Bei Praktika und Übungen wird oft im Laufe des Semesters die erfolgreiche Teilnahme "testiert". In Workshops und Seminaren dienen meist die Projektarbeiten bzw. Seminararbeiten zur Erbringung des Leistungsnachweises.

Die Anzahl der SWS ist absolut nur begrenzt aussagefähig. Es ist zu beachten, wie viele Wochen Vorlesungen stattfinden. Dies ist von Bundesland zu Bundesland verschieden. Man kann jedoch davon ausgehen, daß ca. 2400 - 3000 Stunden absolviert werden müssen (à 45 Minuten).

Zur vollständigen Beurteilung der Rechnerausstattung müßte auch die Studentenzahl angegeben werden. Darauf ist verzichtet worden: Die Lasten ändern sich dynamisch und die Mitbenutzung durch andere Schwerpunkte/Studiengänge ist nicht sauber faßbar.

Fachhochschule Aachen
Eupener Str. 70
52066 Aachen
Tel. 0241/6009-0
Fax 0241/6009-1091 und -1090

1. Bezeichnung des Fachbereichs bzw. des Studiengangs/der Studienrichtung

   a) Fachbereich Elektrotechnik
   b) Studiengang Elektrotechnik
   c) Studienrichtung Informationsverarbeitung

2. Akademischer Grad ggf. mit Zusatz laut Abschlußzeugnis

   Diplom-Ingenieur (FH)

3. Professoren der Studienrichtung Informationsverarbeitung

   Prof. Dr.-Ing. Ferdinand Arning: *Betriebssoftware von DV-Geräten - Systemanalyse - Programmiersprache C*
   Prof. Dr.-Ing. Joachim Rockschies: *Prozessdatenverarbeitung - Mikrorechner*
   Prof. Dr.-Ing. Klaus W. Schiffers: *Technischer Aufbau von DV-Geräten - Graphische DV - Maschinenorientierte Programmiersprachen*
   Prof. Dr. rer. nat. Peter M. Schoedon: *Angewandte Mathematik - Statistik - Operations Research*
   Prof. Dr.-Ing. Gerhard-Hans Stegemann: *Grundlagen der DV - Datenbanken - Programmiersprache Pascal*

N. N.: *Software-Engineering - Datentechnik*
N. N.: *Datennetze - Datenfernübertragung*
N. N.: *Sprachübersetzer - Spezielle Programmiersprachen*

4. Organisation des Studiums

a) Studienabschnitte
   Grundstudium (3 Semester)
   - drei Studiensemester
   Hauptstudium (4 Semester)
   - drei Studiensemester
   - Diplomarbeit im siebten Studiensemester (3 Monate) mit Abschluß-
     kolloquium
   Praxiserfordernisse: Grundpraktikum 13 Wochen vor Aufnahme des
   Studiums. Fachpraktikum 13 Wochen bis spätestens zum Beginn des
   vierten Semesters
b) Fächer- und Stundenübersicht (inkl. SWS Wahlpflichtfächer)
   Grundstudium: 95 SWS
   Hauptstudium: 84 SWS (ohne Diplomarbeitsanteil)
   Summe: 179 SWS
c) Wahlpflichtfächer
   2 Wahlpflichtfächer zu je 4 SWS sind auszuwählen, davon nur eine
   zusätzliche Programmiersprache

5. Rechnerausstattung (nutzbar durch Informationsverarbeitung)

Zentrales RZ und Labore Informationsverarbeitung:
- PRIME, CYBER, COMPAQ, IBM PS/2, PC
- Zahl der Rechnerarbeitsplätze: 37

6. Sonstige Angaben

Studienbeginn nur zum WS
Gründung der Studienrichtung 1976

7. Auslandskontakte

Austausch von Studenten in beiden Richtungen unter Anerkennung der
jeweils im anderen Land erbrachten Prüfungsleistungen:
Coventry University (GB), Department of Combined Engineering

Fachhochschule Anhalt
Standort Köthen
Bernburger Straße 52-57
06366 Köthen
Tel. 03496/67-368
Fax 03496/2152
Tel. Studienberatung 03496/67-223
email kloeditz @ mi.koethen.fh-anhalt.d400.de

1. Bezeichnung des Fachbereichs bzw. des Studiengangs

   a) Fachbereich Elektrotechnik/Informatik
   b) Studiengang (Allgemeine) Informatik

2. Akademischer Grad ggf. mit Zusatz laut Abschlußzeugnis

   Diplom-Informatiker(in) (FH)

3. Professoren im Fachgebiet Informatik

   Prof. Dr.-Ing. Detlef Klöditz: *Datenbanksysteme - Ingenieur-Informatik*
   Prof. Dr.-Ing. Volkmar Richter: *Betriebssysteme - Systemprogrammierung*
   Prof. Dr. rer. nat. habil. Udo Werner: *Mathematik*
   Prof. Dr. rer. nat. Ulrich Breitschuh: *Programmiersprachen, -techniken*
   Prof. Dr. rer. nat. Winfried Mylius: *Logik - Automatentheorie - Formale Sprachen*
   Prof. Dr. rer. nat. Gunther Schwenzfeger: *Künstliche Intelligenz - Expertensysteme*
   Prof. Dr. rer. nat. Reinhart Fuchs: *Software-Engineering - Spezifikationstechniken*
   Prof. Dr. rer. nat. Eckhart Seiffert: *Graphische Datenverarbeitung - Multimedia*

4. Organisation des Studiums

   a) Studienabschnitte
      Grundstudium (3 Semester)
      - drei Studiensemester mit anschließenden schriftlichen und mündlichen Fachprüfungen
      - Abschluß: Vordiplom
      Hauptstudium (5 Semester)
      - vier Studiensemester

- ein Studiensemester in der Praxis im fünften Semester (20 Wochen)
- mündliche und schriftliche Fachprüfungen im vierten, sechsten und siebten Semester
- Diplomarbeit im achten Semester (13 Wochen)

b) Fächer- und Stundenübersicht (inkl. SWS Wahlpflichtfächer)

Grundstudium: 86 SWS

Hauptstudium: 78 SWS (ohne Diplomarbeitsanteil)

Summe: 164 SWS

Folgende Lehrveranstaltungs-Schwerpunkte werden angeboten:

- Mathematik, Theoretische Informatik (Aussagenlogik, Graphen- und Automatentheorie, Formale Sprachen), Technische Informatik (Elektronik, Rechnerarchitektur/-netze), Praktische Informatik (Betriebssysteme, Systemprogrammierung, Programmierung), Graphische Datenverarbeitung, Fachspezifische Fremdsprache im Grundstudium
- Theoretische Informatik (Algorithmentheorie), Praktische Informatik (verteilte Betriebssysteme, Datenbanksysteme, Software-Engineering), Angewandte Informatik (Künstliche Intelligenz, Operations Research, Betriebliche Informationssysteme, Prozeßdatenverarbeitung, Informatik und Gesellschaft), Software-Projekt, Wahlpflichtfächer und Studienschwerpunkt im Hauptstudium

c) Wahlpflichtfächer

Es sind 12 SWS aus den folgenden Gebieten zu wählen:

Mathematische Anwendungen, Theoretische Informatik, Technische Informatik, Betriebssysteme, Programmiersprachen Datenbanksysteme, Software-Engineering, Graphische Datenverarbeitung, Kommerzielle Anwendungen, Technische Anwendungen

Bemerkung: Es können die Studienschwerpunkte bzw. -richtungen Wirtschaftsinformatik, Ingenieurinformatik und Umweltinformatik gewählt werden

5. Rechnerausstattung (nutzbar durch Informatik)

Zentrales RZ:
- 50 PC (vernetzt)
- 30 Workstations (vernetzt) mit 3 DEC Alpha-Servern

6. Sonstige Angaben

Studienbeginn im WS
Gründung des Studiengangs 1990

7. Auslandskontakte

ERASMUS-Projekt mit Gent, Coventry, Porto und Strasbourg
TEMPUS-Projekt mit Gent und Bratislava

Fachhochschule Augsburg
Baumgartnerstraße 16
86161 Augsburg
Tel. 0821/5586-450
Fax 0821/5586-499

1. Bezeichnung des Fachbereichs bzw. Studiengangs/der Studienrichtung

   a) Fachbereich Informatik
   b) Studienrichtung Informatik in der Technik
   c) Studienrichtung Informatik in der Wirtschaft

2. Akademischer Grad ggf. mit Zusatz laut Abschlußzeugnis

   Diplom-Informatiker(in) (FH)

3. Professoren im Fachbereich Informatik

   Prof. Dr. Heinrich Beck: *Benutzerschnittstelle - Rechnernetze - Verteilte Systeme*
   Prof. Dr. Hans vor der Brück: *Betriebssysteme - Graphische Datenverarbeitung*
   Prof. Dr. Peter Dreßler: *Betriebsinformatik - Software-Engineering*
   Prof. Dr. Axel Jahn: *Betriebsinformatik*
   Prof. Dr. Lore Kern-Bausch: *Datenbanken - Datenorganisation - Verteilte Systeme und Anwendungen*
   Prof. Dr. Wolfgang Klüver: *Benutzerschnittstelle - Mikroprozessortechnik*
   Prof. Dr. Michael Lutz: *Operations Research - Hardwarenahe Programmierung*
   Prof. Dipl.-Inform. Christian Märtin: *Benutzerschnittstelle - Betriebssysteme - KI*
   Prof. Dr. Gerhard Meixner: *Operations Research*
   Prof. Dr. Franz-Josef Schmitt: *Compilerbau*
   Prof. Dr. Helmut Selder: *Benutzerschnittstelle - Graphische Datenverarbeitung - Numerische Mathematik - Rechnernetze*

Prof. Dipl.-Ing. Georg Stark: *Computerintegrierte Fertigung - Prozessortechnik*

Prof. Dipl.Wirtsch.-Inform. Burkhard Stork: *Betriebssysteme - Datenorganisation*

4. Organisation des Studiums

a) Studienabschnitte

Grundstudium (2 Semester)

- zwei Studiensemester

Hauptstudium (6 Semester)

- zwei Studiensemester in der Praxis mit begleitenden Lehrveranstaltungen (20 Wochen)
- vier Studiensemester mit schriftlichen Prüfungen
- Diplomarbeit im siebten/achten Semester mit Präsentation (5(-9) Monate)

b) Fächer- und Stundenübersicht (inkl. SWS Wahlpflichtfächer)

Grundstudium: 58 SWS

Hauptstudium: 110 SWS (ohne Diplomarbeitsanteil)

Summe: 168 SWS

Folgende Lehrveranstaltungs-Schwerpunkte werden angeboten:

- Grundlagen der Informatik, Datenverarbeitungssysteme, Mathematik, Physik, Programmieren, Grundzüge der VWL und BWL, Englisch, Maschinennahe Programmierung, Datenorganisation, Statistik im Grundstudium
- Anwendungsentwicklung, Betriebssysteme, Datenbanken, Rechnerarchitektur, Compiler, Operations Research, Praxis der Softwareentwicklung (C++), DV-Recht und Datenschutz, Technische Physik, Numerische Mathematik, Rechnertechnik, Prozessrechentechnik, DV-Anwendungen in der Technik, Betriebswirtschaftslehre, Rechnungswesen, Wirtschaftsanwendungen im Hauptstudium

c) Wahlpflichtfächer

Insgesamt müssen Wahlpflichtfächer im Umfang von 18 SWS gewählt werden. Es werden u. a. folgende Wahlpflichtfächer angeboten:

- Graphische Datenverarbeitung, Bildverarbeitung, Lokale Rechnernetze, UNIX, Entwicklung von Standardsoftware, Einführung in CIM, Einführung in die Methoden der KI, Grundlagen der Simulation, Parallelprogrammierung, Sprachen der 4. Generation, Sprachen der KI, Verteilte Systeme, Finanzmathematik, Produktionsplanung und -steuerung, Programmierung mit Standard-Graphiksystemen, Software Ergonomie, Simulation von Fertigungssystemen, Objektorientierte Datenmodellierung, Objektorientierte Systeme, X-Window, Weitverkehrsnetze, Wertpapieranalyse, Neuronale Netze, Büroau-

tomatisierung, Theorie und Praxis von Online-Datenbanken, Systemprogrammierung, Regelungstechnik, Robotik, Numerische
Steuerung von Werkzeugmaschinen, CAD in der Elektrotechnik, Fi-
nanz- und Wirtschaftsrecht, Planungs- und Kontrollsysteme, Rechnungswesen II, Steuern, Quantitative Methoden in der Wirtschaft

5. Rechnerausstattung (nutzbar durch die Studienrichtungen)

Zentrales RZ und Labore des FB:
- SUN-Workstations
- PC
- insgesamt ca. 70 Rechnerarbeitsplätze
In den FB-internen Laboren steht u. a. folgende Ausstattung zur Verfü-
gung:
- CIM und Robotik: Roboter, PC
- Graphik und Numerik: SUN Sparc 10, Motif, Open Win
- Hardwarenahe Programmierung. Logikanalysator, Transputer, Emula-
  tor, mc-Fuzzy-Labor, Sprachein- und ausgabe, OS/2, Windows,
  LINUX, Fuzzysoftware, TCP-IP
- KI: SUN-Workstations, KEE, KAPPA
- Multimedia: 80486, MIDI-Geräte, Screen-Machine, Onsite SVR.2
  UNIX Toolbook, Authorware
- OR, Statistik und Wirtschaftsforschung: BTX-Anschluß, TV-An-
  schluß, SIMSCRIPT, PEPSY-QNS, WINBIS, Lotus-Software
- Prozeßrechentechnik: Motorola-680x0-Rechner, Ethernet-Netzwerk,
  Digital Signal Prozessor, OS-9, UNIX, VxWorks
- Rechnerkommunikation: Sequent Multiprozessor, IBM RISC6000,
  OSF/DCE Clients auf SUN, Sendmail
- Software-Engineering und Wirtschaftsinformatik: IBM RISC Sy-
  stem/6000 als Server, PC´s als Arbeitsplätze, SAP R3, Lotus-Soft-
  ware, Börsensoftware
- Software-Entwicklung: CADMUS 680x0 Rechner, SUN-SPARCsta-
  tion, Oracle, Infodic, Innovator, Ingres, Motif-M, Frame-Maker, E-
  mail, ftp

6. Sonstige Angaben

Studienbeginn im WS
Gründung der Studienrichtungen 1980
Projekte mit Praxisbezug in der Regel über Diplomarbeiten in allen unter
Punkt 5 genannten Laboren

7. Auslandskontakte

University of Missouri, Kansas City (USA)
University of Rolla (USA)
University of Central Lancashire, Preston (GB)
University of Ulster, Belfast (GB)

jeweils Anerkennung von Auslandsstudiensemestern und Anerkennung gleichwertiger Pflicht- und Wahlpflichtveranstaltungen und Anerkennung gleichwertiger Diplomarbeiten.

8. Forschungs- und Transferinstitutionen

MITA, Mittelstandsinstitut der FHA (Ansprechpartner: Prof. Dr. Michael Lutz, Prof. Dr. Wolfgang Klüver; Tel. 0821/5586-450)

Fachhochschule für Technik und Wirtschaft Berlin
Treskowallee 8
10313 Berlin
Tel. 030/5019-2775/2760
Fax 030/5019-2781/5019-2218
Tel. Studienberatung 030/5019-2244/2230

1. Bezeichnung des Fachbereichs bzw. des Studiengangs

a) Fachbereich Informationstechnik/Elektronik
b) Studiengang Technische Informatik

2. Akademischer Grad ggf. mit Zusatz laut Abschlußzeugnis

Diplom-Ingenieur(in) (FH)

3. Professoren im Studiengang Technische Informatik

Prof. Dr. Vesselin Jossifov: *Programmieren in C - Rechnerarchitektur - Mikroprozessortechnik*
Prof. Dipl.-Ing. Uwe Metzler: *Betriebssysteme - Software-Engineering*
Prof. Dr. Jürgen Renitz: *Industrielle Meßtechnik - Grundlagen der Meßtechnik*

Prof. Dipl.-Ing. Wolfgang Schebesta: *Computerschnittstellen - Daten - und Rechnernetze*

Prof. Dr. Hans-Jürgen Scheibl: *Softwareengineering - Datenbanken - PASCAL*

Prof. Dr. Johan Schmidek: *Betriebssysteme - Applikative Systemprogrammierung - Künstliche Intelligenz*

4. Organisation des Studiums:

a) Studienabschnitte:
   Grundstudium (3 Semester)
   - drei Studiensemester
   - Abschluß: Vordiplom (Zeugnis)
   Hauptstudium (5 Semester)
   - vier Studiensemester
   - ein Studiensemester in der Praxis im fünften Semester (26 Wochen)
   - Diplomarbeit im achten Semester (3 Monate)
b) Fächer- und Stundenübersicht (inkl. SWS Wahlpflichtfächer)
   Grundstudium: 96 SWS
   Hauptstudium: 84 SWS (ohne Diplomarbeitsanteil)
   Summe: 180 SWS
   Folgende Lehrveranstaltungs-Schwerpunkte werden angeboten:
   - Mathematik, Physik, Elektrotechnik, Grundlagen der Informatik, Strukturierte Programmierung, Elektrische Meßtechnik, Analogelektronik, Digitalelektronik, Signalübertragung, Betriebswirtschaft, Fremdsprachen im Grundstudium
   - Mikroprozessortechnik, Maschinenorientierte Programmierung, Digitale Systeme, Softwareengineering, CAD/CAE, PC-Meßtechnik, Computerschnittstellen, Betriebssysteme, Programmieren in C, Rechnerarchitektur, Daten- und Rechnernetze im Hauptstudium
c) Wahlpflichtfächer
   Aus den folgenden Blöcken muß jeweils 1 Fach ausgewählt werden (insgesamt 4 SWS):
   1. Wahlpflichtfach (1 aus 3)
   - Datenbanken
   - Anwendungsprogrammierung von CAD/CAE
   - Künstliche Intelligenz
   2. Wahlpflichtfach (1 aus 4)
   - Digitale Bildverarbeitung
   - Simulation elektronischer Schaltungen
   - Programmierung in COBOL
   - Objektorientierte Programmierung
   3. Wahlpflichtfach (1 aus 3)
   - Industriemanagement

- DV-Organisation und Controlling
- Vertriebskunde

5. Rechnerausstattung (nutzbar durch die Technische Informatik)

Zentrales RZ und Labore Technische Informatik:
- Ausbildungslabore: 40 Workstations (UNIX), 80 PC-Arbeitsplätze
- zentraler Datenbank-Server (mit Informix, Oracle, Sybase)
- betriebswirtschaftliche Anwendungssoftware (SAP-R3)
- WIN- und INTERNET-Zugang
- CAD-Labor (mechanisch-elektr. Leiterplattenentwurf (Simulation):
  10 HP-Workstations (Mentor-Graphics), 8 PC-Arbeitsplätze OrCAD,
  PADS, 2 Multimedia PC
- Labor PC-Meßtechnik:
  2 Logikanalysatoren, 2 Arbitary-Funktionsgeneratoren mit Rechner-
  kopplung, 2 Analog-Digital-Oszilloskope mit Rechnerkopplung, 1
  FFT-Analysator, 4 DOS-PC (Multi-Funktionskarten IEEE 488 Inter-
  face, Netzzugang)
- Labor Mikrorechentechnik:
  10 PC-Arbeitsplätze LINUX/DOS (vernetzt), 1 HP Workstation
  (Netzwerk-Management-System), 2 NeXT-Stations (vernetzt), 1 Multi-
  Protocol-Router, 1 Multi-Media Hub-System, 12 PC-Arbeitsplätze
  DOS, 4 OS/2-Arbeitsplätze

6. Sonstige Angaben

Studienbeginn im SS und WS
Gründung des Studiengangs 1992

7. Auslandskontakte

University of Hertfordshire, Hatfield (UK)
Napier University Edinburgh (UK)
ESIEE - Paris (F)

8. Forschungs- und Transferinstitutionen

An-Institute:
- Gesellschaft zur Förderung der Angewandten Informatik GFaI
- Institut für Informatik in Entwurf und Fertigung zu Berlin GmbH

Wissens- und Technologietransferstelle (Technologiebeauftragter: Dr.
Erich Ring, Tel.: 030/504-2247)

Fachhochschule für Technik und Wirtschaft Berlin
Treskowallee 8
10313 Berlin
Tel. 030/504-(0)2683
Fax 030/509 0134/504-2671
Tel. Studienberatung 030/504-2254/2294

1. Bezeichnung des Fachbereichs bzw. des Studiengangs

   a) Fachbereich Mathematik/Naturwissenschaften
   b) Studiengang Angewandte Informatik

2. Akademischer Grad ggf. mit Zusatz laut Abschlußzeugnis

   Diplom-Informatiker(in) (FH)

3. Professoren im Studiengang Angewandte Informatik

   Prof. Dr. Elke Naumann: *Software-Engineering - Systemanalyse*
   Prof. Dr. Rüger Oßwald: *Datenbanken - Informationssysteme*
   Prof. Dr. Michael May: *Computergraphik*
   Prof. Dr. Jürgen Sieck: *Datenstrukturen/Algorithmen*
   weiter Berufungen erfolgen demnächst für: *Betriebssysteme/Netze - Künstliche Intelligenz/Expertensysteme - Mikroprozessortechnik*

4. Organisation des Studiums

   a) Studienabschnitte:
      Grundstudium (3 Semester)
      - drei Studiensemester
      - Abschluß: Vordiplom (Zeugnis)
      Hauptstudium (5 Semester)
      - vier Studiensemester
      - ein Studiensemester in der Praxis im fünften Semester (16 Wochen)
      - Diplomarbeit im achten Semester (3 Monate)
   b) Fächer- und Stundenübersicht (inkl. SWS Wahlpflichtfächer)
      Grundstudium: 88 SWS
      Hauptstudium: 86 SWS (ohne Diplomarbeitsanteil)
      Summe: 174 SWS
      Folgende Lehrveranstaltungs-Schwerpunkte werden angeboten:
      - Einführung in die Informatik, Algorithmen und Datenstrukturen,
        Aufbau und Einsatz von Betriebssystemen/Standard-Betriebssyste-

me, Einführung in die problemorientierte und objektorientierte Programmierung, Software-Engineering I, Datenbanken I, Mathematische Grundlagen der Informatik, Analysis, Gewöhnliche Differentialgleichungen, Numerik, Grundlagen der analogen und digitalen Elektronik, Englisch für Informatiker, Betriebswirtschaft im Grundstudium
  - Software-Engineering II, Datenbanken II, objektorientiertes Programmieren, Daten- und Rechnernetze, Methoden der künstlichen Intelligenz, Systemprogrammierung, Bildanalyse, Rechnerarchitektur, mathematische Stochastik, Ausgewählte Kapitel der Informatik, Auswertung von Erfahrungen am Arbeitsplatz, Allgemeinwissenschaftliches Ergänzungsstudium im Hauptstudium
c) Wahlpflichtfächer
  Aus den folgenden (zu Blöcken zusammengefaßten) Wahlpflichtfächern sind im Rahmen des Hauptstudiums 40 SWS Lehrveranstaltungen auszuwählen:
  - Informationssysteme: Systemspezifikation, Verteilte Verarbeitung, Expertensysteme, Informationsverarbeitung im Mehrprozeß-Systemen, CASE-Werkzeuge, Problemorientiertes Programmieren in ADA, Neuronale Systeme, Programmpaket "Statistik", Simulation paralleler Prozesse
  - Grafische Datenverarbeitung: Numerik II (FEM), CAD-Systeme, LISP für Auto-CAD, Problemorientiertes Programmieren in FORTRAN, Grafische Echtzeitverarbeitungssysteme, Optimierung, Parallele Algorithmen für Grafikanwendungen

5. Rechnerausstattung (nutzbar durch Angewandte Informatik)

Zentrales RZ:
- Ausbildungslabore: 40 Workstations (UNIX), 80 PC-Arbeitsplätze
- zentraler Datenbank-Server (mit Informix, Oracle, Sybase)
- betriebswirtschaftlicher Anwendungssoftware (SAP-R3)
  WIN- und INTERNET-Zugang
Labore Angewandte Informatik:
- 7 Cluster zu je 10 PC-Arbeitsplätze (80486, vernetzt unter Novell)
- Labor Grafische Datenverarbeitung: 12 HP-Workstations (vernetzt)
- Labor Sofwareengineering
- Labor Künstliche Intelligenz/Informationssysteme
- Multimedia-Labor

6. Sonstige Angaben

Studienbeginn im SS und WS
Gründung des Studiengangs 1991

7. Auslandskontakte

Technische Hochschule Curitiba (Brasilien)

8. Forschungs- und Transferinstitutionen

An-Institute:
- Gesellschaft zur Förderung der Angewandten Informatik GFaI
- Institut für Informatik in Entwurf und Fertigung zu Berlin GmbH
  (IIEF)
- Wissenschaftliche Dienstleistungen für Informatik und Systemtechnik
  GmbH (WiDiS)

Wissens- und Technologietransferstelle (Technologiebeauftragter: Dr. E.
Ring, Tel. 030/504-2247)

Fachhochschule für Technik und Wirtschaft Berlin
Treskowallee 8
10313 Berlin
Tel. 030/504-(0)2441
Fax 030/504-2359/504-2441

1. Bezeichnung des Fachbereichs bzw. Studiengangs

a) Fachbereich Wirtschaftsinformatik/-ingenieurwesen/-kommunikation
b) Studiengang Wirtschaftsinformatik

2. Akademischer Grad ggf. mit Zusatz laut Abschlußzeugnis

Diplom-Wirtschaftsinformatiker (in) (FH)

3. Professoren im Studiengang Wirtschaftsinformatik

Prof. Dipl.-Math. Gabriele Bannert: *Objektorientierte Systementwicklung*
Prof. Dr. Harald Brandenburg: *Algorithmierung/Programmierung*

Prof. Dr. Wilhelm Fais: *Betriebliche Anwendungen*
Prof. Dr. Horst Junker: *Informations- und DV-Management*
Prof. Dr. Margret Stanierowski: *Softwareentwicklung*
Prof. Dr. Horst Theel: *Daten- und Rechnernetze*
Prof. Dr. Peter Zschockelt: *Datenbanken/Datenmodelierung*

4. Organisation des Studiums

a) Studienabschnitte
   Grundstudium (3 Semester)
   - drei Studiensemester
   - Abschluß: Vordiplom (Zeugnis)
   Hauptstudium (5 Semester)
   - vier Studiensemester
   - ein Studiensemester in der Praxis im fünften Semester (16 Wochen)
   - Diplomarbeit im achten Semester (3 Monate)
b) Fächer- und Stundenübersicht (inkl. SWS Wahlpflichtfächer)
   Grundstudium: 84 SWS
   Hauptstudium: 88 SWS (ohne Diplomarbeitsanteil)
   Summe: 172 SWS
   Folgende Lehrveranstaltungs-Schwerpunkte werden angeboten:
   - Wirtschaftswissenschaften (Rechnungswesen, Betriebswirtschafts-
     lehre, Wirtschaftsrecht, Betriebliche Steuerlehre), DV-Methoden
     (Einführung in die Wirtschaftsinformatik, Systems Engineering,
     Programmierung für ökonomische Anwendungen I und II, Entwick-
     lungsmethodik betrieblicher Anwendungen), Quantitative Methoden
     (Mathematik, Wirtschaftsmathematik/Rechnerarchitektur/Betriebs-
     systeme, Daten - und Rechnernetze, Statistik) im Grundstudium
   - Wirtschaftsinformatik (Informations- und DV-Management, CASE),
     Informatik (Programmierung ökonomischer Dialoganwendungen),
     Informatik in spezieller BWL und Vertiefung, Wirtschaftswissen-
     schaften (Betriebliche Anwendungen, Führungstechniken und Orga-
     nisationssoziologie, Rechtsfragen der DV), Quantitative Methoden
     (Entscheidungstheorie und Kybernetik/Operations Research), ergän-
     zendes allgemeinwissenschaftliches Studium im Hauptstudium
c) Wahlpflichtfächer
   Aus den folgenden Komplexen der Wahlpflichtfächer sind im Rahmen
   des Hauptstudiums Lehrveranstaltungen auszuwählen (Umfang: 22
   SWS):
   - Komplex Wirtschaftswissenschaft/Spezielle BWL: Marketing, Fi-
     nanzierung/Investition, Rechnungswesen und Controlling, Personal
     und Ausbildung, Außenwirtschaft, Betriebliche Steuern

- Vertiefung Informatik: Programmiersprache C, Programmiersprache COBOL, Maschinenorientiertes Programmieren, Objektorientierte Programmierung mit C++, Computergrafik, Künstliche Intelligenz, Vertiefung UNIX
- Vertiefung Wirtschaftsinformatik: CIM, Büroautomation, Software-qualität und Qualitätssicherung, DV-Controlling, Vertiefung Quantitative Methoden, Simulation ökonomischer Prozesse und Simulationssysteme, Ausgewählte Verfahren der numerischen Mathematik zur Lösung ökonomischer Aufgabenstellungen, Angewandte Optimierung, Entscheidungstheorie und -modelle

5. Rechnerausstattung (nutzbar durch die Wirtschaftsinformatik)

Zentrales RZ:
- Ausbildungslabore: 40 Workstation (UNIX, 80 PC-Arbeitsplätze)
- zentraler Datenbank-Server (mit Informix, Oracle, Sybase)
- betriebswirtschaftliche Anwendungssoftware (SAP-R3)
- WIN- und INTERNET-Zugang
Labore Wirtschaftsinformatik:
- 5 Labore mit je 21 PC-Arbeitsplätzen (80486, vernetzt, Novell): CASE-Labor, Labor Betriebliche Anwendungen, BWL I-Labor, Labor Quantitative Methoden
- 1 Datenbank-Labor (1 UNIX-Mehrplatzanlage vernetzt mit 21 PC-Arbeitsplätzen)
- 1 Multimedia-Labor

6. Sonstige Angaben

Studienbeginn im WS und SS
Gründung der Studiengänge 1992

7. Auslandskontakte

University of Ulster
University of the West of England, Bristol
De Montfort University, Leicester
Fachhochschule Arnheim

8. Forschungs- und Transferinstitutionen

Wissens- und Technologietransferstelle (Technologiebeauftragter: Dr. Erich Ring, Tel. 030/504-2247)

Projektarbeit im Praktikum

Mit einem Praktikum stellen Sie bereits die Weichen für Ihre berufliche Zukunft. Machen Sie sich deshalb Ihre Erwartungen bewußt und informieren Sie sich gut über die angebotenen Möglichkeiten. „Praktikum ist nicht gleich Praktikum." Bei Hewlett-Packard bedeutet dies Projektarbeit, was nicht nur Wissen, sondern auch Zeit erfordert. Beim ersten oder zweiten Praxissemester sind 26 Wochen obligatorisch. Voraussetzung für andere Praktika ist eine Mindestdauer von dreizehn Wochen und das abgeschlossene Vordiplom.

Wir wenden uns in erster Linie an motivierte Studenten/-innen der Fachrichtungen Informatik/Technische Informatik und Wirtschaftsinformatik. Projekterfahrung ist ein Baustein Ihrer beruflichen Karriere. Und daß wir gute Leute nicht aus den Augen verlieren möchten, ist auch kein Geheimnis.

Interessiert? Dann senden Sie uns bitte Ihre aussagefähigen Bewerbungsunterlagen. **Hewlett-Packard GmbH**, Herrenberger Straße 130, 71034 Böblingen, Tel. 07031/14-2805.

**HEWLETT®
PACKARD**

Technische Fachhochschule Berlin
Luxemburger Straße 10
13353 Berlin
Tel. 030/4504-2278
Fax 030/4504-2284
Tel. Studienberatung 030/4504-2504
BTX *33232 #

1. Bezeichnung des Fachbereichs bzw. der Studiengänge/der Studienschwerpunkte
   a) Fachbereich Informatik
   b1) Studiengang Allgemeine Informatik (AI)
   b2) Studiengang Technische Informatik (TI)
       Schwerpunkt Elektronik
       Schwerpunkt Systemtechnik
   b3) Ergänzungsstudiengang Ingenieur-Informatik (II)

2. Akademischer Grad

   Diplom-Informatiker/in (FH) für AI und II
   Diplom-Ingenieur/in (FH) für TI

3. Professoren im Fachbereich Informatik

   Prof. Dr. Georges Awad: *Rechnernetze - Angewandte Informatik*
   Prof. Dipl.-Ing. Walter Böttcher: *Elektrische Antriebe*
   Prof. Dr. Werner Brecht: *Betriebssysteme - Künstliche Intelligenz*
   Prof. Dr. Bernhard Buchholz: *Prozeß-DV*
   Prof. Dr. Bernd Drewes: *Künstliche Intelligenz*
   Prof. Dr. Helmut Franzen: *Software-Engineering - Programmiersprachen*
   Prof. Dipl.-Ing. Hans-Dieter Friedrich: *Digitale Steuerungssysteme*
   Prof. Dr. Heinrich Godbersen: *Grafische DV - Rechnernetze*
   Prof. Dr. Rene Görlich: *Rechnernetze - Datenbanken*
   Prof. Dipl.-Math. Gudrun Görlitz: *Angewandte Informatik*
   Prof. Dipl.-Ing. Detlef Gramm: *Software-Engineering - Prozeß-DV*
   Prof. Dr. Ulrich Grude: *Programmiersprachen*
   Prof. Dr. Fritz Habel: *Regelungstechnik*
   Prof. Dr. Christian Hamann: *Künstliche Intelligenz*
   Prof. Dipl.-Ing. Helmut Keutner: *Sensortechnik*
   Prof. Dipl.-Inform. Christoph Knabe: *Software-Engineering - Program-*
       miersprachen

Prof. Dr. Clemens Kordecki: *Rechnerschnittstellen - Prozeß-DV*
Prof. Dipl.-Math. Monika Kothe: *Rechnersysteme - Software-Engineering*
Prof. Dr. Wladimir Kovalevski: *Grafische DV*
Prof. Dipl.-Ing. Helmut Krost: *Elektrische Antriebe - Mikroprozessoren*
Prof. Dipl.-Ing. Klaus Lampe: *Mikrocomputer - Digitale Steuerungssystme*
Prof. Dr. Dr. Volkmar Miszalok: *Grafische DV - Medizinische DV*
Prof. Dipl.-Ing. Manfred Ottens: *Regelungstechnik - Systemtechnik*
Prof. Dr. Targo Pavlista: *Software-Engineering - Programmiersprachen*
Prof. Dipl.-Ing. Christian Ratsch: *Grafische DV - Betriebssysteme*
Prof. Dr. Gerd Scheschonk: *Angewandte Informatik*
Prof. Dr. Karin Schiele: *Angewandte Informatik*
Prof. Dr. Günter Siegel: *Software-Engineering - Programmiersprachen*
Prof. Dr. Andreas Solymosi: *Software-Engineering - Programmiersprachen*
Prof. Dr. Frank Steyer: *Datenbanken - Betriebssysteme*
Prof. Dr. Karl-Heinz Sturm: *Angewandte Informatik*
Prof. Dr. Ulrich Teppner: *Mikrocomputer - Rechnerarchitektur*
Prof. Dr. Richard Wambach: *Robotics - Computer Integrated Manufacturing*
Prof. Dipl.-Inform. Debora Weber-Wulff: *Software-Engineering - Programmiersprachen*
Prof. Dr. Gunter Welker: *Betriebssysteme*

4b1)   Organisation des Studiums: Allgemeine Informatik

a)   Studienabschnitte
Grundstudium (4 Semester)
- vier Studiensemester
- Abschluß Vordiplom (Zeugnis)
Hauptstudium (4 Semester)
- zwei Studiensemester
- ein Studiensemester in der Praxis im fünften Semester (18 Wochen)
- Diplomarbeit im achten Semester (3 Monate) mit Präsentation
- mündliche Diplomprüfung (Kolloquium) am Ende des achten Semesters
Praxiserfordernisse: Grundpraktikum 13 Wochen vor Aufnahme des Studiums. Fachpraktikum 13 Wochen bis spätestens zum Beginn des vierten Semesters.
b)   Fächer- und Stundenübersicht (inkl. SWS Wahlpflichtfächer)
Grundstudium: 116 SWS
Hauptstudium: 54 SWS (ohne Diplomarbeitsanteil)
Summe: 170 SWS

Folgende Lehrveranstaltungs-Schwerpunkte werden angeboten:
- Programmierung, Software-Engineering, Mathematik, Physik, Elektronik, Englisch, Rechnerarchitektur, Betriebssysteme, Datenbanken, Graphen und Netze, Grundlagen der Künstlichen Intelligenz im Grundstudium
- System- und Echtzeitprogrammierung, Daten und Rechnernetze, Grafische DV, Künstliche Intelligenz, Mikroprozessoren und Mikrocomputer im Hauptstudium

c) Wahlpflichtfächer
Wahlpflichtfächer mit insgesamt 8 SWS im Hauptstudium, wählbar aus umfangreichem, offenen Fächerkatalog wie z. Bsp.: Parallelprogrammierung, Objektorientierte Systementwicklung, Neuronale Netze, X-Window, Projektmanagement, Vertiefungen zu ...

4b2) Organisation des Studiums: Technische Informatik

a) Studienabschnitte
Grundstudium (3 Semester)
- drei Studiensemester
- Abschluß Vordiplom (Zeugnis)
Hauptstudium (5 Semester)
- drei Studiensemester
- ein Studiensemester in der Praxis im fünften Semester (18 Wochen)
- Diplomarbeit im achten Semester (3 Monate) mit Präsentation
- mündliche Diplomprüfung (Kolloquium) am Ende des achten Semesters
Praxiserfordernisse: Grundpraktikum 13 Wochen vor Aufnahme des Studiums. Fachpraktikum 13 Wochen bis spätestens zum Beginn des dritten Semesters.

b) Fächer- und Stundenübersicht (inkl. SWS Wahlpflichtfächer)

Grundstudium:	94 SWS	94 SWS
Hauptstudium: (allgemeiner Teil)	54 SWS	54 SWS
(ohne Diplomarbeitsanteil)		
Hauptstudium (Schwerpunkt Elektronik)	34 SWS	
Hauptstudium (Schwerpunkt Systemtechnik)		36 SWS
Summe:	182 SWS	184 SWS

Folgende Lehrveranstaltungs-Schwerpunkte werden angeboten:
- Mathematik, Physik, Elektrotechnik, Englisch, Strukturierte Programmierung, Rechnerarchitektur, Bauelemente und Schaltungen der Elektronik, Digitalelektronik, Elektrische Meßtechnik, Betriebswirtschaft und Kostenrechnung im Grundstudium

- Mikrocomputer, Industrielle Meßtechnik, Digitale Systeme, Maschinenorientierte Programmierung, Grafische DV, Prozeßrechner, Regelungstechnik, Konstruktion elektronischer Geräte im Hauptstudium allgemein
- Leistungselektronik, Analogelektronik, Fertigungstechnik, Regelungstechnik, Konstruktion elektronischer Geräte im Hauptstudium Schwerpunkt Elektronik
- Software Engineering, Numerische Mathematik, Systemprogrammierung und Betriebssysteme, Prozeßrechner, Daten und Rechnernetze im Hauptstudium Schwerpunkt Systemtechnik

c) Wahlpflichtfächer
    Wahlpflichtfächer mit insgesamt 10 SWS im Hauptstudium, wählbar aus einem Fächerkatalog wie z. Bsp.: Parallelprogrammierung, Objektorientierte Systementwicklung, Systemanalyse technischer Prozesse, Fertigungstechnik, Prozeßmeßtechnik, Neuronale Netze, u.a.

4b3) Organisation des Studiums: Ingenieur-Informatik als Ergänzungsstudiengang im Abendstudium

a) Studienabschnitte
    Studium (5 Semester)
    - Abschluß: Diplom (Zeugnis)
    - Diplomarbeit im fünften Semester (3 Monate) mit Präsentation
    - mündliche Diplomprüfung (Kolloquium) am Ende des fünften Semesters
    Zulassungsvoraussetzung: abgeschlossenes Ingenieur- oder mathematisch-naturwissenschaftliches Studium an einer Hochschule
b) Fächer- und Stundenübersicht (inkl. SWS Wahlpflichtfächer)
    Studium: 78 SWS (ohne Diplomarbeitsanteil)
    Folgende Lehrveranstaltungs-Schwerpunkte werden angeboten:
    - Programmierung, Software-Engineering, Numerische Mathematik, Englisch, Rechnerarchitektur, Betriebssystem und Systemprogrammierung, Datenbanken, Künstliche Intelligenz, Recht für Informatiker, Computer Aided Design, Computer Aided Manufacturing
c) Wahlpflichtfächer
    Wahlpflichtfächer mit insgesamt 8 SWS, wählbar aus offenem Fächerkatalog wie z. Bsp.: Parallelprogrammierung, Objektorientierte Systementwicklung, Projektmanagement, Vertiefungen zu ...

5. Rechnerausstattung (nutzbar durch den FB Informatik)

Zentrales RZ:
- 16 UNIX-Terminals, Campusnetz
Labore des Fachbereichs Informatik:
- Antriebe und Robotics: 12 DOS-Rechner
- Computergrafik: 17 DOS-Rechner
- Digitale Systeme und Mikrocomputer: Entwicklungssysteme
- Informatik-Service: 3 vernetzte Cluster à 18 DOS-Rechner
- Künstliche Intelligenz: 12 DOS-Rechner, 4 NeXT-Rechner
- Programmiersprachen: 16 vernetzte DOS-Rechner (MSLAN)
- Prozeßdatenverarbeitung: 18 Terminals an UNIX-System HP 730
- Rechnersysteme: 14 SUN-Workstations (mit Ethernet)
- Sensortechnik: 6 DOS Rechner, 2 HP 715
- Softwaretechnik: 10 vernetzte DOS-Rechner (MSLAN, Pro-Mod), 4
  SUN-Workstations (mit Ethernet)
- Systemprogrammierung: 2 Cluster à 18 DOS-Rechner
- System- und Regelungstechnik: 6 DOS-Rechner

6. Sonstige Angaben

Studienbeginn AI und TI im SS und WS
Studienbeginn II im WS

7. Auslandskontakte

Universität Mulhouse (F) mit dem Modellstudiengang Allgemeine Informatik (TFH Berlin/UHA Mulhouse)
Universität Hatfield (GB) mit dem Modellstudiengang Allgemeine Informatik (TFH Berlin/Hatfield)

8. Forschungs- und Transferinstitutionen

Zentrale Stabsstelle für Technologie-Transfer, Tel. 030/4504-2483
Fax 030/4504-2241
An-Institute

Fachhochschule Brandenburg
Magdeburger Str. 53
14770 Brandenburg an der Havel
Tel. 03381/355-0
Fax 03381/355-199
Tel. Studienberatung 03381/355-137/138

1. Bezeichnung des Fachbereichs bzw. Studiengangs

   a) Fachbereich Technik
   b) Studiengang Angewandte Informatik

2. Akademischer Grad ggf. mit Zusatz laut Abschlußzeugnis

   Diplom-Informatiker(in) (FH)

3. Professoren im Studiengang Angewandte Informatik

   Prof. Dr. Reiner Creutzburg: *Datenstrukturen/Algorithmen - Bildverarbei-
   tung - Multimedia*
   Prof. Dr. Arno Fischer: *Betriebssysteme/Netze*
   Prof. Dr. Karl-Heinz Jänicke: *Mikroprozessortechnik*
   Prof. Dr. Friedhelm Mündemann: *Rechnerarchitekturen - Fuzzy-Logik
   - wissensbasierte Systeme*
   Prof. Dr. Barbara Wiesner: *Software Engineering - Systemanalyse - Infor-
   mationssysteme - Programmierung*
   Prof. Dr. Harald Loose: *Mechatronik*

4. Organisation des Studiums

   a) Studienabschnitte
      Grundstudium (3 Semester)
      - Abschluß: Vordiplom (Zeugnis)
      Hauptstudium (5 Semester)
      - vier Studiensemester
      - ein Studiensemester in der Praxis im fünften Semester (16 Wochen)
      - Diplomarbeit im achten Semester (73 Monate)
      Praxiserfordernisse: Vorpraktikum 12 Wochen
   b) Fächer- und Stundenübersicht (inkl. SWS Wahlpflichtfächer)
      Grundstudium: 82 SWS
      Hauptstudium: 76 SWS (ohne Diplomarbeitsanteil)
      Summe: 158 SWS

Folgende Lehrveranstaltungs-Schwerpunkte werden angeboten:
- Einführung in die Informatik, Algorithmen und Datenstrukturen, formale Sprachen und Automatentheorie, Standard-Betriebssysteme, Aufbau und Einsatz von Betriebssystemen, Rechnernetze, Einführung in die Programmierung, problemorientierte Programmierung, objektorientierte Programmierung, Computergraphik, Mikrocomputertechnik, Architektur und Organisation von Rechensystemen, maschinenorientierte Programmierung, Logik, mathematische Strukturen, Analysis und Numerik, Statistik und Geometrie, physikalische und elektrotechnische Grundlagen der Informatik, Grundlagen der analogen und digitalen Elektronik, Englisch im Grundstudium
- Systemanalyse und Softwareengineering, rechnergestütztes Konstruieren, Datenbanken/Informationssysteme, Telekommunikation, alternative Rechnerkonzepte, Prozeßdatenverarbeitung, Wissensverarbeitung, gesellschaftliche Aspekte der Informatik, Einführung in die Beriebswirtschaftslehre, Recht, Projektstudium im Hauptstudium

c) Wahlpflichtfächer

Aus den folgenden (zu Blöcken zusammengefaßten) Wahlpflichtfächern sind im Rahmen des Hauptstudiums Lehrveranstaltungen im Gesamtumfang zwischen 8 und 14 SWS auszuwählen:

Künstliche Intelligenz, Signal- und Bildverarbeitung, Multimedia-Systeme, Robotik, Architektur von Datenbankbetriebssystemen, verteilte Systeme, Dictionary/Directory-Systeme, spezielle Probleme der Datensicherung, Compilerbau, Qualitätssicherung, Informationstechnik, Mensch-Maschine-Kommunikation, Unternehmensdatenmodellierung, Informationssysteme/Betriebliches Informations-Management, Produktdatenmodellierung, objektorientierte Datenbanksysteme

5. Rechnerausstattung (nutzbar durch Angewandte Informatik)

Zentrales RZ:
- Anschluß an das Deutsche Wissenschaftsnetz (WIN) und an
- Internet (ab 1994)

Labore Angewandte Informatik:
- 2 Grundlagen-Labore mit je 10 PC-Arbeitsplätzen (80486, vernetzt)
- 1 UNIX-Labor mit 10 SUN-Workstations (vernetzt)
- 1 Multimedia-Labor mit MacIntosh-Anlage mit gekoppeltem Farbkopierer, UNIX-Rechner, Multimedia-PC
- weitere Labore im Aufbau (Mikroprozessortechnik, Betriebssysteme/Netze, ...)

6. Sonstige Angaben

Studienbeginn im WS
Gründung des Studiengangs 1992

7. Auslandskontakte

Auslandsaufenthalte u. a. durch COMETT und ERASMUS möglich

8. Forschungs- und Transferinstitutionen

Technologie- und Innovationsberatungsstelle (Technologiebeauftragter:
Prof. Dr. Reiner Creutzburg, Technologieberater: Dipl.-Ing. Karl-Heinz
Klose, Tel. 03381/355-0, Fax 03381/355-199)

Fachhochschule Brandenburg
Magdeburger Str. 53
14770 Brandenburg an der Havel
Tel. 03381/3036-12/22/23/24/28
Fax 03381/3036-11
Tel. Studienberatung wie oben

1. Bezeichnung des Fachbereichs bzw. des Studiengangs

a) Fachbereich Wirtschaft
b) Studiengang Wirtschaftsinformatik

2. Akademischer Grad ggf. mit Zusatz laut Abschlußzeugnis

Diplom-Wirtschaftsinformatiker(in) (FH)

3. Professoren im Fachgebiet Wirtschaftsinformatik

Prof. Dr. Werner Beuschel: *Informationsmanagement - Unternehmensfüh-
rung*
Prof. Dr. Falko Ihme: *Systementwicklung*
N.N: *Datenorganisation*
N.N: *Betriebswirtschaftliche Anwendungen*
N.N: *Bürokommunikation - Verwaltungsautomation*
N.N: *PPS - CIM*

N.N: *Warenwirtschaftssysteme*

N.N: *DV-Recht (Datenschutz, rechtliche Gestaltung von Informationssystemen)*

4. Organisation des Studiums

a) Studienabschnitte
   Grundstudium (3 Semester)
   - drei Studiensemester
   - Abschluß: Vordiplom (Zeugnis)
   Hauptstudium (5 Semester)
   - vier Studiensemester
   - ein Studiensemester in der Praxis im vierten Semester (20-24 Wo-
   chen)
   - Diplomarbeit im achten Semester (3 Monate)
b) Fächer- und Stundenübersicht (inkl. SWS Wahlpflichtfächer)
   Grundstudium: 80 SWS
   Hauptstudium: 64 SWS (ohne Diplomarbeitsanteil)
   Summe: 144 SWS
   Folgende Lehrveranstaltungs-Schwerpunkte werden angeboten:
   - Grundlagen Wirtschaftsinformatik, Programmieren für ökonomische
   Anwendungen I, II Betriebssysteme/Rechnernetze, Systems Engi-
   neering, Datenstrukturen/-organisation (Algorithmen), Entwick-
   lungsmethodik betrieblicher Anwendungen (Software-Engineering),
   Betriebliche Datenmodellierung und DB-Anwendungen (Projekt),
   Mathematik und Statistik für Wirtschaftsinformatik, Entscheidungs-
   lehre/OR, Allgemeine Betriebswirtschaftslehre I, II, III, Propädeutik
   Buchführung, Kostenrechnung, Bilanzierung, Volkswirtschaftslehre
   für Wirtschaftsinformatik, Wirtschaftsrecht/DV-Recht, Wirtschaftssprachen im Grundstudium
   - Integrierte betriebliche Anwendungen I, II, III, Datenorganisa-
   tion/Datenbankentwurf, Informationsmanagement/Organisation der
   Informationsverarbeitung, Entwicklung komplexer betrieblicher Anwendungssysteme (Projektstudium), DV-Recht/Gestaltung des Einsatzes von Informationssystemen, Wirtschaftssprachen im Hauptstudium
   - Projektstudium mit je 6 SWS im fünften, sechsten und siebten Semester.
c) Wahlpflichtfächer
   Im Grundstudium ist aus den Bereichen Technik, Umwelt oder
   Multimedia etc. alternativ ein Fach im zweiten oder dritten Semester
   mit insgesamt 2 SWS zu wählen.

Im Hauptstudium sind aus den Schwerpunkten Organisations-
informatik, Betriebliche Anwendungssysteme, Recht für Wirtschaftsinformatik und aus den zu „Containern" zusammengefaßten Ergänz-
ungsfächern Lehrveranstaltungen im Gesamtumfang von 36 SWS
auszuwählen u.a.: Spezielle Betriebswirtschaftslehren, Branchen-
lösungen in der Informatik, Arbeitswissenschaftliche Grundlagen,
Daten-sicherheit, Datenschutz, Technikfolgenabschätzung, OO-
Program-mierung, CASE, Qualitätssicherung von Software, Wissensbasierte Systeme, Multimedia/Virtuelle Realität, Quantitative
Methoden etc.

5. Rechnerausstattung (nutzbar durch Wirtschaftsinformatik)

Zentrales RZ:
- Anschluß an das Deutsche Wissenschaftsnetz (WIN) (ab 1994)
Labore Wirtschaftsinformatik:
- 11 PC-Arbeitsplätze (80486, vernetzt: NOVELL)
- 1 SUN-Workstation (vernetzt) für SAP-Anwendungen
- Multimedia-Labor (im Aufbau) für kommerzielle Anwendungen

6. Sonstige Angaben

Studienbeginn im WS
Gründung im Jahre 1993

7. Auslandskontakte

Auslandsaufenthalte u.a. durch COMETT und ERASMUS möglich
(Ansprechpartner: Frau Karin Gill, Akademisches Auslandsamt,
Tel. 03381/3036-12/22/23/24)

Zeitschrift Wirtschaftsinformatik

Die Zeitschrift **Wirtschaftsinformatik** wendet sich an Leser, die sich in dieses Gebiet einarbeiten, insbesondere an Studenten; darüber hinaus an Informatiker in Forschung und Praxis, die den Anschluß an moderne Entwicklungen dieses Fachgebietes suchen.

Fachhochschule Braunschweig/Wolfenbüttel
Salzdahlumer Straße 46/48
38302 Wolfenbüttel
Tel. 05331/939-0
Fax 05331/939-118
Tel. Studienberatung 05331/939-513

1. Bezeichnung des Fachbereichs bzw. der Studiengänge

   a) Fachbereich Informatik
   b1) Studiengang Technische Informatik
   b2) Studiengang Praktische Informatik
   b3) Studiengang Fertigungsinformatik im Praxisverbund

2. Akademischer Grad ggf. mit Zusatz laut Abschlußzeugnis

   b1) Diplom-Ingenieur(in) (FH)
   b2) Diplom-Informatiker(in) (FH)
   b3) Diplom-Ingenieur(in) (FH)

3. Professoren im Fachbereich Informatik

   Prof. Dr. Jürgen Angele: *Graphische Datenverarbeitung - Mathematik*
   Prof. Dr. Ingrid Brückner: *Rechnertechnologie und -netze*
   Prof. Dr. Wolf-Dieter Frobenius: *Mathematik - Mathematik IV - Grundlagen der Elektrotechnik - Grundlagen der Sensorik - Optoelektronik*
   Prof. Dipl.-Ing. Klaus-Lothar Hanemann: *Datenfernverarbeitung - Digitaltechnik*
   Prof. Dr. Klaus Harbusch: *Angewandte Informatik*
   Prof. Dipl-Ing. Rolf Isernhagen: *Programm- und Datenstrukturen*
   Prof. Dr. Karl-Thomas Kaiser: *Fertigungs- und Produktionstechnik*
   Prof. Dr. Ulrich Klages: *Betriebssysteme - Prozeßrechentechnik*
   Prof. Dr. Jürgen Kreyßig: *Entwurf integrierter Schaltkreise - Digitale Schaltungen*
   Prof. Dr. Wolfhard Lawrenz: *Rechnerstrukturen*
   Prof. Dr. Winfried Rogalla: *Mathematik - Physik - Halbleiterphysik - Halbleiterbauelemente*
   Prof. Dr. Roland Rüdiger: *DV-Grundlagen - Software-Technik*
   Prof. Dr. Wolfgang Schneider: *Allgemeine Nachrichtentechnik - Informationstheorie -DV-Grundlagen*
   Prof. Dr. Friedhelm Seutter: *Graphische Datenverarbeitung - Künstliche Intelligenz - Theoretische Informatik*

Prof. Dr. Wolfgang Steinhorst: *Regelungstechnik - Rechentechnik - Prozeß-Simulation*
Prof. Dr. Günther Wiesemann: *Elektrotechnik-Grundlagen - Nachrichtentechnik*

4b1)   Organisation des Studiums: Studiengang Technische Informatik (TI)

a)   Studienabschnitte
Grundstudium (3 Semester)
- drei Studiensemester
- Abschluß: Vordiplom
Hauptstudium (5 Semester)
- drei Studiensemester
- zwei Studiensemester in der Praxis im fünften und achten Semester (je 26 Wochen)
- Studienarbeit
- Diplomarbeit im achten Semester (3 Monate) mit Kolloquium

b)   Fächer- und Stundenübersicht (inkl. SWS Wahlpflichtfächer)
Grundstudium: 88 SWS
Hauptstudium: 76 SWS (ohne Diplomarbeitsanteil)
Summe: 164 SWS
Folgende Lehrveranstaltungs-Schwerpunkte werden angeboten:
- Mathematik, Informatik, Physik, Elektrotechnik und Elektronik, Wirtschaftswissenschaften, Fremdsprachen im Grundstudium
- Programm- und Datenstrukturen, Rechnerstrukturen, Digitaltechnik, Kommunikationstechnik, Regelungs- und Prozeßtechnik im Hauptstudium

c)   Wahlpflichtfächer
Insgesamt müssen 16 SWS gewählt werden:
Vertiefung der Pflichtfächer des Hauptstudiums

4b2)   Organisation des Studiums: Studiengang Praktische Informatik

a)   Studienabschnitte
siehe TI 4b1) a)
b)   Fächer- und Stundenübersicht
siehe TI 4b1) b) außer für das Hauptstudium
- Programm- und Datenstrukturen, Softwaretechnik, Verteilte Systeme, Rechnerstrukturen, Anwendungssysteme im Hauptstudium
c)   Wahlpflichtfächer
siehe TI 4b1) c)

4b3) Organisation des Studiums: Studiengang Fertigungsinformatik im Praxisverbund

a) Studienabschnitte
Grundstudium (3 Semester)
- drei Studiensemester
- Abschluß Vordiplom
Hauptstudium (5 Semester)
- drei Studiensemester
- zwei Studiensemester in der Praxis im fünften und achten Semester (je 26 Wochen)
- Studienarbeit
- Diplomarbeit im achten Semester (3 Monate) mit Kolloquium (innerhalb des zweiten Studiensemesters in der Praxis)

b) Fächer- und Stundenübersicht (einschließlich SWS Wahlpflichtfächer)
Grundstudium: 86 SWS
Hauptstudium: 68 SWS (ohne Diplomarbeitsanteil)
Summe: 154 SWS
Folgende Lehrveranstaltungs-Schwerpunkte werden angeboten:
- Mathematik, Physik, Grundlagen der Elektrotechnik, Einführung in die Informatik, Grundlagen der Elektronik, Technologien und Festigkeit im Grundstudium
- Fertigungssysteme, Produktionstechnik, Informatik, Antriebs- und Steuerungstechnik, Prozeßtechnik, Betriebswirtschaftslehre im Hauptstudium

c) Wahlpflichtfächer
Insgesamt müssen 12 SWS gewählt werden:
Vertiefung der Pflichtfächer des Hauptstudiums

5. Rechnerausstattung (nutzbar durch Informatik)

Zentrales RZ:
Kooperatives Versorgungssystem, verteilt über 4 Städte, mit insgesamt 8 Standorten
- 75 Workstations (alle Systeme sind vernetzt)
- 13 PC-Server (alle Systeme sind vernetzt) mit ca. 400 PC-Arbeitsplätzen
- Anschluß an das Deutsche Forschungsnetz (Wissenschaftsnetz)
- Netzwerke: Banyan, VINES, Novell Netware, TCP/IP, NFS, Pathworks, X.25, X.400
Labore Informatik:
- 1 Banyan/VINESNetz mit 60 PC, 1 Novell Netware mit 60 PC

- 1 TCP/IP-Netz mit 17 Workstations
- Zugang über das zentrale Rechenzentrum zum Hochschulnetz über alle
  Netze

6. Sonstige Angaben

Studienbeginn im Studiengang Technische Informatik und im Studiengang Praktische Informatik im SS und WS
Studienbeginn im Studiengang Fertigungsinformatik im Praxisverbund
im WS
Gründung 1992

7. Auslandskontakte

Dublin Institute of Technology (IRL), University of Glamorgan (UK),
Staffordshire University (UK), Instituto Politecnico de Coimbra (P),
Universidad Politécnica de Valencia (E), IUT de l'Université des Monte-
pellier II-Nimes (F), T. E. I. Irakliou (G), Shanghai University of Engineering Sciences (VR China)

8. Forschungs- und Transferinstitutionen

Technologietransferstelle der Fachhochschule Braunschweig/Wolfen-
büttel (Leitung: Dipl.-Ing. Detlef Puchert, Tel. 05331/939-190)
Institute im Fachbereich:
- Institut für Angewandte Informatik
- Institut für Verteilte Systeme
- Institut für Fertigungsinformatik

Hochschule Bremen
Fachbereich Elektrotechnik
Neustadtswall 30
28199 Bremen
Tel. 0421/5905-400
Fax 0421/5905-476
Tel. Studienberatung 0421/5905-384

1. Bezeichnung des Fachbereichs bzw. des Studiengangs

    a) Fachbereich Elektrotechnik
    b) Studiengang Technische Informatik
    c) Studienrichtungen Angewandte Informatik und Automatisierungs-
       technik

2. Akademischer Grad ggf. mit Zusatz laut Abschlußzeugnis

Diplom-Ingenieur (FH)

3. Professoren im Studiengang Technische Informatik

Prof. Dr. Ulrich Breymann: *Softwaretechnik - Programmiersprachen*
Prof. Dr. Uwe Meyer: *Datenbanken - KI-Anwendungen*
Prof. Dipl.-Ing. Jochen Löschner: *Regelungstechnik - Prozeßautomatisie-
rung*
Prof. Dipl.-Ing. Eduard Lottes: *Regelungstechnik - Prozeßautomatisierung*
Prof. Dr. Jürgen Lübcke: *Rechnertechnik - Rechnerkommunikation*
Prof. Dipl.-Ing. Sigmar Myrzik: *Rechnernahe Hard- und Software*
Prof. Dr. Hans-Werner Philippsen: *Regelungstechnik - Industrielle Kom-
munikationssysteme*
Prof. Dipl.-Ing. Siegfried Pufahl: *Steuerungstechnik, Robotertechnik*
Prof. Dr. Thomas Risse: *Bildverarbeitung - Rechnerstrukturen*
Prof. Dr. Andreas Spillner: *Softwaretechnik - Betriebssysteme*
Prof. Dipl.-Ing. Martin Zirpel: *Regelungstechnik*

4. Organisation des Studiums

a) Studienabschnitte
   Grundstudium (2 Semester)
   - zwei Studiensemester
   - Abschluß: Vorexamen (Zeugnis)
   Hauptstudium (6 Semester)
   - vier Studiensemester
   - ein Studiensemester in der Praxis (in der Regel im sechsten Seme-
     ster) (20 Wochen)
   - ein Prüfungs- und Diplomarbeitssemester (Dauer Diplomarbeit: 3
     Monate bei Einzelarbeit, 4 Monate bei Gruppenarbeit)
   - schriftliche und mündliche Diplomprüfung im 8. Semester
   Praxiserfordernisse: 6 Monate Vorpraktikum bzw. abgeschlossene,
   einschlägige Berufsausbildung
b) Fächer- und Stundenübersicht (inkl. SWS Wahlpflichtfächer)
   Grundstudium: 52 SWS
   Hauptstudium: 109 SWS (ohne Diplomarbeitsanteil)
   Summe: 161 SWS
   Folgende Lehrveranstaltungs-Schwerpunkte werden angeboten:
   - Mathematik, Grundlagen der Elektrotechnik, Technische Mechanik,
     Einführung in die Informatik, Strukturiertes Programmieren, Ma-
     schinennahes Programmieren im Grundstudium

- Studienrichtung Angewandte Informatik:
  Softwaretechnik, Betriebssysteme, Datenbanken, Digitaltechnik, Mikrocomputertechnik, Rechnerstrukturen im Hauptstudium
- Studienrichtung Automatisierungstechnik:
  Softwaretechnik, Betriebssysteme, Regelungstechnik, Steuerungstechnik, Mikrocomputertechnik, Prozeßdatenverarbeitung, Prozeßleittechnik im Hauptstudium

c) Wahlpflichtfächer
Insgesamt müssen 12 SWS gewählt werden.
Studienrichtung Angewandte Informatik: Graphische Datenverarbeitung, Rechnernetze und Datenübertragung, CAE, Digitale Signalverarbeitung, Künstliche Intelligenz
Studienrichtung Automatisierungstechnik: Regelungstechnik III, Graphische Datenverarbeitung, Robotersysteme, Netze für die industrielle Kommunikation, Labor-Prozeßtechnik, Energieelektronik und Elektrische Antriebe, Energieversorgung

5. Rechnerausstattung (nutzbar durch Technische Informatik)

Zentrales RZ:
- Zugang zu mehreren PC-Pools unterschiedlicher Leistungsfähigkeit
Labore Technische Informatik:
- Labor für Softwaretechnik: 16 Workstations (vernetzt) (weiterer Ausbau ist beantragt)
- Labor für Computertechnik: 20 PC (vernetzt mit Softwarelabor und Labor für Prozeßautomatisierung), Entwicklungsumgebungen für Transputer-, Mikrocomputer- und Mikrocontrolleranwendungen
- Labor für Prozeßautomatisierung: 8 PC unter OS/2 (vernetzt) gekoppelt mit Prozeßperipherie

6. Sonstige Angaben

Studienbeginn z. Zt. im SS
Der Studiengang nimmt seit SS 1991 Studenten auf
Nach dem Vorexamen ist ein Überwechseln in den internationalen Studiengang *„Europäisches Elektrotechnik Studium"* (EES) möglich. Dieser Studiengang ist weitgehend identisch mit der Studienrichtung Angewandte Informatik des Studienganges Technische Informatik. Der Studiengang EES enthält ein zweisemestriges Studium an der South Bank University in London.

7. Auslandskontakte

South Bank University London
Es besteht die Möglichkeit, das Praxissemester in England zu absolvieren bzw. in den Studiengang EES überzuwechseln (siehe 6.)
Kontakte zu Hochschulen in Frankreich (Lille) und Griechenland (Patras). Es besteht die Möglichkeit, dort das Praxissemester zu absolvieren bzw. die Diplomarbeit anzufertigen.

8. Forschungs- und Transferinstitutionen

Einrichtung befindet sich noch in der Planungsphase.
(Ansprechpartner Prof. Dr. U. Breymann, Tel.: 0421/5905-(0)425)

Fachhochschule Darmstadt
Schöfferstr. 8b
64295 Darmstadt
Tel. 06151/168411
Fax 06151/168935
Tel. Studienberatung 06151/168047/168411

1. Bezeichnung des Fachbereichs bzw. des Studiengangs/der Schwerpunkte

   a) Fachbereich Informatik
   b) Studiengang Informatik
   c) Schwerpunkte: Systemprogrammierung, Prozeßdatenverarbeitung, Technisch-wissenschaftliche Anwendungen, Betriebsinformatik, Telekommunikation, Graphische Datenverarbeitung, Anwendungen der Künstlichen Intelligenz

2. Akademischer Grad ggf. mit Zusatz laut Abschlußzeugnis

   Diplom-Informatiker (FH)

3. Professoren im Fachbereich Informatik

   Prof. Dr. Johannes Arz: *Grundlagen der Informatik - Künstliche Intelligenz*
   Prof. Dr. Udo Bleimann: *Betriebsinformatik - Telekommunikation*
   Prof. Dipl.-Math. Werner Burhenne: *Grundlagen der Informatik - technisch-wissenschaftliche Anwendungen*

Prof. Dr.-Ing. Hermann Deichelmann: *Prozeßdatenverarbeitung - Mikro-*
prozessortechnik
Prof. Dr. Dieter Dippel: *Datenbanken - Betriebsinformatik*
Prof. Dr. Werner Elben: *Betriebssysteme - Systemprogrammierung*
Prof. Dr. Heinz-Erich Erbs: *Grundlagen der Informatik - Datenbanken*
Prof. Dr. Klaus Frank: *Prozeßdatenverarbeitung - Mikroprozessortechnik*
Prof. Dr.-Ing. Wolf-Dieter Groch: *Grundlagen der Informatik - Graphische*
DV
Prof. Dr. Uta von Groote: *Betriebssysteme - Telekommunikation*
Prof. Dr.-Ing. Wolfgang Kestner: *Graphische DV/CAD - Digitale Bildver-*
arbeitung
Prof. Dr. Norbert Krier: *Softwareentwicklung - Graphische Datenverarbei-*
tung
Prof. Dr. Johannes Reichhardt: *Telekommunikation - Grundlagen der In-*
formatik
Prof. Dr.-Ing. Henner Schneider: *Softwaretechnik - Künstliche Intelligenz*
Prof. Dipl.-Ing. Hans Scholz: *Mikroprozessortechnik - Simulationstechnik*
Prof. Dr. Günter Turetschek: *Betriebsinformatik - Grundlagen der Infor-*
matik
Prof. Dr. Günther Weber: *Softwaretechnik - Entwicklung von Anwendungs-*
systemen
Prof. Dr. Wolfgang Weber: *Grundlagen der Informatik - Softwaretechnik*
Prof. Dr. Klaus Wente: *Betriebsinformatik - Telekommunikation*
Prof. Dr. Christoph Wentzel: *Betriebsinformatik - Künstliche Intelligenz*
Prof. Dipl.-Ing. Martin Wenzel: *Digitaltechnik - Prozeßdatenverarbeitung*
Prof. Dr. Stefan Wiesmann: *Informatik in den Ingenieurwissenschaften -*
CAD
Prof. Dr.-Ing. Gerhard Winkler: *Programmiersprachen - Systemprogram-*
mierung
Prof. Dr. Dankwart Zimmerling: *Rechnerarchitektur - Betriebssysteme*

4. Organisation des Studiums

a) Studienabschnitte
   Grundstudium (3 Semester)
   - drei Studiensemester
   - Abschluß: Grundstudienzertifikat
   Hauptstudium
   - drei Studiensemester
   - ein Prüfungssemester (siebtes Semester)
   - Diplomarbeit im siebten Semester (20 Wochen)
   Praxiserfordernisse: 18 Wochen bis zum Beginn der Diplomarbeit
b) Fächer- und Stundenübersicht (inkl. SWS Wahlpflichtfächer)
   Grundstudium: 69 SWS

Hauptstudium: 90 SWS (ohne Diplomarbeitsanteil)
Summe: 159 SWS
Folgende Lehrveranstaltungs-Schwerpunkte werden angeboten:
- Informatisches Grundstudium mit den einschlägigen Fächern
- Informatisches Hauptstudium mit der Verpflichtung, zwei Schwerpunkte (siehe 4c) mit je mindestens 12 SWS auszuwählen, Betriebssysteme I, Mikroprozessortechnik, Projek-Systementwicklung, 12 SWS aus dem Angebot des Fachbereichs Sozial- und Kulturwissenschaften, drei bis vier Fächer je nach gewählten Schwerpunkten

c) Wahlpflichtfächer
Insgesamt 30 SWS können aus den informatischen, schwerpunktspezifischen und allgemeinwissenschaftlichen Bereichen frei gewählt werden. Fächer aus dem allgemeinen Wahlpflichtkatalog sind z. Bsp.:
- Wahrscheinlichkeitsrechnung und Statistik,
- Problemorientierte Programmiersprachen,
- Datenschutz,
- Informatik-Seminar

5. Rechnerausstattung (nutzbar durch Informatik)
Zentrales RZ:
- 16 PC-Arbeitsplätze
- 4 Workstations
- 24 Personal Computer (vernetzt)
Labore Fachbereich Informatik:
- Telekommunikation, Prozeßdatenverarbeitung, Softwaretechnik, Mikroprozessortechnik, Anwendungen der Künstlichen Intelligenz, Betriebsinformatik, Grafische Datenverarbeitung
- ausgestattet mit Minicomputern (UNIX), PC; BTX-Anschluß
- Vernetzung aller Rechner hochschulweit mit Gateways nach draußen

6. Sonstige Angaben
Studienbeginn im WS
Gründung des Fachbereichs 1977

7. Auslandskontakte
Enge Kontakte zu Hochschulen in England, Schottland, Irland, Frankreich, Griechenland und Slowakei

8. Forschungs- und Transferinstitutionen
Angewandte Forschung und Transfer durch entsprechende Institute an der Hochschule

Fachhochschule Dortmund
Sonnenstr. 96-100
44047 Dortmund
Tel. 0231/9112-0
Fax 0231/9112-313
Tel. Studienberatung 0231/9112200

1. Bezeichnung des Fachbereichs bzw. des Studiengangs

   a) Fachbereich Informatik
   b1) Studiengang Allgemeine Informatik
   b2) Studiengang Technische Informatik
   b3) Studiengang Wirtschaftsinformatik

2. Akademischer Grad ggf. mit Zusatz laut Abschlußzeugnis

   Diplom-Informatiker (FH)

3. Professoren im Fachbereich Informatik

   Prof. Dr. Albrecht Achilles: *Programmierung - Datenbanksysteme*
   Prof. Dr. Wolfgang Aßmus: *Betriebssysteme*
   Prof. Dr. Heidemarie Balzert: *Softwaretechnik - Systemanalyse*
   Prof. Dr. Ewald Barten: *Betriebswirtschaftslehre - Datenbanken*
   Prof. Dr. Michael Boldt: *Physik - Elektrotechnik*
   Prof. Dr. Ferdinand Docquier: *Mathematik*
   Prof. Dr. Eberhard Goldammer: *Biophysik - Neuroinformatik*
   Prof. Dr. Peter Haas: *Medizinische Informatik*
   Prof. Dipl.-Ing. Frieder Haferkorn: *Informationsverarbeitung*
   Prof. Dr. Wilhelm Hennekemper: *Mathematik*
   Prof. Dr. Klaus-Dieter Krägeloh: *Angewandte Informatik - Datenbanksy-*
        steme
   Prof. Dr. Burkhard Lenze: *Mathematik*
   Prof. Dr. Frank Ley: *Meß- und Regelungstechnik*
   Prof. Dr. Wolfgang Matthes: *Prozeßautomatisierung - Digitale Systeme*
   Prof. Dr. Werner Patzelt: *Prozeßdatenverarbeitung*
   Prof. Dipl.-Math. Wolfdieter Reuter: *Mathematik*
   Prof. Dr. Paul Rietmann: *Mathematische Statistik - Operations-Research*
   Prof. Dr. Gisela Schäfer-Richter: *Künstliche Intelligenz*
   Prof. Dr. Roland Schneider: *Softwaretechnologie*
   Prof. Dr. Rolf Swik: *Technische Informatik*

Prof. Dr. Horst Theobald: *Praktische Informatik*

4b1)   Organisation des Studiums: Studiengang Allgemeine Informatik

a)   Studienabschnitte
     Grundstudium (3 Semester)
     - drei Studiensemester
     - Abschluß; Übergang zum Hauptstudium durch erfolgreiches Be-
       stehen der Fachprüfungen des Grundstudiums
       Hauptstudium (4 Semester)
     - drei Studiensemester
     - Projektarbeit (in der Regel extern)
     - ein Prüfungssemester im siebten Semester
     - Diplomarbeit im siebten Semester (3 Monate)
     - abschließende mündliche Diplomprüfung
b)   Fächer- und Stundenübersicht (inkl. SWS Wahlpflichtfächer)
     Grundstudium: 70 SWS
     Hauptstudium: 80 SWS (ohne Diplomarbeitsanteil)
     Summe: 150 SWS
     Folgende Lehrveranstaltungs-Schwerpunkte werden angeboten:
     - Mathematik, Formale Logik, Einführung in die Datenver-
       arbeitung, Programmierung, Grundlagen der Informatik, Be-
       triebswirtschaftslehre, Physik im Grundstudium
     - Rechnerstrukturen, Numerische Mathematik, Statistik, Software-
       echnologie, Datenorganisation, Betriebssysteme, Assembler im
       Hauptstudium
c)   Wahlpflichtfächer
     Insgesamt 12 SWS sind aus den folgenden Bereichen auszuwählen:
     Angewandte Statistik, Datenbanksysteme, Datenfernverarbeitung,
     Künstliche Intelligenz, Programmiertechnik, Prozeßdatenverarbei-
     tung, Standardsoftware, Systemprogrammierung
     6 SWS sind aus allgemeinen Bereichen der Informatik auszuwählen.

4b2)   Organisation des Studiums: Studiengang Technische Informatik

a)   Studienabschnitte
     Grundstudium (3 Semester)
     - drei Studiensemester
     - Abschluß; Übergang zum Hauptstudium durch erfolgreiches
       Bestehen der Fachprüfungen des Grundstudiums
     Hauptstudium (4 Semester)
     - drei Studiensemester
     - Projektarbeit (in der Regel extern)

- ein Prüfungssemester im siebten Semester
- Diplomarbeit im siebten Semester (3 Monate)
- abschließende mündliche Diplomprüfung

b) Fächer und Stundenübersicht (inkl. SWS Wahlpflichtfächer)
Grundstudium: 67 SWS
Hauptstudium: 79 SWS (ohne Diplomarbeitsanteil)
Summe: 146 SWS
Folgende Lehrveranstaltungs-Schwerpunkte werden angeboten:
- Mathematik, Physik, Grundlagen der Informatik, Grundlagen der Eletronik, Höhere Programmiersprachen im Grundstudium
- Assembler, Übertragungstechnik, Mikroprozessor Technik der DV-Anlagen, Informationselektronik, Rechnerorganisation und Betriebssoftware, Prozeßdatenverarbeitung, Regelungstechnik, Technische Prozesse, Numerische Mathemtik im Hauptstudium

c) Wahlpflichtfächer
Insgesamt 12 SWS sind aus den folgenden Bereichen auszuwählen: Angewandte Statistik, Datenbanksysteme, Datenfernverarbeitung, Operations Research, Simulationstechnik, Softwaretechnologie, Systeme der Meßtechnik, Technische Anwendungen
6 SWS sind aus allgemeinen Bereichen der Informatik auszuwählen

4b3) Organisation des Studiums: Studiengang Wirtschaftsinformatik

a) Studienabschnitte
Grundstudium (3 Semester)
- drei Studiensemester
- Abschluß; Übergang zum Hauptstudium durch erfolgreiches Bestehen der Fachprüfungen des Grundstudiums
Hauptstudium (4 Semester)
- drei Studiensemester
- Projektarbeit (in der Regel extern)
- ein Prüfungssemester im siebten Semester
- Diplomarbeit im siebten Semester (3 Monate)
- anschließende mündliche Diplomprüfung

b) Fächer- und Stundenübersicht (inkl. SWS Wahlpflichtfächer)
Grundstudium: 68 SWS
Hauptstudium: 80 SWS (ohne Diplomarbeitsanteil)
Summe: 148 SWS
Folgende Lehrveranstaltungs-Schwerpunkte werden angeboten:
- Mathematik, Programmierung, Grundlagen der Informatik, Betriebswirtschaftslehre, Volkswirtschaftslehre, Recht im Grundstudium

- Operations Research, Datenorganisation, Softwaretechnologie, Wahrscheinlichkeitsrechnung und Statistik, Führungslehre, Produktentwicklung und -management, Wirtschaftlichkeitsrechnung im Hauptstudium

c) Wahlpflichtfächer

Insgesamt 12 SWS sind aus den folgenden Bereichen auszuwählen: Angewandte Statistik, Assemblerprogrammierung, Datenbanksysteme, Prozeßdatenfernverarbeitung, Simulationstechnik, Standardsoftware, Systemprogrammierung bzw. Beschaffungswesen, Gesamtwirtschaftliche Planung, Marketing, Organisation, Personalwirtschaft

6 SWS sind aus allgemeinen Bereichen der Informatik auszuwählen

Bemerkung: Der reine Informatikanteil des Studiums beträgt ca. 60%.

5. Rechnerausstattung (nutzbar durch Fachbereich Informatik)

Zentrales RZ:
- Bertiebssystem VM/CMS, Betriebssystem MVS
- Betriebssystem UNIX
- PC-Pools mit 120 PC (vernetzt)
- CAD/CAE-Pool mit 120 SUN-Stationen
- Anschluß an das Deutsche Forschungsnetz (DFN)

Labore Informatik:
- 3 Novell-Netze mit 6, 8, 10 PC
- UNIX/Novell-Netz mit 4 vernetzten SUN-Workstations und 7 OS/2-Systemen
- UNIX/Novell-Netz mit 2 Servern und 8 Arbeitsplätzen
- OS/2 - System mit mehreren Arbeitsplätzen
- KI-Systeme (Expertensystem/Neuronale Netze, Fuzzy Logic)
- Hardwarenahe Systeme (CAD, EDA, Mikroprozessor- Entwicklungssysteme, Meß- und Regelsysteme)

6. Sonstige Angaben

Studienbeginn im WS

Gründung des Fachbereichs 1971

Einrichtung eines Schwerpunktes "Medizinische Informatik" ab WS 1994

Projekte mit Praxisbezug, auch unter Einbezug von Diplomarbeiten, z.B. über: 4 GL-Sprachen, Bürokommunikation, CASE, Datenbanksysteme, Datenmodellierung, Expertensysteme, Echtzeitanwendungen, Fuzzy-

Control und Neuronale Netze, Hardware-Anwendungen, Prozeßautomatisierung, UNIX, verteilte Anwendungen

7. Auslandskontakte

Metropolitan University of Leeds (GB):
- Studenten- und Professorenaustausch, (die erbrachten Studienleistungen eines Studienjahres werden anerkannt)
Universität Stettin (P):
- Professorenaustausch, Aufnahme von Gaststudenten aus Stettin
IUP Amieens (F) (in Vorbereitung)

8. Forschungs- und Transferinstitutionen

Transferstelle der Hochschule (Leitung: Werner Glock, Tel. 0231/9112-317)

Hochschule für Technik und Wirtschaft Dresden (FH)
Friedrich-List-Platz 1
01069 Dresden
Tel. 0351/462-2123
Fax 0351/462-3671
email postmaster @ informatik.htw-dresden.d400.de
Tel. Studienberatung Allgemeine Informatik 0351/462-2119
Tel. Studienberatung Wirtschaftsinformatik 0351/462-3322

1. Bezeichnung des Fachbereichs bzw. der Studiengänge

   a)   Fachbereich Informatik/Mathematik
   b1) Studiengang Allgemeine Informatik
   b2) Studiengang Wirtschaftsinformatik

2. Akademischer Grad ggf. mit Zusatz laut Abschlußzeugnis

   b1) Diplom-Informatiker(in) (FH)
   b2) Diplom-Wirtschaftsinformatiker(in) (FH)

3. Professoren im Fachbereich Informatik/Mathematik

Prof. Dr.-Ing. Hans-Joachim Bechtel: *Integrierte Softwaresysteme - Systemprogrammierung - Programmiersprachen*

Prof. Dr.-Ing. Arnold Beck: *Compilertechnik - Softwaretechnologie - Grundlagen der Informatik*

Prof. Dr. sc. oec. Horst Beidatsch: *Betriebliche DV-Anwendungen - Informations- und DV-Management - Grundlagen der Wirtschaftsinformatik*

Prof. Dr.-Ing. habil. Siegmar Focke: *Computergraphik/CAD-Systeme - Rechnerarchitektur*

Prof. Dr. rer. nat. Reiner Hirschmann: *Softwaretechnologie - Grundlagen der Informatik - Programmiersprachen*

Prof. Dr.-Ing. habil. Reiner Hopfer: *Rechnernetze - Kommunikationssysteme - Rechnerarchitekturen*

Prof. Dr. rer. nat. habil. Heino Iwe: *Künstliche Intelligenz - Grundlagen der Informatik - Programmiersprachen*

Prof. Dr. rer. oec. habil. et Dr.-Ing. Lothar Kettmann: *Informations- und DV-Management - Grundlagen der Wirtschaftsinformatik - Betriebliche DV-Anwendungen*

Prof. Dr.-Ing. Lothar Koch: *Betriebssysteme - Systemprogrammierung - Programmiersprachen*

Prof. Dr. rer. oec. habil. Rainer Koitz: *Datenverarbeitungsrecht - Datenschutz -Datenverarbeitungsorganisation*

Prof. Dr. rer. oec. habil. et Dr.-Ing. Johann-Adolf Müller: *Simulation/ Systemanalyse - Grundlagen der Wirtschaftsinformatik*

Prof. Dr.-Ing. Lothar Naake: *Rechnernetze - Kommunikationssysteme - Rechnerarchitekturen*

Prof. Dr.-Ing. Wilfried Nestler: *Simulation - Grundlagen der Informatik - Datenverarbeitungssysteme*

Prof. Dr. rer. nat. Walter Pätzold: *Künstliche Intelligenz - Programmiersprachen - Grundlagen der Informatik*

Prof. Dr.-Ing. Klaus Dieter Rieck: *Betriebssysteme - Systemprogrammierung - Datenschutz*

Prof. Dr.-Ing. Gerd Schäfer: *Computergraphik - Datenverarbeitungssysteme - Rechnerarchitekturen*

Prof. Dr. rer. nat. Margit Steyer: *Grundlagen der Informatik - Programmiersprachen - Datenorganisation*

Prof. Dr. rer. oec. habil. Uwe Wloka: *Datenorganisation - Datenbanken - Programmiersprachen*

Prof. Dr.-Ing. habil. Winfried Wöhner: *Grundlagen der Informatik - Programmiersprachen - Parallelverarbeitung*

4b1) Organisation des Studiums: Studiengang Allgemeine Informatik

a) Studienabschnitte
Grundstudium (3 Semester)
- drei Studiensemester
- Abschluß: Vordiplom (Zeugnis)
Hauptstudium (5 Semester)
- drei Studiensemester
- ein Studiensemester in der Praxis im fünften Semester (mindestens 20 Wochen)
- Diplomarbeit im achten Semester (4 Monate) mit Verteidigung

b) Fächer- und Stundenübersicht (inkl. SWS Wahlpflichtfächer)
Grundstudium: 87 SWS
Hauptstudium: 76 SWS (ohne Diplomarbeitsanteil)
Summe: 163 SWS
Folgende Lehrveranstaltungs-Schwerpunkte werden angeboten:
- Mathematik, Stochastik, Physik, Elektrotechnik/Elektronik, Grundlagen der Informatik, Betriebssysteme, Programmiersprachen, objektorientiertes und logisches Programmieren, Systemprogrammierung, Datenorganisation/Datenbanksysteme, Rechnerarchitekturen, Graphische Datenverarbeitung, Integrierte DV-Systeme, DV-Recht im Grundstudium
- Numerische Mathematik, Betriebssysteme, Datenbanksysteme, Softwaretechnologie, Künstliche Intelligenz, Rechnernetze und Kommunikationssysteme, Neuroinformationsverarbeitung, Multimedia, Compilerbau, Datenverarbeitungsanwendungen, Datenschutz im Hauptstudium

c) Wahlpflichtfächer
Insgesamt sind 24 SWS fachbezogene und 2 SWS allgemeinwissenschaftliche Lehrveranstaltungen aus einem Katalog an Wahlpflichtfächern frei zu wählen. In folgenden Vertiefungen kann Spezialwissen eworben werden: Graphische Datenverarbeitung, Parallelverarbeitung und Simulation Softwareentwicklung, Künstliche Intelligenz (einschließlich Bildverstehen, Neuronale Techniken), Multimediatechnik, Rechnernetze und Kommunikationstechnologien, Verteilte Datenverarbeitung Technischwissenschaftliche Anwen-dungen (einschließlich Optimierungsverfahren und Versicherungs-mathematik), Anwendungen in der Wirtschaft. Als allgemeinwis-senschaftliche Wahlfächer können Lehrveranstaltungen z.B. aus den Bereichen Informatik in der Gesellschaft sowie Wirtschaftswis-senschaften gewählt werden.

4b2) Organisation des Studiums: Studiengang Wirtschaftsinformatik

a) Studienabschnitte
Grundstudium (3 Semester)
- drei Studiensemester
- Abschluß: Vordiplom (Zeugnis)
Hauptstudium (5 Semester)
- drei Studiensemester mit schriftlichen und mündlichen Prüfungen
- ein Studiensemester in der Praxis im fünften Semester (mindestens
  20 Wochen)
- Diplomarbeit im achten Semester (4 Monate) mit Verteidigung

b) Fächer- und Stundenübersicht (inkl. SWS Wahlpflichtfächer)
Grundstudium: 85 SWS
Hauptstudium: 80 SWS (ohne Diplomarbeitsanteil)
Summe: 165 SWS
Folgende Lehrveranstaltungs-Schwerpunkte werden angeboten:
- Wirtschaftswissenschaften (Rechnungswesen, Betriebswirtschafts-
  lehre, Wirtschafts-/DV-Recht, Betriebliche Steuerlehre), Quantita-
  tive Methoden (Wirtschaftsmathematik, Statistik), Informatik
  (Programmierung, Rechnerarchitektur, Betriebssysteme), Wirt-
  schaftsinformatik (Grundlagen der Wirtschaftsinformatik, System-
  analyse, Datenbanksysteme) im Grundstudium
- Wirtschaftsinformatik (Software Engineering, Informations- und
  DV-Management, Simulation, Entscheidungsunterstützende Systeme), Informatik (Rechnernetze/Kommunikationssysteme, Datenschutz), Informatik in speziellen BWL/Wirtschaftswissenschaften
  (Betriebliche Anwendungen der DV, Managementtechniken,
  Volkswirtschaftslehre) im Hauptstudium

c) Wahlpflichtfächer
Insgesamt sind 24 SWS fachbezogene und 2 SWS allgemeinwissenschaftliche Lehrveranstaltungen aus einem Katalog an Wahlpflichtfächern frei zu wählen. Die Wahlpflichtfächer im Hauptstudium sind
abgestimmt auf die angestrebten Tätigkeitsfelder aus dem Angebot
der Wahlpflichtfächer auszuwählen. So wird einerseits eine wirtschaftswissenschaftliche Vertiefung bezüglich betrieblicher Funktionsbereiche (Produktionsplanung, Marketing, Controlling u.a.) oder
bezüglich der Branchen (Fertigungs/Industriebetrieb, Versicherung,
Banken, Dienstleistungsbetrieb u.a.) ermöglicht, wobei entsprechende kommerzielle Anwendungssoftware zum Einsatz kommt. Andererseits kann Spezialwissen in Künstlicher Intelligenz, Rechnernetze und Kommunikationstechnologien, Multimediatechnik, verteilte Verarbeitung u.a. erworben werden.

5. Rechnerausstattung (nutzbar durch Informatik/Mathematik)

Labore Informatik/Mathematik:
- 5 PC-Pools mit über 60 NOVELL-vernetzten PC-Arbeitsplätzen
- 4 Workstation-Labors mit über 50 vernetzten Arbeitsplätzen der folgenden Konfigurationen (Betriebssystem):
  2 SIEMENS-Mehrzweckplatzsysteme MX300 mit jeweils 6 Arbeitsplätzen (SINIX)
  8 DEC-Stations, 2 VAX-Stations und 7 X-Terminals (ULTRIX, VMS)
  5 SPARC-Stations (SOLARIS), 5 HP-Terminals, 10 Tektronix-
  X-Terminals, 3 RISC 6000 (AIX)
- Alle Labore sind untereinander über ETHERNET vernetzt. Im Bau
  befindet sich ein hochschulweites LAN.
- Zugänge zum Wissenschaftsnetz (WIN) des DFN-Vereins und zu anderen internationalen Netzen sind vorhanden.

6. Sonstige Angaben

Studienbeginn im WS
Die Hochschule für Technik und Wirtschaft Dresden (FH) wurde im Juli
1992 gegründet und übernahm wesentliche Teile der früheren Hochschule für Verkehrswesen „Friedrich List".

7. Auslandskontakte

Auslandskontakte bestehen zu folgenden Hochschulen und wissenschaft-
lichen Einrichtungen:
- Universität II in Grenoble
- University College in Salford (England)
- University of Bournemouth (England)
- REGA-school Leuven (Belgien)
- Hogeschool voor Economischen Administratief Onderwijs Arnheim
  (Niederlande)
- Hooger Instituut der Kempen, Geel (Belgien)
- Sint-Eligiusinstituut Antwerpen (Belgien)
- Hoger Onderwijs Imelda-Instituut Brüssel (Belgien)
- Technische Universität Prag
- Chengdu University of Science and Technology (China)
- Institut für Kybernetik Kiew (Ukraine)
Mit einer Reihe weiterer Einrichtungen, insbesondere des englischspra-
chigen Raumes, werden Kooperationen mit dem Ziel eines Studentenaus-
tausches aufgebaut.

8. Forschungs- und Transferinstitutionen

Forschungsprojekte des Fachbereichs werden durch die Deutsche Forschungsgemeinschaft (DFG), das Bundesministerium für Wirtschaft, das Sächsische Ministerium für Wissenschaft und Kunst und Kooperationspartner aus der Industrie gefördert.

Fachhochschule Düsseldorf
Universitätsstraße
Gebäude 23.32
40225 Düsseldorf
Tel. 0211/311-4073
Fax 0211/311-5303
Tel. Studienberatung 0211/311-5387

1. Bezeichnung des Fachbereichs bzw. des Studiengangs

   a) Fachbereich Wirtschaft
   b1) Studiengang Wirtschaft
   b2) Studiengang Wirtschaft mit Praxissemester
   b3) Studiengang Außenwirtschaft
   c) Studienschwerpunkt Organisation und Datenverarbeitung
      (in b1, b2, b3)

2. Akademischer Grad ggf. mit Zusatz laut Abschlußzeugnis

   Diplom-Betriebswirt/in (FH)

3. Professoren im Fachgebiet Wirtschaftsinformatik

   Prof. Dr. Felicitas Albers: *Organisation der Informationsverarbeitung - Projektmanagement - Marketinginformationssysteme - Rechtsfragen von Organisation und Datenverarbeitung*
   Prof. Dr. Jürgen Blaich: *Mathematik - Statistik - Betriebssysteme - Datenbanken - Netze - Personalinformationssysteme*
   Prof. Dr. Rainer Hagedorn: *Anwendungsentwicklung - Programmiersprachen - SAP/R3 - Entscheidungsunterstützungs- und Controllingsysteme - Unternehmensplanspiele*
   Prof. Dipl.-Vw. Manfred Liepach: *Reengineering - PPS-Systeme - Vertrieb und Logistik*

4. Organisation des Studiums

a) Studienabschnitte
   Grundstudium (4 Semester)
   - vier Studiensemester
   - abschließende schriftliche Prüfungen
   Hauptstudium (3 bzw. 4 Semester bei b2))
   - drei Studiensemester (davon ein Semester im Ausland im Studien-
     gang Außenwirtschaft)
   - ein Studiensemester in der Praxis im Studiengang mit Praxissemester
     (12 Wochen)
   - mündliche und schriftliche Abschlußprüfungen
   - Diplomarbeit (3 Monate) mit Kolloquium
b) Fächer- und Stundenübersicht (inkl. SWS Wahlpflichtfächer)
   Grundstudium: 120 SWS
   Hauptstudium: 44 SWS (ohne Diplomarbeitsanteil)
   Summe: 164 SWS
   Folgende Lehrveranstaltungs-Schwerpunkte werden angeboten:
   - Betriebswirtschaftliches Grundstudium mit Allgemeiner Betriebs-
     wirtschaftslehre, Allgemeiner Volkswirtschaftslehre, Mathematik/
     Statistik, Rechnungswesen, Steuerrecht, EDV, Sprachen
   - Allgemeine Betriebswirtschaftslehre, 2 aus 9 Fächerschwerpunkten
     (mit je 18 SWS): Marketing, Handelsbetriebslehre, Steuerlehre,
     Kommunikationswirtschaft, Unternehmensprüfung, Außenwirt-
     schaft, Unternehmensplanung/-kontrolle, Personal-/Ausbildungswe-
     sen, Organisation/Datenverarbeitung im Hauptstudium
   Das Schwerpunktstudium mit Organisation/Datenverarbeitung bein-
   haltet:
   - Projektmanagement mit Übungen (win-project), Bürokommunika-
     tion, neue Medien und Netze, DV-Anwendungen (SAP) und betrieb-
     liche Informationssysteme in den Bereichen: Rechnungswesen/
     Controlling, Produktionsplanung und Logistik, Unternehmensplan-
     spiel
c) Wahlpflichtfächer
   Im Hauptstudium ist der Schwerpunkt Organisation/EDV eines von
   zwei aus neun zu wählenden Wahlpflichtfächern. Innerhalb dieses
   Schwerpunktfaches sind 18 SWS verpflichtend.
Bemerkung: Der Gesamt-DV-Anteil des Studiums mit dem Schwerpunkt
Org./DV beträgt 28 SWS, davon 10 SWS im Grundstudium

5. Rechnerausstattung (nutzbar durch Org./DV)

Zentrales RZ (Universität Düsseldorf):
- Siemens 7580 S (Host)
- Anschluß an das INTERNET
- Anschluß an das Bibliotheksnetz
Labore Organisation und Datenverarbeitung:
- PC-Netzwerk (Novell 386 V.3.1) mit IBM RISC System/6000, 15 PC
  486 DX2 und 15 IBM PS/2 sowie Dozentenarbeitsplätzen

6. Sonstige Angaben

Studienbeginn im SS und WS
Gründung des Studienschwerpunktes Organisation/Datenverarbeitung
1974

7. Auslandskontakte

Im Rahmen des Studiengangs Außenwirtschaft bestehen Kooperationen
mit 14 ausländischen Universitäten und anderen Hochschulen in folgenden Ländern (Anzahl der Kooperationen):
Belgien (1); Frankreich (5); Großbritannien (4); Spanien (4)

8. Forschungs- und Transferinstitutionen

Institut für Betriebliche Datenverarbeitung e.V. (IBD) im Forschungs-
schwerpunkt Betriebsinformatik an der FHD (Vorstand: Prof. Dr. Felicitas Albers, Prof. Dr. Rainer Hagedorn, Prof. Dr. Manfred Liepach; Tel.
0211/31-5387, Fax 0211/311-5389)

Fachhochschule Flensburg
Kanzleistraße 91-93
24943 Flensburg
Tel. 0461/805-1
Fax 0461/805-300

1. Bezeichnung des Fachbereichs bzw. Studiengangs/der Studienrichtung

   a) Fachbereich Technik
   b) Studiengang Elektrotechnik
   c) Studienrichtung Technische Informatik

2. Akademischer Grad ggf. mit Zusatz laut Abschlußzeugnis

   Diplom-Ingenieur(in) (FH)

3. Professoren im Fachgebiet Technische Informatik

   Prof. Dr. Dieter Exner: *Datenverarbeitung - Programmiersprachen*
   Prof. Dr. Joachim Fischer: *Digitaltechnik - Logik Design*
   Prof. Dipl.-Ing. Eckhard Franke: *Rechnerarchitektur - Digitalrechner*
   Prof. Dr. Walter Lange: *Programmiersprachen - Software-Technik*
   Prof. Dr. Peter Mauruschat: *Elektronik - Digitaltechnik*
   Prof. Dr. Wolfgang Tepper: *Datenverarbeitung - Betriebssysteme*

4) Organisation des Studiums

   a) Studienabschnitte
      Grundstudium (3 Semester)
      - drei Studiensemester
      - Abschluß: Vordiplom (Zeugnis)
      Hauptstudium (5 Semester)
      - drei Studiensemester
      - ein Studiensemester in der Praxis (sechstes Semester) (xx Wochen)
      - Diplomarbeit im siebten Semester (3 Monate)
      - ein Prüfungssemester (achtes Semester)
      - Kolloquium nach der Diplomarbeit
      Praxiserfordernisse: je nach persönlichen Voraussetzungen bis zu 24
      Wochen Grundpraktikum vor Studienbeginn

   b) Fächer- und Stundenübersicht (inkl. SWS Wahlpflichtfächer)
      Grundstudium: 82 SWS

Hauptstudium: 82 SWS (ohne Diplomarbeitsanteil)
Summe: 164 SWS
Folgende Lehrveranstaltungs-Schwerpunkte werden angeboten:
- Mathematik, Physik, Chemie, Elektrotechnik, Elektronik, Digital-
  technik, Mechanik, Werkstofftechnik, Konstruktion, Elektrische
  Meßtechnik, Regelungstechnik, Informatik, Programmieren im
  Grundstudium
- Angewandte Mathematik, Meßtechnik, Elektronik, Digitaltechnik,
  Informatik, Datenverarbeitung, Betriebssysteme, Programmieren,
  Mikrorechner, Digitalrechner, Prozeßdatenverarbeitung, Betriebs-
  wirtschaftslehre im Hauptstudium
c) Wahlpflichtfächer
  Es müssen 16 SWS gewählt werden:
  1.: 12 SWS aus
  Rechnertechnik (12 SWS)
  Prozeßdatenverarbeitung (12 SWS)
  Computer Aided Engineering (12 SWS)
  Rechnernetze (12 SWS)
  2.: 4 SWS aus Wirtschafts- und Sozialwissenschaften, Technisches
  Englisch

5. Rechnerausstattung (nutzbar durch Technische Informatik)

Zentrales RZ:
- 1 Netz mit Server, 40 Workstation mit 25 X -Terminals (UNIX)
- 1 PC-Netz mit 40 PC (DOS)
- 1 DFN-Anschluß (WIN), ISDN

6. Sonstige Angaben

Studienbeginn im SS und WS
Gründung des Studienganges Elektrotechnik 1979
Beginn der Studienrichtung Technische Informatik 1980

8. Forschungs- und Transferinstitutionen

Kontaktstelle der Fachhochschule für den Technologie- und Wissenstransfer (Ansprechpartnerin: Dr. Heike Bille, Tel. 0461/805-1)

Fachhochschule Flensburg
Kanzleistraße 91-93
24943 Flensburg
Tel. 0461/805-1
Fax 0461/805-300

1. Bezeichnung des Fachbereichs bzw. Studiengangs

   a) Fachbereich Wirtschaft
   b) Studiengang Wirtschaftsinformatik

2. Akademischer Grad ggf. mit Zusatz laut Abschlußzeugnis

   Diplom-Wirtschaftsinformatiker (FH)

3. Professoren im Fachgebiet Wirtschaftsinformatik

   Prof. Dr. Heinrich Fendt: *Systemanalyse - Unternehmensführung*
   Prof. Dr. Peter Knorr: *Rechnernahe Programmierung (C++) - Software Engineering*
   Prof. Dipl.-Kfm. Thomas Müller: *Programmierung - Anwendungsentwicklung*
   Prof. Dr. Heinrich Paessens: *Algorithmen und Datenstrukturen - Tourenplanung*
   Prof. Dr. Wolfgang Riggert: *Bürokommunikation - Betriebssysteme*
   Prof. Dr. Dr. habil. Michael von Rimscha: *Mathematik - CAD - GIS*
   Prof. Dr. Andreas Weber: *Datenbanksysteme - Transaktionsverarbeitung*

4) Organisation des Studiums

   a) Studienabschnitte
      Grundstudium (3 Semester)
      - drei Studiensemester
      - Abschluß: Vordiplom (Zeugnis)
      Hauptstudium (5 Semester)
      - drei Studiensemester
      - Diplomarbeit im sechsten Semester (6 Monate)
      - Kolloquium am Ende des 6. Semesters
      Praxiserfordernisse: je nach persönlichen Voraussetzungen bis zu 26 Wochen Grundpraktikum vor dem Studium und weitere 26 Wochen in einem Praxissemester oder während der Semesterferien

b) Fächer- und Stundenübersicht (inkl. SWS Wahlpflichtfächer)
Grundstudium: 86 SWS
Hauptstudium: 68 SWS (ohne Diplomarbeitsanteil)
Summe: 154 SWS
Folgende Lehrveranstaltungs-Schwerpunkte werden angeboten:
- Grundlagen der Wirtschaftsinformatik, Prinzipien der Programmierung (Pascal), Einführung in die BWL, Buchführung, Bilanzierung, Kostenrechnung, Mathematik, Statistik, Volkswirtschaftslehre, Rechtslehre, Wirtschaftsenglisch im Grundstudium
- Algorithmen und Datenstrukturen, rechnernahe Programmierung (C++), EDV im Rechnungswesen (SAP), Bürokommunikation, Datenbanksysteme, Systemanalyse, Software Engineering, spezielle Betriebswirtschaftslehren und Unternehmensführung im Hauptstudium

c) Wahlpflichtfächer
Es müssen 16 SWS gewählt werden, z. Bsp. aus SAP R/3, UNIX, geographische Informationssysteme, objektorientierte Programmierung, ADA, Cobol, Werkzeuge der Büroautomation, Expertensysteme, diskrete Simulation, formale Spezifikation

5. Rechnerausstattung (nutzbar durch Wirtschaftsinformatik)

Labore Wirtschaftsinformatik:
- vollständig lokal vernetztes Gesamtsystem mit 90 PC-Arbeitsplätzen
- 5 vernetzte UNIX-Workstations, 5 PC-Server, 1 UNIX-Zentralsystem
- externe Vernetzung über WIN, Datex-L, ISDN, Telefonnetz

6. Sonstige Angaben

Studienbeginn im WS
Gründung des Studiengangs 1985
neue, verbesserte 8-semestrige Studienordnung mit 2 Praxissemestern voraussichtlich ab WS 94
zwei Drittel aller Diplomarbeiten in der Praxis
gemeinsames Schwerpunktprojekt mit dem Studiengang Betriebswirtschaftslehre in kaufmännischer Datenverarbeitung (SAP R/3)
weitere F&E-Schwerpunkte: Früherkennungssysteme, Transportplanung, graphische Datenverarbeitung

7. Auslandskontakte

Überleitungsschema zum Erwerb eines zweiten akademischen Grades an der City University London

COMMETT-Projekt mit University Cambridge und University Leicester im Bereich GIS
ERASMUS-Austauschprogramm zum Erwerb einer Doppelqualifikation in Wirtschaftsinformatik mit der Anglia University/Polytechnic beantragt; Erweiterung auf Partner in Irland und Schweden ist vorgesehen.

8. Forschungs- und Transferinstitutionen

Kontaktstelle der Fachhochschule für den Technologie- und Wissenstransfer (Ansprechpartnerin: Dr. Heike Bille, Tel. 0461/805-1)

Fachhochschule Frankfurt am Main
Nibelungenplatz 1
60318 Frankfurt am Main
Tel. 069/1533-0
Tel. Studienberatung 069/1533-2788

1. Bezeichnung des Fachbereichs bzw. des Studiengangs

   a) Fachbereich Feinwerktechnik
   b) Studiengang Ingenieur-Informatik

2. Akademischer Grad

   Diplom-Ingenieur(in) (FH); auf Wunsch in der Diplomurkunde mit dem Zusatz "im Studiengang Ingenieur-Informatik"

3. Professoren am Fachbereich Feinwerktechnik

   Prof. Dr. Rainer Buhr: *Software-Engineering - Systemprogrammierung*
   Prof. Dr. Lutz-Achim Gäng: *Feinwerkelemente - Feinwerkkonstruktion*
   Prof. Dr. Peter Giesecke: *Industrielle Meßtechnik*
   Prof. Dr. Erich Gilberg: *Technische Optik*
   Prof. Dipl.-Ing. Manfred Gröhl: *Elektrotechnik - Elektrische Meßtechnik*
   Prof. Dr. Uwe Naundorf: *Elektronik*
   Prof. Dr. Dietrich Ockert: *Feinwerkkonstruktion - Rechnerunterstütztes Konstruieren*
   Prof. Dipl.-Ing. Gottfried Pohlmann: *Elektrotechnik*
   Prof. Dr. Ernst Pott: *Daten- und Prozeßrechnertechnik - Strukturen von EDV-Anlagen*

Prof. Dr. Hannelore Reichardt: *Technische Mechanik*
Prof. Dipl.-Ing. Konrad Rutkowski: *Steuerungstechnik - Fertigungstechnik*
Prof. Dr. Uwe Schmidt: *Elektronik*
Prof. Dipl.-Ing. Klaus-Jürgen Schneider: *Regelungstechnik*
Prof. Dr. Gerhard Silber: *Technische Mechanik*
Prof. Dr. Peter Sokolowsky: *Software-Engineering - Betriebssysteme*
Prof. Dr. Winfried Völker: *Feinwerkelemente - Feinwerkkonstruktion*
Prof. Dipl.-Ing. Dieter Wacker: *Industriebetriebslehre - Fertigungstechnik*
Prof. Dr. Dieter Wecker: *Datentechnik*
Prof. Dr. Christoph Wirth: *Feinwerkelemente - Getriebetechnik*

Die Lehrveranstaltungen in Mathematik, Physik und Grundlagen der Informatik werden von Professoren des Fachbereichs Mathematik, Naturwissenschaften und Datenverarbeitung durchgeführt.

4. Organisation des Studiums

a) Studienabschnitte
   Grundstudium (3 Semester)
   - Abschluß: Grundstudienzertifikat
   Hauptstudium (4 Semester)
   - drei Studiensemester
   - ein Prüfungssemester u.a. mit Diplomarbeit (3-6 Monate) und Kolloquium über die Diplomarbeit
   Praxiserfordernisse: Praktikum von 26 Wochen, davon 8 Wochen vor Beginn des Studiums
b) Fächer- und Stundenübersicht (inkl. SWS Wahlpflichtfächer)
   Grundstudium: 84 SWS
   Hauptstudium: 78 SWS (ohne Diplomarbeitsanteil)
   Summe: 162 SWS
   Folgende Lehrveranstaltungs-Schwerpunkte werden angeboten:
   - Mathematik, Physik, Technische Mechanik, Werkstoffkunde, Feinwerkelemente, Elektrotechnik, Einführung in die Informatik, Maschinenorientierte Programmierung mit Praktikum, Problemorientierte Programmiersprache mit Praktikum, Sozial- und Kulturwissenschaften im Grundstudium
   - Elektrische Meßtechnik mit Labor, Elektronik, Industriebetriebslehre, Grundlagen der Technischen Optik, Industrielle Meßtechnik, Regelungstechnik, Datentechnik, Struktur von EDV-Anlagen, Prozeßrechnertechnik, Software-Engineering, Betriebssysteme, Numerische Mathematik, Sozial- und Kulturwissenschaften im Hauptstudium

c) Wahlpflichtfächer
   Aus den folgenden Lehrveranstaltungen sind zwei auszuwählen
   Block 1:
   empfohlen für das 4. Semester:
   - Ausgewählte Kapitel aus der Physik,
   - Ausgewählte Kapitel aus der Mathematik,
   - Fertigungstechnik 1
   empfohlen für das 6. Semester:
   - entweder Technische Optik oder Lasertechnik,
   - Ausgewählte Kapitel aus der Industriellen Meßtechnik,
   - Systemprogrammierung
   Block 2:
   - Weitere 6 SWS aus vorgegebener Liste

5. Rechnerausstattung (nutzbar durch Ingenieur-Informatik)

   Zentrales RZ:
   - 11 VAX-Stations (VAXCluster)
   - 9 Arbeitsplätze Siemens C 40 (3 Graphikstationen, 6 Terminals)
   - 6 Arbeitsplätze (Novell-PC-Pool)
   - 33 CAD-Arbeitsplätze (2 PC-Pools, 1 HP 9000 Pool)
   Labore des Fachbereichs F:
   - 10 Arbeitsplätze VAX/VMS
   - 4 Arbeitsplätze HP Serie 700/720
   Labore des Fachbereichs MND:
   - 45 Arbeitsplätze (26 Work Stations (Motorola 88110)
   - 19 Terminals; Client-Server-Netz mit 2 Servern (DGUX)
   - 36 Arbeitsplätze vernetzt und geclustert in 9 Cluster (Siemens MXZ)
   - 20 PC-Arbeitsplätze vernetzt (IBM Ethernet-LAN)
   - 20 PC-Arbeitsplätze vernetzt (3-COM)
   - 10 Arbeitsplätze (PDP 11)

6. Sonstige Angaben

   Studienbeginn im SS und WS
   Gründung des Studiengangs 1983

7. Auslandskontakte

   Studentenaustausch im Rahmen des internationalen Erasmus-Programms
   mit
   -- Universidad Politecnica Madrid
   -- Verschiedene Hochschulen in Helsinki, Tampere und Espoo

8. Forschungs- und Transferinstitutionen

Technologie- und Innovationsberatung der Fachhochschule
(Ansprechpartner: Peter Sulzbach, Tel. 069/1533-2770)

Fachhochschule Frankfurt am Main
Nibelungenplatz 1
60318 Frankfurt am Main
Tel. 069/15330
Tel. Studienberatung 069/1533/2788

1. Bezeichnung des Fachbereichs bzw. Studiengangs

   a) Fachbereich Mathematik/Naturwissenschaften/Datenverarbeitung
      (MND)
   b) Studiengang Allgemeine Informatik
      Mitwirkung an den übrigen Studiengängen der Hochschule in Grund-
      lagen in Mathematik, Naturwissenschaften und Informatik

2. Akademischer Grad ggf. mit Zusatz laut Abschlußzeugnis:

   Diplom-Informatiker(in) (FH)

3. Professoren im Fachgebiet Informatik

   Arbeits- und Lehrgebiete außer Mathematik, Grundlagen der Informatik,
   Programmiersprachen und Physik:
   Prof. Dr. Michael Behl: *Medizininformatik - Stochastik*
   Prof. Dr. Egbert Falkenberg: *Software-Engineering - Stochastik*
   Prof. Dr. Bernd Güsmann: *Realzeitsysteme - Berufspraktisches Semester*
   Prof. Dr. Dieter Hackenbracht: *Datenbanken*
   Prof. Dr. Manfred Hannemann: *Betriebssysteme - Superrechner*
   Prof. Dr. Erik Jacobson: *Hardware - Realzeitsysteme - Rechnernetze - Gra-*
        phik (GKS) - FORTRAN 90
   Prof. Dr. Gerhard Kratz: *Software-Engineering - CASE - Daten- bzw. ob-*
        jektmodellierung
   Prof. Dr. Gerd Mitschke: *Künstliche Intelligenz - Auslandsbeziehungen*
   Prof. Dr. Andreas Orth: *Assemblerprogrammierung - Qualitätsmanagement*
   Prof. Dr. Thomas Rießinger: *Betriebssysteme*
   Prof. Dr. Wilhelmine Rottmann-Söde: *Software-Engineering*

Prof. Dr. Matthias Schubert: *Datenbanken - Kryptographie*
Prof. Dr. Erich Selder: *Software-Engineering - Bildbearbeitung*
Prof. Dr. Rudolf Wolf: *Graphische Datenverarbeitung*
Prof. Dr. Peter Zöller-Greer: *Künstliche Intelligenz - Neuronale Netze - Musik-Software*

4. Organisation des Studiums
   a) Studienabschnitte
      Grundstudium (3 Semester)
      - drei Studiensemester
      - Abschluß: Vordiplom
      Hauptstudium (5 Semester)
      - drei Studiensemester
      - ein Studiensemester in der Praxis im sechsten Semester (mindestens
        5 Monate ohne Unterbrechung)
      - Diplomarbeit im achten Semester (3-6 Monate)
      - mündliche Diplomprüfung am Ende des achten Semesters
   b) Fächer- und Stundenübersicht (inkl. SWS Wahlpflichtfächer)
      Grundstudium: 72 SWS
      Hauptstudium: 72 SWS (ohne Diplomarbeitsanteil)
      Summe: 144 SWS
      Folgende Lehrveranstaltungs-Schwerpunkte werden angeboten:
      - Mathematik, Informatik (Einführung), Betriebswirtschaftslehre,
        Physik, Elektrotechnik im Grundstudium
      - Software Engineering, Datenbanken, Expertensysteme, Realzeitsy-
        steme, Rechnernetze im Hauptstudium
   c) Wahlpflichtfächer
      Es sind 14 SWS als Vertiefungsschwerpunkt aus den Bereichen Wirt-
      schaft, Automatisierungstechnik, Regelungstechnik usw. als Block
      wählbar.
      Weitere 6 SWS frei wählbar aus einem Angebot von Lehrveranstal-
      tungen mit je 2 oder 4 SWS

5. Rechnerausstattung

   Zentrales RZ:
   - 11 VAX-Stations (VAX Cluster)
   - 9 Arbeitsplätze Siemens C 40 (3 Graphikstationen, 6 Terminals)
   - 6 Arbeitsplätze (Novell-PC-Pool)
   - 33 CAD-Arbeitsplätze (2 PC-Pools, 1 HP 9000 Pool)
   Labore des Fachbereichs MND:
   - 45 Arbeitsplätze (26 Workstations (Motorola 88110)
   - 19 Terminals; Client-Server-Netz mit 2 Servern (DGUX)
   - 36 Arbeitsplätze vernetzt und geclustert in 9 Cluster (Siemens MXZ)

- 20 PC-Arbeitsplätze vernetzt (IBM Ethernet-LAN)
- 20 PC-Arbeitsplätze vernetzt (3COM)
- 10 Arbeitsplätze (PDP 11)

6. Sonstige Angaben

Studienbeginn im WS
Gründung des Studiengangs 1990

7. Auslandskontakte

Studentenaustausch im Rahmen des internationalen Erasmus-Programms
mit
-- Universidad Politecnita Madrid
-- verschiedenen Hochschulen in Tampere, Helsinki, und Espoo
-- Universität in Växjö
-- Hochschule Molde
-- Universität Camerino
-- Thams-Valley-University London
-- University of Hertfordshire, Hatfield (GB)
(Bei Durchlaufen des Austauschprogramms (3 Semester des Hauptstu-
diums) erfolgt die Vergabe beider Abschlüsse)

8. Forschungs- und Transferinstitutionen

Technologie- und Innovationsberatung der Fachhochschule (Ansprechpartner: Peter Sulzbach, Tel. 069/1533/2770)

Fachhochschule Fulda
Marquardtstraße 35
36039 Fulda
Tel. 0661/9640-(0)300
Fax 0661/9640-349

1. Bezeichnung des Fachbereichs bzw. des Studiengangs/des Schwerpunkts

   a) Fachbereich Angewandte Informatik und Mathematik
   b) Studiengang Angewandte Informatik (mit zwei Studienschwerpunk-
      ten)
   c) Studienschwerpunkt Wirtschaftsinformatik

2. Akademischer Grad ggf. mit Zusatz laut Abschlußzeugnis

Diplom-Informatiker (FH)
Hinweis auf Studienschwerpunkt Wirtschaftsinformatik im Zeugnis

3. Professoren im Fachgebiet Wirtschaftsinformatik

Prof. Dr. Hans-Ulrich Bühler: *Mathematik - Simulationsverfahren - Entscheidungstheorie - Operations Research*
Prof. Dipl.-Ing. Johannes Freiherr von Campenhausen: *Datenverarbeitungsanlagen - Organisation/Systemanalyse - Projektorganisation*
Prof. Dr. Wolfgang Ehrenberger: *Software-Engineering - Prozeßrechner - Grundlagen der Programmierung*
Prof. Dipl.-Ing. Dipl.-Inform. Gerhard Fuchs: *Mensch-Computer-Kommunikation - Sofware-Engineering - Expertensysteme*
Prof. Dr. Reinhard Gillner: *Organisation und Systemanalyse - Datenorganisation und Datenbanken*
Prof. Dr. Siegmar Gross: *Betriebssysteme - Rechnernetze - Graphische Datenverarbeitung*
Prof. Dr. Egbert Hayessen: *Allgemeine Betriebswirtschaftslehre - Unternehmensführung - Planung - Controlling*
Prof. Dr. Werner Heinzel: *Betriebssysteme - Graphische Datenverarbeitung - Expertensysteme*
Prof. Dr. Albrecht Klages: *Betriebswirtschaftliche DV-Anwendungen - Software-Engineering - Programmierung*
Prof. Dr. Rumen Steinov: *Datenkommunikation - Digitaltechnik - Verteilte Systeme*
Prof. Dr. Rudolf Stettin: *Mathematik - Programmierung*
Prof. Dr. Oleg Taraszov: *Operations Research - Angewandte Statistik - Algorithmische Graphentheorie - Diskrete Optimierung*
Prof. Dr. Volker Warschburger: *Planung und Controlling - Kostenrechnung - Investitionsrechnung - Materialwirtschaft*
Prof. Dr. Tassilo Wettengl: *Mathematik - Statistik*

4. Organisation des Studiums

a) Studienabschnitte
   Grundstudium (3 Semester)
   - drei Studiensemester
   - Abschluß: Vorexamen (Zeugnis)
   Hauptstudium (5 Semester)
   - drei Studiensemester
   - ein Studiensemester in der Praxis (Praxissemester) im fünften Semester (26 Wochen)

- ein Prüfungssemester
- Diplomarbeit im Prüfungssemester (3 Monate)
- mündliche und schriftliche Diplomprüfung im Prüfungssemester

b) Fächer- und Stundenübersicht (inkl. SWS Wahlpflichtfächer)

Grundstudium: 78 SWS

Hauptstudium: 82 SWS (ohne Diplomarbeitsanteil)

Summe: 160 SWS

Folgende Lehrveranstaltungs-Schwerpunkte werden angeboten:

- Mathematik, Statistik, Operations Research, Anwendungsprogrammierung, Datenorganisation, Rechnersysteme, Betriebssysteme, Systemanalyse/Projektorganisation/Organisation, Betriebswirtschaftslehre/Rechnungswesen im Grundstudium
- Software Engineering, Mensch-Computer-Kommunikation, Kommerzielle DV-Anwendungen, Datenbanken, Spezielle Betriebswirtschaftslehren, Operations Research/Statistik, Führungstechnik/Soziologie/DV-Recht im Hauptstudium

c) Wahlpflichtfächer

Im Umfang von 8 SWS können Wahlpflichtfächer frei gewählt werden wie z. B.

- Sonderprobleme des Operations Research: Mathematische Optimierung
- Künstliche Intelligenz und Prolog
- Graphische Datenverarbeitung und CAD
- Rechnergestützte Fertigung
- Planung von Informationssystemen
- Sonderprobleme der Informatik bzw. Soziologie

5. Rechnerausstattung (nutzbar durch Wirtschaftsinformatik)

Zentrales RZ:
- 24 Personal Computer (vernetzt)
- verschiedene Rechnertypen über WIN (Deutsches Forschungsnetz)

Rechner FB Angewandte Informatik und Mathematik:
- 21 Workstations (vernetzt)
- 60 Personal Computer (vernetzt und in Serverumgebung)
- Anschluß an Großrechner (DFÜ)

Labore Wirtschaftsinformatik:
- Datenbanken
- Künstliche Intelligenz
- Bürokommunikation
- Mensch-Computer-Kommunikation

6. Sonstige Angaben

Studienbeginn im WS
Wirtschaftsinformatik wurde 1978 als Studienschwerpunkt im Fachbereich Wirtschaft begründet. Mit Gründung des neuen Fachbereichs Angewandte Informatik und Mathematik 1982 wurde der Studienschwerpunkt Wirtschaftsinformatik in diesen (neben dem zweiten Studienschwerpunkt Telekommunikation) übernommen.
Dedizierte Forschungs- und Transferschwerpunkte wie
- Denkfallen beim Programmieren
- Einsatz mulitvariater statistischer Analysemethoden

7. Auslandskontakte

Kontakte zu Hochschulen in Australien und England; Austausch Telekommunikationszentrum (TKC)

Fachhochschule Furtwangen (Schwarzwald)
Gerwigstraße 11
78120 Furtwangen
Tel. 07723/920-0
Fax 07723/920-610
Tel. Studienberatung 07723/920-286
email FBL@ai-lab.fh-furtwangen.de
www: http://www.ai-lab.fh-furtwangen.de/

1. Bezeichnung des Fachbereichs bzw. des Studiengangs

   a) Fachbereich Allgemeine Informatik und Künstliche Intelligenz
   b) Studiengang Allgemeine Informatik und Künstliche Intelligenz

2. Akademischer Grad ggf. mit Zusatz laut Abschlußzeugnis

   Diplom-Informatiker(in) (FH)
   Studiengang Allgemeine Informatik

3. Professoren im Fachgebiet Allgemeine Informatik und Künstliche Intelligenz

Prof. Dr. phil. nat. Wolfgang Bauer: *Betriebssysteme - verteilte Systeme*
Prof. Dr. rer. nat. Peter Fleischer: *Numerik - Meßdatenverarbeitung - Softwareentwicklung*
Prof. Dr. phil. nat. Ekkehard Frenkel: *Graphische Datenverarbeitung - Programmiersprachen*
Prof. Dr. sc. nat. Christian Horn: *Theoretische Informatik - Softwaretechnik - Künstliche Intelligenz*
Prof. Dr. rer. nat. HansVolker Niemeier: *Statistik - Numerik - gesellschaftliche Aspekte der Informatik*
Prof. Dipl.-Math. Dieter Ongyert: *Statistik - Operations Research - Systemanalyse und -design*
Prof. Dr.-Ing. Dieter Pfügel: *Programmiertechnik - Compiler - Betriebssysteme - Prozeßtechnik*
Prof. Dr. rer. nat. Gebhard Radi: *Mikroprozessortechnik - Sprachverarbeitung - Netzwerke*
Prof. Dr.-Ing. Horst Schwegler: *Programmiersprachen - Programmiersysteme - Steuerungstechnik*
Prof. Dr. rer. nat. Gerd Unruh: *Softwaretechnologie - objektorientierte Softwareentwicklung - User-Interface*

4. Organisation des Studiums

a) Studienabschnitte
   Grundstudium (3 Semester)
   - zwei Studiensemester
   - ein Studiensemester in der Praxis im dritten Semester (26 Wochen)
   - Abschluß: Vordiplom (Zeugnis)
   Hauptstudium (5 Semester)
   - vier Studiensemester
   - ein Studiensemester in der Praxis im sechsten Semester (26 Wochen)
   - Beginn der Vertiefungsrichtungen „Allgemeine Informatik" und „Künstliche Intelligenz" im fünften Semester
   - Projektarbeit im fünften und siebten Semester
   - Diplomarbeit im achten Semester (6 Monate) mit Kolloquium
   - mündliche Diplomprüfung am Ende des achten Semesters
b) Fächer- und Stundenübersicht (inkl. SWS Wahlpflichtfächer)
   Grundstudium: 52 SWS
   Hauptstudium: 101 SWS (ohne Diplomarbeitsanteil)
   Summe: 153 SWS
   Folgende Lehrveranstaltungs-Schwerpunkte werden angeboten:

- Programmierung (PASCAL, C), Theoretische Informatik und Mathematik im Grundstudium
- Software-Engineering, Systemprogrammierung, Betriebssysteme, Netzwerke, Compilerbau, Datenbanken, User-Interface, Programmiertechniken (objektorientierte, funktionale, logische) Programmiersprachen (C++, Ada, LISP, Prolog), Betriebswirtschaftslehre, Menschenführung, Teamarbeit, Management, Präsentationstechnik im Hauptstudium

Die Vertiefungsrichtungen „Allgemeine Informatik" und „Künstliche Intelligenz" sind mit jeweils 12 SWS in den Pflichtvorlesungen berücksichtigt. Sie können durch Wahlpflichtvorlesungen ergänzt werden.

c) Wahlpflichtfächer

Es sind 12 SWS Informatik-spezifischer Wahlpflichtfächer zu belegen. Dadurch, daß an der FH Furtwangen mehrere, von ihrer Ausrichtung durchaus verschiedene Informatik-Fachbereiche nebeneinander existieren, gibt es ein sehr breites Spektrum in Frage kommender Veranstaltungen. Für Zusatzfächer gibt es keine Beschränkungen.

5. Rechnerausstattung (nutzbar durch Allgemeine Informatik/Künstliche Intelligenz)

Labore Allgemeine Informatik/Künstliche Intelligenz:
- ein Netz mit PC gängiger Bauart (z.Zt. 35 Arbeitsplätze mit 486er, 8 MB Hauptspeicher, 200 MB Platte, hochauflösende Graphik, 15" bzw. 17" Bildschirm, Ethernet-Anschluß), die wahlweise unter LINUX oder DOS/Windows betrieben werden können, sowie einigen SPARCWorkstations
- ein eigener Fileseserver (SUN 4/75, ca. 8 GByte), Internet-Anschluß,
- ein lokaler FTP-Server mit der aktuellen, frei verfügbaren Software im Sourcecode,
- email mit eigenem Anschluß

Weiterhin betreibt der Fachbereich spezielle Labore für Mikroprozessortechnik und CAD/CAM. Den Studenten des Fachbereichs stehen vom ersten Semester an die Labore rund um die Uhr zur Verfügung.

Darüber hinaus steht ein zentrales RZ zur Verfügung, das gemeinsam von allen Fachbereichen genutzt wird und den üblichen Nutzungsbeschränkungen unterliegt.

6. Sonstige Angaben

Studienbeginn im SS und WS
Gründung des Fachbereiches 1971

7. Auslandskontakte

Das 7. Semester kann wahlweise als Auslandssemester an der De Montfort University, Leicester (GB) absolviert werden. Ein zweiter akademischer Abschluß kann dort ebenfalls erworben werden.

Fachhochschule Furtwangen (Schwarzwald)
Gerwigstraße 11
78120 Furtwangen
Tel. 07723/920-0
Fax 07723/920-610
Tel. Studienberatung 07723/920-290

1. Bezeichnung des Fachbereichs bzw. des Studiengangs

a) Fachbereich Ingenieur-Informatik
b) Studiengang Ingenieur-Informatik

2. Akademischer Grad ggf. mit Zusatz laut Abschlußzeugnis

Diplom-Ingenieur (FH)
Fachrichtung Elektrotechnik

3. Professoren im Fachgebiet Ingenieur-Informatik

Prof. Dipl.-Ing. Achim Bopp: *Elektrotechnik (analog und digital)*
Prof. Dr.-Ing. habil. Mohamed Hamouda: *Halbleitertechnik - Leistungshalbleiter-Bauelemente und -module*
Prof. Dr. phil., M.A. Günter Hentrich: *Kommunikationswissenschaft - Menschenführung*
Prof. Dr. phil. Petra Herkert: *Sprachphilosophie - Kognitionspsychologie*
Prof. Dr. rer. pol. Markus Hoch: *Betriebswirtschaftliche Planung - Controlling - Mittelstandsforschung - Personalführung*
Prof. Dr.-Ing. Eberhard E. E. Hoefer: *Elektrotechnik, Nachrichtentechnik - Filtertechnik - SPICE - Funkübertragungstechnik*
Prof. Dipl.-Inform. J. Anton Illik: *Programmiersprachen - Betriebssysteme - Software-Engineering*
Prof. Dipl.-Ing. Friedrich Kemmler: *Verstärkertechnik - analoge elektronische Meßtechnik - Konventionelle Hochfrequenzmeßtechnik*

Prof. Dr.-Ing. Günter Klein: *Betriebssysteme - Programmiersprachen - Datenverarbeitung - Rechnernetze*

Prof. Dr. rer. nat. Heinz Klein: *Physik - Mathematik - Kerntechnik*

Prof. Dr.-Ing. Walter Kuntz: *Systementwurf - Mikrocomputer - Rechnertechnik - HDL - Intelligente Sensoren und Aktoren - Optische Busse*

Prof. Dr. rer. nat. Rolf May: *Physik - Mathematik - Energiewirtschaft*

Prof. Dr. rer. nat. Rainer Müller: *Programmiersprachen - Softwaretechnik*

Prof. Dr. rer. pol. Burkhardt Müller-Markmann: *Wirtschaftswissenschaften*

Prof. Dr. phil. nat. Thomas Rami: *Mathematik - Numerische Mathematik - Wahrscheinlichkeitslehre - Statistik - Operations-Research*

Prof. Dr. rer. nat. Wolfgang Rülling: *Programmieren - Softwaretechnik - Algorithmen+Datenstrukturen*

Prof. Dipl.-Ing. Rudolf Tröster: *Digitale Regelungen - Fuzzy-Regler - Regler als neuronales Netz - Simulation dynamischer Systeme*

Prof. Dr.-Ing. habil. Roland Werthschützky: *Fehlerbeschreibung von Sensoren - Sensorenentwurf - Meß- und Prüftechnik für Sensoren*

4. Organisation des Studiums

a) Studienabschnitte
   Grundstudium (3 Semester)
   - zwei Studiensemester mit abschließender schriftlicher Prüfung
   - ein Studiensemester in der Praxis im dritten Semester (26 Wochen)
   - Abschluß: Zwischenzeugnis
   Hauptstudium (5 Semester)
   - vier Studiensemester
   - ein Studiensemester in der Praxis im sechsten Semester (26 Wochen)
   - Diplomarbeit im achten Semester (5 Monate) mit Präsentation
   - mündliche Hochschulprüfung am Ende des achten Semesters
b) Fächer- und Stundenübersicht (inkl. SWS Wahlpflichtfächer)
   Grundstudium: 63 SWS
   Hauptstudium: 106 SWS (ohne Diplomarbeitsanteil)
   Summe: 169 SWS
   Folgende Lehrveranstaltungs-Schwerpunkte werden angeboten:
   - Grundlagen der Mathematik, Physik, Chemie, Elektrotechnik, Informatik und Programmiertechnik, wirtschafts- und sozialwissenschaftliche Fächer im Grundstudium
   - Mikrocomputer, Rechner und Schaltungstechnik, sowie Regelungs-, Nachrichten- und Meß-, Softwaretechnik, Betriebssysteme, Mathematische Verfahren der Numerik und der Elektrotechnik im Hauptstudium

c) Wahlpflichtfächer

Insgesamt 10 SWS müssen ausgewählt werden. Neben fachspezifischen Lehrveranstaltungen stehen hier u.a. Fremdsprachen oder Fächer des „studium generale" zur Auswahl.

5. Rechnerausstattung (nutzbar durch Ingenieur-Informatik)

Zentrales RZ:
- VAX-Cluster (8350, 3600) „digital"; ca. 75 Arbeitsplätze
- DN3000, „Apollo Domain"; 5 Arbeitsplätze
- Alpha, „digital"; 14 Arbeitsplätze
- PC (AT) „HP", z.T. mit VAX-Server; ca. 100 Arbeitsplätze
Labore Ingenieur-Informatik:
- Elektronische Schaltungen
- Meßtechnik
- Mikrocomputer
- Nachrichtentechnik
- Rechnertechnik
- Regelungstechnik
- Diplomandenlabor

6. Sonstige Angaben

Studienbeginn im SS und WS
Seit 1969 gibt es den Fachbereich „Ingenieur-Informatik" (die ersten zwei Jahre als „Informatorik")

7. Auslandskontakte

De Montfort University, Leicester (GB). Ein Austauschsemester während des Studiums ist möglich. Auch ein zweiter akademischer Grad kann erworben werden. Weitere Kontakte (Exkursionen, Praxissemester) bestehen zur Kandó Kálmán Hochschule Budapest/Ungarn, zur Fachhochschule Raahe/Finnland (Praxissemester) und zur Czech Technical University Prague/TschechischeRepublik (Weiterqualifikation nach dem Diplom).

8. Forschungs- und Transferinstitutionen

Steinbeis-Transferzentrum für Technische Beratung (Leitung: Prof. Dr.-Ing. Gerhard Dinius, Tel. 07723/920-151)
Steinbeis-Transferzentrum Mikroelektronik und Systemtechnik (Leitung: Prof. Dr.-Ing. Walter Kuntz, Tel. 07723/9316-0)

Steinbeis-Transferzentrum Medizinelektronik (Leitung: Prof. Dr.-Ing. Walter Kuntz, Tel. 0761/806872 oder 07723/9316-0)
IIT (Institut für Innovation und Transfer) (Ansprechpartner: Prof. Dipl.-Ing. Christian Dirks, Prof. Dr.-Ing. Walter Kuntz, Prof. Dr. rer. nat. Irmtraud Munder, Prof. Dr. techn. Axel Stoffel, Tel. 07723/920-329)

Fachhochschule Furtwangen (Schwarzwald)
Gerwigstraße 11
78120 Furtwangen
Tel. 07723/920-0
Fax 07723/920-610
email steimer@zrz.fh-furtwangen.de

1. Bezeichnung des Fachbereichs bzw. des Studiengangs

   a) Fachbereich Medieninformatik
   b) Studiengang Medieninformatik

2. Akademischer Grad ggf. mit Zusatz laut Abschlußzeugnis

   Diplom-Informatiker(in) (FH)
   Fachrichtung Medieninformatik

3. Professoren im Fachbereich Medieninformatik

   Prof. Dipl. Komm.-wirt Martin Aichele: *Audiovisuelle Medien*
   Prof. Dr. Rainer Bakker: *Medien- u. Urheberrecht*
   Prof. Dr.-Ing. Miguel A. Garcia González: *Digitale Videotechnik - Codie-rung*
   Prof. Dr. Martin Gläser: *Medienwirtschaft/-management*
   Prof. Dr. Markus Hoch: *Allgemeine Betriebswirtschaftslehre*
   Prof. Dr. Michael Kerres: *Interaktive Medien - Instruktionsdesign*
   Prof. Dr. Irmtraud Munder: *Physik*
   Prof. Albrecht Schäfer-Schönthal M.A.: *Audiotechnik*
   Prof. Dr. Rolf Schofer: *Mathematik - Statistik*
   Prof. Designer grad. Arthur Schrödinger: *Computeranimation - Medien-gestaltung*
   Prof. Dipl.-Ing. Fritz Steimer: *Elektronische Medien - Werbung - Marke-ting*
   Prof. Dr. Michael Waldowski: *Digitale Bildverarbeitung*

Prof. Dipl.-Inform. Wilhelm Walter: *Datenbanken - Software-Engineering*

4. Organisation des Studiums

a) Studienabschnitte
   Grundstudium (3 Semester)
   - zwei Studiensemester mit abschließender schriftlicher Prüfung
   - ein Studiensemester in der Praxis im dritten Semester (26 Wochen)
   - Abschluß: Vordiplom (Zeugnis)
   Hauptstudium (5 Semester)
   - vier Studiensemester
   - ein Studiensemester in der Praxis im sechsten Semester (26 Wochen)
   - Diplomarbeit im siebten/achten Semester (5 Monate) mit Präsentation
   - mündliche Diplomprüfung am Ende des achten Semesters
b) Fächer- und Stundenübersicht (inkl. SWS Wahlpflichtfäch-er)
   Grundstudium: 58 SWS
   Hauptstudium: 104 SWS (ohne Diplomarbeitsanteil)
   Summe: 162 SWS
   Folgende Lehrveranstaltungs-Schwerpunkte werden angeboten:
   - Medien (Produktion/Gestaltung), Kommunikations- und Informationstheorie, Printmedien, Informatik, Mathematik, Allgemeine Betriebswirtschaftslehre, Physik, Medienkonzeption, Computergestützte Anwendungssysteme, Computer-Grafik I im Grundstudium
   - Kommunikations- und Informationstheorie 2, Medienpsychologie, Medien- und Urheberrecht, Medienkonzeption 3, Mediengestaltung 1, Textgestaltung, Bürokommunikation, Kommunikationsmanagement, Telekommunikations-Medien 1, Computergestützte Videotechnik/Tontechnik, Interaktive Medien, Programmierung von Mediensystemen 2, Computergrafik 2, Digitale Bildverarbeitung 1, Informatik 3, Medienverbundsysteme, Markt-/Meinungsforschung, Projektmanagement, Medienkonzeption 2, Medienkalkulation, Medien und Gesellschaft, Verhaltenstraining, Dokumentations- und Präsentationstechnik im Hauptstudium
c) Wahlpflichtfächer
   Insgesamt 32 SWS Wahlpflichtfächer - davon mindestens 2 Workshops nach freier Wahl, die aus den Blöcken "Medien" und "Informatik" angeboten werden - müssen ausgewählt werden, wie z.B.: Produktion von AV-Einheiten, Informatik/Programmieren von Medienanwendungen, Computer Animation, Digitale Bildverarbeitung, Interaktives Multimedia, Telekommunikationsmedien

5. Rechnerausstattung (nutzbar durch Medieninformatik)

Zentrales RZ:
- 56 Workstations (vernetzt und geclustert mit 2 Minicompu-
  tern/Servern)
- CAD-Mehrplatzsystem (Computer Aided Design)
- 40 PC
- ca. 50 sonstige Datenendgeräte (Benutzerstationen)
- Anschluß an das Deutsche Forschungsnetz (DFN)
Labore Medieninformatik:
- Ausstattung: Audioproduktion - Büro- und Telekommunikation -
  Computergrafik/-animation - Digitale Bildverarbeitung - Informatik -
  Interaktive Medien - Videoproduktion - Videotechnik
- 20 PC mit Grafiksupport
- 15 UNIX-Workstations
- 10 MAC-Systeme
- Novell-Netzwerke (Ethernet, Token)
- diverse Laserdrucker und Scanner
- Spezialsysteme für die o.a. Labors/Studios in Hard- und Software

6. Sonstige Angaben

Studienbeginn im SS und WS
Technologietransfer in die Wirtschaft in Form konzeptioneller Beratun-
gen
Grundlagen- und Anwendungsentwicklung in den Fachgebieten:
Audioproduktion, Büro- und Telekommunikation, Business Presentation,
Computergrafik/-animation, Digitale Bildverarbeitung, Medieninforma-
tik, Multimedia, Marketing/Werbung mit Medienunterstützung, Video-
technik und -produktion
Gründung 1990

7. Auslandskontakte

In Vorbereitung: Kooperation mit der San Francisco State University

8. Forschungs- und Transferinstitutionen

Steinbeis-Transferzentrum für Technische Beratung (Leitung: Prof. Dr.-
Ing. Gerhard Dinius, Tel. 07723/920-(0)151)
in Planung: Transferzentrum Multimedia bzw. Spezifische Transferzen-
             tren für die unter 6. aufgeführten Gebiete

Vom Schüler zum Virtuosen

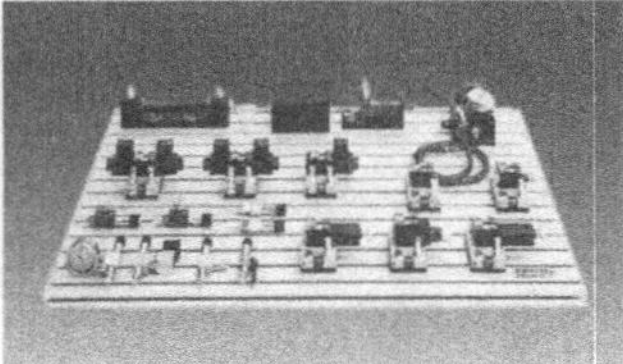

neumatik 2000: Modifizierte
dustriekomponenten
r ein Höchstmaß an Praxis.

Hydraulik 2000: Mehr Übungsvarianten
durch kompakte Bauweise (NG 4).

MPS: Praxisnahes Lernen am
Modularen Produktions-System.

**pielen Sie die
anze Klaviatur
er Aus- und
Veiterbildung.**

ie Ausbildung zum
laviervirtuosen be-
innt wie in der Auto-
atisierungstechnik
it dem Training
er Grundlagen.
esto Didactic hat
u diesem Zweck

die Trainingspakete
Hydraulik und Pneu-
matik 2000 konzi-
piert. Nur wer die
Grundlagen be-
herrscht, wird Sinfo-
nien spielen lernen.
Im Feld der Auto-
matisierungstechnik
stehen für Fortge-
schrittene die The-
men Reduzierung

von Stillstands-
zeiten, Fehlersuche,
Inbetriebnahme und
Wartung von Anla-
gen auf dem Lehr-
plan: Und das alles
mit dem Modularen
Produktions-System
(MPS).

Rufen Sie uns an
Tel. (0711) 3467-0,
oder schreiben Sie
uns:
Festo Didactic KG
Abt. DV-VF
Postfach 624
73707 Esslingen

Fachhochschule Furtwangen (Schwarzwald)
Gerwigstraße 11
78120 Furtwangen
Tel. 07723/920-0
Fax 07723/920-610
Tel. Studienberatung 07723/920-290

1. Bezeichnung des Fachbereichs bzw. des Studiengangs

   a) Fachbereich Wirtschaftsinformatik
   b) Studiengang Wirtschaftsinformatik

2. Akademischer Grad ggf. mit Zusatz laut Abschlußzeugnis

   Diplom-Informatiker(in) (FH)
   Studiengang Wirtschaftsinformatik

3. Professoren im Fachgebiet Wirtschaftsinformatik

   Prof. Dr. Rainer Bischoff: *Formale Methoden im Software-Engineering - Künstliche Intelligenz - DV-Controllling*
   Prof. Dipl.-Kfm. Manfred Bues: *Programmkonstruktion und Programmie-rung - Kommunikations- und Netzdesign*
   Prof. Dr. Bernardin Denzel: *Transaktionssysteme - Datenbanktechnik - CASE*
   Prof. Dipl.-Inform. J. Anton Illik: *Software-Engineering - Betriebssysteme - Programmierung*
   Prof. Dipl.-Kfm. Rolf Katzsch: *Informatik im Handel - Mobile Dialogsys-teme - Document Management*
   Prof. Dipl.-Ing. Helmut Kemler: *Informatik für Industriebetriebe - PPS - Objektorientiertes Systemdesign*
   Prof. Dr. Thomas Marx: *Rechnungswesen - Statistik - SAP-Software*
   Prof. Dr. Jürgen Scherff: *Datenbankdesign - Programmkonstruktion - On-line-Datenbanken*
   Prof. Dr. Ulf Schreier: *Datenbanken - Künstliche Intelligenz - PPS/Ferti-gungsleitstände*
   Prof. Dr. Frank-Jürgen Witt: *Betriebswirtschaftslehre - Controlling - Marketing*

4. Organisation des Studiums

a) Studienabschnitte
   Grundstudium (3 Semester)
   - zwei Studiensemester mit abschließender schriftlicher Prüfung
   - ein Studiensemester in der Praxis im dritten Semester (26 Wochen)
   - Abschluß: Vordiplom (Zeugnis)
   Hauptstudium (5 Semester)
   - vier Studiensemester
   - ein Studiensemester in der Praxis im sechsten Semester (26 Wochen)
   - Diplomarbeit im achten Semester (6 Monate) mit Präsentation
   - mündliche Diplomprüfung am Ende des achten Semesters
b) Fächer- und Stundenübersicht (inkl. SWS Wahlpflichtfächer)
   Grundstudium: 52 SWS
   Hauptstudium: 102 SWS (ohne Diplomarbeitsanteil)
   Summe: 154 SWS
   Folgende Lehrveranstaltungs-Schwerpunkte werden angeboten:
   - Mathematik, Statistik, Grundlagen der Informatik und Wirt-
     schaftsinformatik (auch Künstliche Intelligenz), Betriebswirtschafts-
     lehre/Rechnungswesen,   Programmkonstruktion/Programmierung,
     Objekorientiertes Systemdesign, Systemsoftware im Grundstudium
   - Unternehmensforschung, Statistik, Rechnungswesen, Anwendungs-
     entwicklung/Software Engineering, Formale Spezifikation und Mo-
     dellkonstruktion, C++, Datenbankdesign, Kommunikations- und
     Netzdesign, KI/Expertensysteme, Informatik für Industrie-, Handels-
     , Bank- und Versicherungsbetriebe, Marketing, Controlling, PPS,
     Methoden im Softwareprojekt, Informatik und Gesellschaft,
     Führungstechnik im Hauptstudium
c) Wahlpflichtfächer
   Von 24 SWS Wahlpflichtfächern, die frei gewählt werden können,
   werden 16 SWS in Workshops (je 4 SWS) organisiert (Pflicht: 3 aus
   4):
   - Systemtechnischer Workshop (z.B. Offene Systeme, PPS mit SAP-
     Software, Kostenrechnung mit SAP-Software),
   - Betriebswirtschaftlicher Workshop (z.B. DV-gestütztes Controlling,
     Informatikstrategie, Marktforschung, Börsenseminar),
   - Methodenworkshop (z.B. Intelligente Softwaretechnologien: Neu-
     ronale Netze, Fuzzy-Logik, Genetische Algorithmen; CASE, Petri-
     Netze),
   - Informatik-Workshop (z.B. Informationsmanagement, Online-Da-
     tenbanken, Datenbanken in Rechnernetzen),

- Weitere Wahlpflichtveranstaltungen z.B. Dateiorganisation auf Massenspeichern, Medizinische Informatik, Softwarequalitätssicherung

5. Rechnerausstattung (nutzbar durch Wirtschaftsinformatik)

Zentrales RZ:
- 56 Workstations (vernetzt und geclustert mit 2 Minicomputern/Servern)
- CAD-Mehrplatzsystem (Computer Aided Design)
- 40 PC
- ca. 50 sonstige Datenendgeräte (Benutzerstationen)
- Anschluß an das Deutsche Forschungsnetz (DFN)
Labore Wirtschaftsinformatik:
- SAP-Labor mit lokalen R/3-Anwendungen und 5 Arbeitsplätzen für R/2 mit Leitungsverbindung zur SAP Walldorf
- 2 Workstations (Stand alone)
- 1 Novell-Netz mit 12 Arbeitsplatzrechnern
- UNIX-Labor mit vernetzten Servern und insgesamt 30 Terminals
- 1 OS/2-System mit 4 Arbeitsplätzen
- CASE- und Workflow-Labor
- KI-Labor (Expertensysteme, Neuronale Netze, Transputer)
- BTX-Entwicklungssystem

6. Sonstige Angaben

Studienbeginn im SS und WS
Gründung des Studiengangs 1971
Projekte mit Praxisbezug, auch unter Einbezug von Diplomarbeiten, z.B. über :
BTX, Betriebsdatenerfassung, UNIX, Produktionsplanung und -steuerung, Logistik, Datenmodellierung, Computer Aided Software Engineering (CASE), Sprachen der vierten Generation (4GL), Bürokommunikation, neue betriebswirtschaftliche Konzepte im PPS-Bereich, Marktforschung, KI und Neuronale Netze in der Betriebswirtschaft

7. Auslandskontakte

De Montfort University, Leicester (GB)
Das 7. Semester wird bei einem Auslandssemester an der De Monfort University anerkannt

8. Forschungs- und Transferinstitutionen

Steinbeis-Transferzentrum für Technische Beratung (Leitung: Prof. Dr.-Ing. Gerhard Dinius)
Steinbeis-Transferzentrum für Informations- und Kommunikationsmanagement Freiburg (wiss. Leitung: Prof. Dipl.-Kfm. Manfred Bues, Prof. Dipl.-Kfm. Rolf M. Katzsch)
Gemeinsame Innovationsberatungsstelle (IHK - FHF) GIF (Ansprechpartner: Prof. Dr.-Ing. Gerhard Dinius); Technische Akademie (Weiterbildung)

Fachhochschule Gießen-Friedberg
Wiesenstraße 14
35390 Gießen
Tel. 0641/309-1
Fax 0641/309-301
Tel. Studienberatung 0641/309-513

1. Bezeichnung des Fachbereichs bzw. Studiengangs/der Studienrichtung

   a) Fachbereich Mathematik, Naturwissenschaften und Informatik
   b) Studiengang Informatik
   c) Studienrichtung Medizinische Informatik

2. Akademischer Grad ggf. mit Zusatz laut Abschlußzeugnis

   Diplom-Informatiker (FH)
   mit Schwerpunkt Medizinische Informatik

3. Professoren im Fachgebiet Medizinische Informatik

   Der rein medizinische Teil wird in enger Zusammenarbeit mit dem Fachbereich Humanmedizin der Justus-Liebig-Universität Gießen und dem Fachbereich Technisches Gesundheitswesen der FH Gießen-Friedberg abgedeckt.
   Prof. Dr. Hellwig Geisse: *Künstliche Intelligenz - Neuronale Netze - Expertensysteme*
   Prof. Dr. habil Oskar Hoffmann: *Klinik-Informationssysteme - Biomathematik - Biosignalverarbeitung - Biomedizinische Simulation*

Prof. Dr. Volker Klement: *Bildgebende Verfahren in der Medizin - Datenbanksysteme - Bildverarbeitung*
Prof. Dr. Manfred Scheer: *Organisation von DV-Projekten*
Prof. Dr. Wolfgang Schmitt: *Lokale Netze*

4. Organisation des Studiums

a) Studienabschnitte
   Grundstudium (3 Semester)
   - drei Studiensemester
   - Abschluß: Vordiplom
   Hauptstudium (5 Semester)
   - vier Studiensemester
   - davon ein einschlägiges Studiensemester in der Praxis i.d.R. im
     fünften Semester
   - Diplomarbeitsemester im achten Semester (3 Monate)
   - mündliche Diplomprüfung am Ende des achten Semesters
b) Fächer- und Stundenübersicht (inkl. SWS Wahlpflichtfächer)
   Grundstudium: 78 SWS
   Hauptstudium: 78 SWS (ohne Diplomarbeitsanteil)
   Summe: 156 SWS
   Folgende Lehrveranstaltungs-Schwerpunkte werden angeboten:
   - allgemeines informatorisches Grundstudium mit Mathematik, Praktische Mathematik, Physik, Elektronisches Praktikum, Rechnerhardware, Netz- und Schaltwerksentwurf, Grundlagen der Informatik, Datenstrukturen, Softwaretechnik, Programmieren (I, II, III), Betriebssysteme, Einführung in die Wirtschaftswissenschaften, Einführung in die Rechtswissenschaften
   - allgemeines informatorisches Hauptstudium mit maschinennaher Programmierung, Systemprogrammierung, Mikroprozessorentechnik, Rechnernetze, Graphische DV, Datenbanksysteme, Compilerbau, Methoden der KI, Nichtprozedurale Programmierung, Systemanalyse, Datenschutz/Informatik und Gesellschaft
c) Wahlpflichtfächer Medizinische Informatik
   Aus folgenden Wahlpflichtfächern muß der Student 26 SWS auswählen (6., 7. Semester):
   Einführung in das Gesundheitswesen, Medizinische Terminologie, Medizinisch diagnostische und therapeutische Verfahren, Krankenhausorganisation und -betriebslehre, Klinik-Informationssysteme, Biomathematische Verfahren, Bildgebende Verfahren in der Medizin, Biosignalverarbeitung, Datenbanksysteme II, Lokale Netze, Simulation, Bildverarbeitung, Ausgewählte Kapitel der KI, Expertensysteme, Organisation von DV-Projekten, Praktikum Medizinische Informatik, Seminar Medizinische Informatik

5. Rechnerausstattung (nutzbar durch Medizinische Informatik)

   Zentrales RZ:
   - 20 Terminals an VAX
   - 65 PC, vernetzt und geclustert mit Servern
   - 30 Workstations, vernetzt
   Labor Bildverarbeitung
   Labor Medizinische Informatik mit 5 PC

6. Sonstige Angaben

   Studienbeginn im WS
   Gründung der Studienrichtung im SS 94
   Praxisbezogene Projekte und Diplomarbeiten in Zusammenarbeit mit
   Universitätskliniken und Industrie

Fachhochschule Gießen-Friedberg
Wiesenstr. 14
35390 Gießen
Tel. 0641-3091
Fax 0641-309301

1. Bezeichnung des Fachbereichs bzw. des Studiengangs/Schwerpunktes

   a) Fachbereich Wirtschaft
   b) Schwerpunkt Wirtschaftsinformatik

2. Akademischer Grad ggf. mit Zusatz laut Abschlußzeugnis

   Diplom-Betriebswirt (FH)

3. Professoren im Fachgebiet Wirtschaftsinformatik

   Prof. Dr. Bernd Galinski: *Kommerzielle EDV-Anwendungen - PPS*
   Prof. Dipl.-Kfm. Erich Gernet: *Systemanalyse - Projektmanagement*
   N.N.

4. Organisation des Studiums

   a) Studienabschnitte

Grundstudium (3 Semester)
- drei Studiensemester mit abschließender schriftlicher Prüfung
- Abschluß: Vordiplom (Zeugnis)
Hauptstudium (5 Semester)
- drei Studiensemester
- ein Studiensemester in der Praxis im fünften Semester (18 Wochen)
- Diplomarbeit nach dem sechsten Semester (3 Monate)
- mündliche und schriftliche Diplomprüfung im achten Semester
Praxiserfordernisse: je nach beruflicher Vorbildung und Art des Hochschulzugangs bis zu drei Monate Praktikum vor dem Studium
b) Fächer- und Stundenübersicht (inkl. SWS Wahlpflichtfächer)
Grundstudium: 70 SWS
Hauptstudium: 60 SWS (ohne Diplomarbeitsanteil)
Summe: 130 SWS
Folgende Lehrveranstaltungs-Schwerpunkte werden angeboten:
- betriebswirtschaftliches Studium einschließlich Mathematik, Statistik, Operations Research und Einführung in die EDV im Grundstudium
- betriebswirtschaftliches Studium mit Schwerpunkt Wirtschaftsinformatik (24 SWS Pflicht) im Hauptstudium mit z.B.: Datenorganisation, Systementwicklung, EDV-Anwendungen, Wirtschaftsinformatik-Seminar
c) Wahlpflichtfächer
Im Grundstudium können 6 SWS und im Hauptstudium 12 SWS frei gewählt werden, wie z.B. Logistik, Organisation, Wirtschaftsenglisch und Wirtschaftsrecht
Bemerkung: Der Gesamt-DV-Anteil des Studiums beträgt 32 SWS, davon 8 SWS im Grundstudium

5. Rechnerausstattung (nutzbar durch Wirtschaftsinformatik)

Labore Wirtschaftsinformatik:
- Labor für Integrierte Informationsverarbeitung (HP 3000/937) mit 32 Bildschirmarbeitsplätzen
- PC-Labor I: 30 PC, vernetzt unter Novell
- PC-Labor II: 10 PC

6. Sonstige Angaben

Studienbeginn im SS und WS
Gründung des Schwerpunktes voraussichtlich 1994 (WS 94/95)

7. Auslandskontakte

Kontakte zu Hochschulen in England, Irland und Frankreich

8. Forschungs- und Transferinstitutionen

Transfer über IHK-/Hochschulkooperation

Fachhochschule Hamburg
Berliner Tor 3
20099 Hamburg
Tel. 040/2488-2600,
Fax 040/2488-3121
Tel. Studienberatung 040/29188-3650/3651

1. Bezeichnung der Fachbereiche bzw. der Studiengänge

   a) Fachbereich Elektrotechnik und Informatik
   b1) Studiengang Softwaretechnik
   b2) Studiengang Technische Informatik

2. Akademischer Grad ggf. mit Zusatz laut Abschlußzeugnis

   b1) Diplom-Informatiker (FH)
   b2) Diplom-Ingenieur (FH)

3. Professoren in den Informatik-Studiengängen

   Prof. Dr. Reinhard Baran: *Realzeitdatenverarbeitung - Systems-Engineering*
   Prof. Dr. Michael Böhm: *Algorithmen - Datenstrukturen - Bildverarbeitung*
   Prof. Dr. Thomas Canzler: *Maschinennahe Programmierung - Rechnerstrukturen*
   Prof. Dipl.-Math. Helga Carls: *Software-Engineering - Datenbanksysteme*
   Prof. Dr. Friedrich Esser: *Objektorientierte Programmierung und objektorientiertes Design - CASE*
   Prof. Dr. Erhard Fähnders: *Betriebssysteme - Netzwerke - Administrationssysteme*
   Prof. Dipl.-Phys. Jürgen Freytag: *Software-Engineering - Informationssysteme*

Prof. Dr. Wolfgang Gerken: *Betriebswirtschaftslehre- Administrations- und Dispositionssysteme*

Prof. Dr. Hans H. Heitmann: *Mikroprozessortechnik - Multiprozessorsysteme*

Prof. Dr. Uwe Helm: *CAD - Rechnerstukturen - Mikroprogramme*

Prof. Dipl.-Ing. Frank Heubach: *Computer Graphics - Parallelverarbeitung*

Prof. Dr. Bernd Kahlbrandt: *Software-Engineering - Datenbankmanagement*

Prof. Dipl.-Inf. Heiner Kaltenhäuser: *Software-Engineering - Realzeit-Systeme*

Prof. Dr. Gunter Klemke: *Offene Systeme - Rechnernetze - Kommunikation*

Prof. Dr.-Ing. Norbert Lehnart: *Mikroprozessortechnik - Feldbussysteme*

Prof. Dr. habil. Kai von Luck: *Künstliche Intelligenz - Expertensysteme*

Prof. Dr. Bernd Owsnicki-Klewe: *Algorithmen - Datenstrukturen - Wissensbasierte Systeme*

Prof. Dr. Guido Pfeiffer: *Objektorientierte Softwareentwicklung - Neuronale Netze*

Prof. Dr. Jörg Raasch: *Software-Engineering - CASE*

Prof. Dr. Reinhard Völler: *Programmiersprachen - Compiler - Unix*

zwei unbesetzte Professorenstellen (aus der Gründung des Studiengangs Softwaretechnik 1989)

4b1)   Organisation des Studiums: Studiengang Softwaretechnik

a)   Studienabschnitte
Grundstudium (2 Semester)
- zwei Studiensemester
- Abschluß: Vorexamen (Zeugnis)
Hauptstudium (6 Semester)
- vier Studiensemester
- ein Studiensemester in der Praxis im fünften Semester (20 Wochen)
- ein Semester für mündliche Abschlußprüfungen und Diplomarbeit (4 Monate) im achten Semester
Praxiserfordernisse: 20 Wochen Praktikum bei nichteinschlägiger beruflicher Vorbildung, die bis zum fünften Semester abgeleistet werden müssen (Vorpraktikum, Semesterferien)

b)   Fächer- und Stundenübersicht (inkl. SWS Wahlpflichtfächer)
Grundstudium: 49 SWS
Hauptstudium: 95 SWS (ohne Diplomarbeitsanteil)
Summe: 144 SWS

-   Folgende Lehrveranstaltungs-Schwerpunkte werden angeboten:
    - Mathematik (speziell Numerik, Graphentheorie und Stochastik), Grundlagen Rechnerstrukturen, maschinennahe Programmierung, prozeßnahe und objektorientierte Programmierung, Automaten und Formale Sprachen, Informatik und Gesellschaft im Grundstudium
    - Algorithmen und Datenstrukturen, logische und funktionale Programmierung, Software-Engineering, Datenbankdesign, Systemdesign, Betriebssysteme, Netze, Compiler und Interpreter, Expertensysteme, Betriebswirtschaftslehre/Rechnungswesen, Betriebsinformatik, Informatik und Gesellschaft im Hauptstudium

c) Wahlpflichtfächer
    Im Bereich Gesellschaftswissenschaften können 8 SWS frei gewählt werden, z.B. Datenschutz und Datensicherheit, Informatik und Gesellschaft, Präsentationstechnik, Führungspsychologie, Mitarbeiterführung, Technikfolgenabschätzung, Technik und Ethik, Einführung in die Philosophie
    Weitere 8 SWS können aus einem Angebot frei gewählt werden, das für beide Studiengänge gemeinsam angeboten wird, wie z.B. Expertensystemshells, Multiprozessorsysteme, Neuronale Netze, Embedded-Systems, UNIX-Systeme, Fehlertolerante Systeme, SMALLTALK, Verteilte Systeme, Graphics, Rechnerkommunikation, Bildverarbeitung, Simulation von Rechnersystemen, Produktionsplanungssysteme, Feldbusse

4b2) Organisation des Studiums: Studiengang Technische Informatik

a) Studienabschnitte
    Grundstudium (2 Semester)
    - zwei Studiensemester
    - Abschluß: Vorexamen (Zeugnis)
    Hauptstudium (6 Semester)
    - vier Studiensemester
    - ein Studiensemester in der Praxis im fünften Semester (20 Wochen)
    - ein Semester für mündliche Abschlußprüfungen und Diplomarbeit (4 Monate) im achten Semester
    Praxiserfordernisse: 20 Wochen Praktikum bei nichteinschlägiger beruflicher Vorbildung, die bis zum fünften Semester abgeleistet werden müssen (Vorpraktikum, Semesterferien)

b) Fächer- und Stundenübersicht (inkl. SWS Wahlpflichtfächer)
    Grundstudium: 52 SWS
    Hauptstudium: 96 SWS (ohne Diplomarbeitsanteil)
    Summe: 148 SWS

Folgende Lehrveranstaltungs-Schwerpunkte werden angeboten:
- Mathematik, Grundlagen Elektrotechnik, maschinennahe Programmierung, prozeßnahe und objektorientierte Programmierung, Automaten und Formale Sprachen, Informatik und Gesellschaft im Grundstudium
- Software-Engineering, Datenbanken, maschinennahe Programmierung, Multitaskingsysteme, Mikroprozessorsysteme, Rechnerstrukturen, Rechnernetze, Betriebssysteme, Compiler und Interpreter, Meßtechnik, Digitaltechnik, Digitale Schaltungstechnik, Regelungstechnik, Betriebswirtschaftslehre/Rechnungswesen, Informatik und Gesellschaft im Hauptstudium

c) Wahlpflichtfächer
Im Bereich Gesellschaftswissenschaften können 8 SWS frei gewählt werden, z.B. Datenschutz und Datensicherheit, Informatik und Gesellschaft, Präsentationstechnik, Führungspsychologie, Technikfolgenabschätzung, Technik und Ethik, Einführung in die Philosophie
Weitere 8 SWS können aus einem Angebot frei gewählt werden, das für beide Studiengänge gemeinsam angeboten wird: siehe 4b1) c)

5. Rechnerausstattung (nutzbar durch Softwaretechnik und Technische Informatik)

Labor für Softwaretechnik:
- 24 PC-Arbeitsplätze
- 24 UNIX-Workstations
- KI-Labor (Expertensysteme, Neuronale Netze)
- Graphicslabor
Labor für Computertechnik:
- 22 Realtime-Multitasking Entwicklungssysteme (Host: PC, Target: 68030-System, verschiedene Experimentieraufbauten)
- 20 Baukastensysteme zum Aufbau von Mikroprozessorsystemen (68000)
- 6 Baukastensysteme zum Aufbau von Rechnerstrukturen
F&E-Labor für angewandte Prozessortechnik:
- 5 SUN-Sparc10-Workstation
- 1 Transtech Parastation mit 8 Knoten 320C405
- 8 PC-Arbeitsplätze

6. Sonstige Angaben

Studienbeginn im SS und WS
Gründung des Studiengangs Softwaretechnik 1989
Gründung des Studiengangs Technische Informatik 1974

Projekte mit Praxisbezug, auch unter Einbezug von Diplomarbeiten, z.B. über: Automatische interaktive Vermessung von 2D-Objekten, Automatische Erkennung von Kfz-Kennzeichen, Automatische Erkennung defekter Nietverbindungen an Flugzeugen, Vernetzung von Prozessoren in Gabelstaplern, Ray-Tracing unter Einsatz von Transputern, Computergestützte Planung und Überwachung von Heizstationen, Precompiler für Modula 2 zur Integration von Sprachelementen zur Steuerung von Meßgeräten, Produktionsplanungssystem für die Belegung von Druckmaschinen, Implementierung eines Prototypen für einen Lagerleitstand, Abrechnungssystem für den Vertrieb von Presseerzeugnissen

7. Auslandskontakte

ERASMUS-Kooperation mit den Partnern:
- Instituto Politéchnico Coimbra (Portugal)
- University of Hertfordshire (Großbritannien)
- University of Huddersfield (Großbritannien)
- Ecole Universitaire d'ingenieurs de Lille (Frankreich)
- Institut Universitaire de Technologie „A" de Lille (Frankreich)
- Hogeschool Utrecht (Niederlande)
Ziele: Doppeldiplomierung, Studenten- und Dozenten-Austausch

8. Forschungs- und Transferinstitutionen

Institut für Kontaktstudien (Weiterbildung)

Fachhochschule Harz
Friedrichstraße 57 -59
38855 Wernigerode
Tel. 03943/359-0
Fax 03943/359-108
Tel. Studienberatung 03943/359-120

1. Bezeichnung des Fachbereichs bzw. des Studiengangs

a) Fachbereich Elektrotechnik/Informatik
b) Studiengang Ingenieur-Informatik

2. Akademischer Grad ggf. mit Zusatz laut Abschlußzeugnis

Diplom-Ingenieur (FH)

3. Professoren im Fachbereich Elektrotechnik/Informatik

Prof. Dr. Wolfgang Bayer: *Elektrotechnik - Elektronik-Grundlagen*
Prof. Dr. Jürgen Finke: *Experimental-Physik - Meßtechnik - Elektrostatik*
Prof. Dr. Walter Gießler: *Grundlagen der Elektrotechnik - Leistungselek-
tronik*
Prof. Dr. Horst Heineck: *Informatik*
Prof. Dr. Volker Reinhold: *Fertigungstechnik - Werkstofftechnik - Quali-
tätssicherung*
Prof. Dr. Ingo Schütt: *Mathematik*
Prof. Dr. Gerd Wöstenkühler: *Nachrichtentechnik - Meßtechnik*
Lehrkräfte für besondere Aufgaben

4. Organisation des Studiums

a) Studienabschnitte
   Grundstudium (4 Semester)
   - drei Studiensemester
   - ein Studiensemester in der Praxis im vierten Semester (20 Wochen)
   - Abschluß: Vordiplom
   Hauptstudium (4 Semester)
   - drei Studiensemester
   - Ausfertigung der Diplomarbeit im achten Semester (3 Monate)
   Praxiserfordernisse: Vorpraktikum 16 Wochen
b) Fächer- und Stundenübersicht (inkl. SWS Wahlpflichtfächer)
   Grundstudium: 88 SWS
   Hauptstudium: 82 SWS (ohne Diplomarbeitsanteil)
   Summe: 170 SWS
   Folgende Lehrveranstaltungs-Schwerpunkte werden angeboten:
   - elektrotechnisch/elektronisches Grundstudium, einschließlich Infor-
     matik
   - Ingenieurinformatik mit Mikrocomputertechnik, Verteilte Systeme,
     Prozeßrechentechnik, Echtzeitprogrammierung, Programmier-
     sprachen, Visualisierung und graphische Informationsverarbeitung
     im Hauptstudium
c) Wahlpflichtfächer
   Insgesamt sind 12 SWS aus fachspezifischen, betriebswirtschaftlichen
   oder sprachlichen Bereichen auszuwählen

Anmerkung: Der Gesamtanteil an informatikorientierten Lehrgebieten liegt im Grundstudium bei 16 SWS und im Hauptstudium bei 52 SWS.

5. Rechnerausstattung (nutzbar durch Ingenieurinformatik)

Zentrales RZ:
- 39 PC (486 DX/2, 66 MHz, 8 MB HS, 17"-Monitore) in 3 PC-Pools im Campus-Netz integriert
- 8 Workstations RW 420 Indigo (MIPS R 4000/R4400)
- Novell-Server, UNIX-Server (SCO und IRIX)
- Netzwerk: Hochgeschwindigkeits FDDI Backbone mit der Möglichkeit FDDI-Ethernet- und Tokenring in allen physikalischen Realisierungen zu betreiben
- Labor Mikrocomputer

6. Sonstige Angaben

Studienbeginn im SS und WS
Gründung des Studienschwerpunktes im WS 1992

7. Auslandskontakte

Institut für Computertechnik Raahe, Finnland

8. Forschungs- und Transferinstitutionen

Technologie-Transfer- und Innovationszentrum Magdeburg, Außenstelle Wernigerode (Leitung: Dr.-Ing. Jörg Bode, Tel. 03943/359-0)

Fachhochschule Harz
Friedrichstraße 57 -59
38855 Wernigerode
Tel. 03943/359-0
Fax 03943/359-108
Tel. Studienberatung 03943/359-121

1. Bezeichnung des Fachbereichs bzw. des Studiengangs

   a) Fachbereich Wirtschaftswissenschaften
   b) Studiengang Wirtschaftsinformatik

2. Akademischer Grad

Diplom-Wirtschaftsinformatiker (FH)

3. Professoren im Fachgebiet Wirtschaftsinformatik

Prof. Dr. Helmut Eirund: *Objektorientierte Systeme - Nicht-Standard-Datenbanksysteme - Multimedia-Systeme - Bürokommunikation - KI*
Prof. Dr. Hans-Jürgen Scheruhn: *ARIS/Architektur integrierter Informationssysteme - Multimedia im Tourismus - Relationale Datenbanken - Software-Engineering*
weitere Professoren des Studiengangs Betriebswirtschaft

4. Organisation des Studiums

a) Studienabschnitte
   Grundstudium (4 Semester)
   - drei Studiensemester
   - ein Studiensemester in der Praxis im vierten Semester (20 Wochen)
   - Vordiplom: Zeugnis
   Hauptstudium (4 Semester)
   - drei Studiensemester
   - Diplomarbeit im achten Semester (3 Monate)
b) Fächer- und Stundenübersicht (inkl. SWS Wahlpflichtfächer)
   Grundstudium: 70 SWS
   Hauptstudium: 62 SWS (ohne Diplomarbeitsanteil)
   Summe: 132 SWS
   Folgende Lehrveranstaltungs-Schwerpunkte werden angeboten:
   - betriebswirtschaftliches Studium, einschließlich Wirtschaftsinformatik im Grundstudium
   - Programmiersprachen, Rechnernetze, Datenstrukturen, Systemprogrammierung, betriebliche und technische Datenverarbeitung, Betriebssysteme im Hauptstudium
c) Wahlpflichtfächer
   Insgesamt 20 SWS sind aus betriebswirtschaftlichen Bereichen wie z. Bsp. auszuwählen:
   Bemerkung: Der Gesamtanteil an Wirtschaftsinformatikorientierten Lehrgebieten beträgt 52 SWS, davon 8 SWS im Grundstudium.

5. Rechnerausstattung (nutzbar durch Wirtschaftsinformatik)

Zentrales RZ:
- 39 PC (486 DX/2, 66 MHz, 8 MB HS, 17"-Monitore) in 3 PC-Pools
  im Campus-Netz integriert

- 8 Workstations RW 420 Indigo (MIPS R 4000/R4400)
- Novell-Server, UNIX-Server (SCO und IRIX)
- Netzwerk: Hochgeschwindigkeits FDDI Backbone mit der Möglichkeit
  FDDI-Ethernet- und Tokenring in allen physikalischen Realisierungen
  zu betreiben

6. Sonstige Angaben

Studienbeginn im SS und WS
Gründung des Studienschwerpunktes im WS 1991

Fachhochschule Heidelberg
Bonhoefferstraße
69123 Heidelberg
Tel. 06221/88-2519
Fax 06221/88-3244
Tel. Studienberatung 06221/88-2519

1. Bezeichnung des Fachbereichs bzw. des Studiengangs

   a) Fachbereich Informatik
   b) Studiengang Wirtschaftsinformatik

2. Akademischer Grad ggf. mit Zusatz laut Abschlußzeugnis

   Diplom-Informatiker(in) (FH)
3. Professoren im Fachgebiet Wirtschaftsinformatik

   Prof. Dipl.-Kfm. Wilfried Bock: *Betriebswirtschaftslehre - Operations Re-
   search - Statistik - Programmsysteme*
   Prof. Dr. Uwe Brinkschulte: *Mathematik - Praktische Informatik - Theore-
   tische Informatik*
   Prof. Dipl.-Ing. Bernd Eberhardt: *Mathematik - Praktische Informatik -
   Grafische Datenverarbeitung*
   Prof. Dipl.-Ing. Walter Hame: *Praktische Informatik - Theoretische Infor-
   matik*
   Prof. Dipl.-Kfm. Alfred Moos: *Praktische Informatik - Theoretische Infor-
   matik*
   Prof. Dipl.-Ing. Pitter A. Steinbuch: *Organisation - Software-Engineering -
   Angewandte Informatik*

Prof. Dipl.-Kfm. Lutz Walther: *Betriebswirtschaftslehre - Rechnungswesen - Angewandte Informatik*
Prof. Dr. Mohammed Yass: *Praktische Informatik - Theoretische Informatik*

4. Organisation des Studiums

a) Studienabschnitte
   Grundstudium (1 Studienjahr)
   - zwei Studiensemester mit schriftlicher Prüfung
   - ein Studiensemester in der Praxis (12 Wochen)
   - Abschluß: Vordiplom (Zeugnis)
   Hauptstudium (2 Studienjahre)
   - vier Studiensemester
   - ein Studiensemester in der Praxis (12 Wochen)
   - Diplomarbeit im siebten/achten Semester (6 Monate)
   - Mündliche Diplomprüfung am Ende des achten Semesters
b) Fächer- und Stundenübersicht (inkl. SWS Wahlpflichtfächer)
   Grundstudium: 76 SWS
   Hauptstudium: 116 SWS (ohne Diplomarbeitsanteil)
   Summe: 192 SWS
   Folgende Lehrveranstaltungs-Schwerpunkte werden angeboten:
   - Grundlagen der Informatik, Betriebssystem I und II, PASCAL I, COBOL, C++, Assembler im Grundstudium
   - Datenbanken, Dialogdatenverarbeitung, Netzwerke, Software-Engineering, Netzwerke I, Organisation I und II, DV-Organisation, Datenorganisation, Informatikanwendung, Betriebswirtschaftslehre, Betriebswirtschaftliche Funktionen, Rechnungswesen, Mathematik, Numerische Mathematik, Statistik, Operations Research, Fachenglisch, Kommunikationstechnik im Hauptstudium
c) Wahlpflichtfächer
   Es müssen 16 SWS aus den folgenden Bereichen ausgewählt werden:
   - Anwendungsorganisation:
     Büroorganisation, Datenschutz, Expertensysteme, Spezielle Programmsysteme, Unternehmensmodellierung, Verwaltungsorganisation, Berufsfelder der Informatik
   - Anwendungsprogrammierung:
     ADA, PASCAL II, PL/I, PROLOG, Systems Engineering, Teststrategien
   - Betriebswirtschaftslehre II:
     DV-Controlling, DV-Marketing, Kostenrechnungssysteme, Personalmanagement

- Systemprogrammierung:
  Betriebssysteme III, Compiler, Grafische Datenverarbeitung, Hardwarenahe Programmierung, Netzwerke II, Betriebssystemnahe Programmierung

5. Rechnerausstattung (nutzbar durch Wirtschaftsinformatik)

   Zentrales RZ:
   - Großrechner IBM 390 Modell 190, 64 MB Realspeicher
   - UNIX - Anlage RS/6000
   - 75 PC
   Labore Wirtschaftsinformatik:
   - Labor für Industrieinformatik
   - 2 Netzwerke
   - BTX-Entwicklungssystem

6. Sonstige Angaben

   Studienbeginn im WS
   Gründung des Fachbereiches 1974

Fachhochschule Karlsruhe
Moltkestraße 4
76133 Karlsruhe
Tel. 0721/925-0
Fax 0721/925-2000
Tel. Studienberatung 0721/925-5240

1. Bezeichnung des Fachbereichs bzw. des Studiengangs

   a) Fachbereich Wirtschaftsinformatik
   b) Studiengang Wirtschaftsinformatik

2. Akademischer Grad ggf. mit Zusatz laut Abschlußzeugnis

   Diplom-Informatiker(in) (FH)

3. Professoren im Fachgebiet Wirtschaftsinformatik

   Prof. Dr. habil. Dieter Bär: *Software-Engineering*

Prof. Dipl.-Kfm. Peter Goldberg: *PPS*
Prof. Dr. Peter Leiberich: *Marketing*
Prof. Dr. Hans-Dieter Müller: *Rechnungswesen*
Prof. Dipl.-Math. Ulrich Reich: *Mathematik*
Prof. Dr. Rainer Roos: *Mathematik - Didaktik*
Prof. Dr. Cosmia Schmauch: *Expertensysteme*
Prof. Dr. Manfred Seifert: *Kommunikationssysteme*
Prof. Dipl.-Inform. Robert Senger: *Datenbanken*
Prof. Dr. Ralph Werner: *Betriebssysteme*

4. Organisation des Studiums

a) Studienabschnitte
   Grundstudium (3 Semester)
   - zwei Studiensemester mit abschließender schriftlicher Prüfung
   - ein Studiensemester in der Praxis im dritten Semester (26 Wochen)
   - Abschluß: Vordiplom (Zeugnis)
   Hauptstudium (5 Semester)
   - vier Studiensemester
   - ein Studiensemester in der Praxis im sechsten Semester (26 Wochen)
   - Diplomarbeit im siebten/achten Semester (6 Monate)
   - schriftliche Diplomprüfung im achten Semester
b) Fächer- und Stundenübersicht (inkl. SWS Wahlpflichtfächer)
   Grundstudium: 52 SWS
   Hauptstudium: 108 SWS (ohne Diplomarbeitsanteil)
   Summe: 160 SWS
   Folgende Lehrveranstaltungs-Schwerpunkte werden angeboten:
   - Mathematik für Wirtschaftsinformatiker, Einführung in die Infor-
     matik, Grundlagen der Programmierung, Allgemeine Betriebswirt-
     schaftslehre, Einführung in das Recht im Grundstudium
   - Softwareentwicklung, Betriebssysteme, Datenbanksysteme, Exper-
     tensysteme, Kommunikationssysteme, Produktionsplanung und
     -steuerung, Rechnungswesen im Hauptstudium
c) Wahlpflichtfächer
   Im Umfang von je 4 SWS sind 2 Wahlpflichtfächer zu wählen. Die
   Erweiterung des Wahlpflichtangebotes auf jeweils 8 SWS ist geplant.

5. Rechnerausstattung (nutzbar durch Wirtschaftsinformatik)

Labore Wirtschaftsinformatik:
- Server-Systeme: 1 x PS/2-90, 1 x RS6000 Mod. 530, 1 x RS6000
  Mod. 580
- Client-Systeme: 30 vernetzte PC-Arbeitsplätze

- Systemsoftware/Systemnahe Software
  UNIX-basierte Client/Server-Konfiguration, Server-/Netz-Betriebssysteme: AIX, NETWARE, Client-Betriebssysteme: WINDOWS, OS/2
- Umfangreiche Standardsoftware/Anwendungssoftware
Zentrales RZ:
- weitere Kapazitäten und Netzzugang

6. Sonstige Angaben

Studienbeginn im SS und WS

7. Auslandskontakte

Vielfältige Kontakte zu Hochschulen im Ausland, insbesondere USA, Kanada, Frankreich, Großbritannien, Irland
Austausch von Studenten und Dozenten

Fachhochschule Kiel
Olshausenstraße 40-60
24118 Kiel
Tel. 0431/880-2157
Fax 0431/880-4680

1. Bezeichnung des Fachbereichs bzw. des Studiengangs/Schwerpunktes

   a) Fachbereich Wirtschaft
   b) Studiengang Betriebswirtschaft
   c) Schwerpunkt Wirtschaftsinformatik/Planungsmethoden

2. Akademischer Grad ggf. mit Zusatz laut Abschlußzeugnis

   Diplom-Betriebswirt (FH)

3. Professoren im Fachgebiet Wirtschaftsinformatik

   Prof. Dr. Adolf G. Hoffmann: *Softwareentwicklung und -wartung einschl. Programmiersprachen - Informationsmanagement - Betriebswirtschaftliche DV-Anwendungen - Datenbanken*
   Prof. Dipl.-Math. Dieter Kaerger: *Softwareentwicklung und -wartung einschl. Programmiersprachen - Betriebswirtschaftliche DV-Anwendungen*

Prof. Dr. Walter Reimers: *Softwareentwicklung und -wartung einschl. Programmiersprachen - Betriebssysteme - Betriebswirtschaftliche DV-Anwendungen - Büro- und Telekommunikation - Datenbanken*

Prof. Dr. Klaus-Peter Stuhr: *Softwareentwicklung und -wartung einschl. Programmiersprachen - Betriebssysteme - Betriebswirtschaftliche DV-Anwendungen (SAP-Software) - Datenbanken*

4. Organisation des Studiums

a) Studienabschnitte

Grundstudium (3 Semester)

- drei Studiensemester mit abschließender schriftlicher Prüfung

- Abschluß: Zwischenprüfung (Zeugnis)

Hauptstudium (3 Semester)

- drei Studiensemester

- Diplomarbeit im sechsten Semester (6 Monate)

- mündliche Diplomprüfung nach der Diplomarbeit

Praxiserfordernisse: Es ist ein Jahr Praxis erforderlich (12 Monate), von der das Grundpraktikum (6 Monate) vor Studienbeginn und das Fachpraktikum in der Regel nach dem sechsten Semester, ggf. als weiteres Semester, zu absolvieren ist. Das gesamte Praktikum kann vor dem Studium absolviert werden.

Eine für 1995 geplante Studienplanänderung sieht fünf Semester Hauptstudium vor: zusätzlich ein Studiensemester in der Praxis und das achte Semester als Diplomarbeitssemester (zweites Studiensemester in der Praxis)

b) Fächer- und Stundenübersicht (inkl. SWS Wahlpflichtfächer)

Grundstudium: 88 SWS

Hauptstudium: 57 SWS (ohne Diplomarbeitsanteil)

Summe: 145 SWS

Folgende Lehrveranstaltungs-Schwerpunkte werden zukünftig angeboten:

- betriebswirtschaftliches Studium einschließlich Grundlagen der Wirtschaftsinformatik mit 10 SWS plus 4 SWS EDV in Rechnungswesen und Statistik im Grundstudium

- betriebswirtschaftliches Hauptstudium mit Schwerpunktstudium Wirtschaftsinformatik mit den Fächern Betriebssysteme, Betriebswirtschaftliche DV-Anwendungen, Büro- und Telekommunikation, Datenbanken, Informationsmanagement, Softwareentwicklung (einschl. Programmiersprachen) im Hauptstudium (maximal 36 SWS aus dem Schwerpunkt)

c) Wahlpflichtfächer

Alle unter b) im Schwerpunkt Wirtschaftsinformatik genannten Fächer sind zugleich mögliche Wahlpflichtfächer für alle Studenten.

Bemerkung: Der gesamte DV-Anteil im Studium, einschließlich Schwerpunkt, beträgt 20-24 SWS zuzüglich Veranstaltungen mit hohem DV-Anteil wie Lineare Planungsrechnung, Unternehmensplanspiel, Operations Research, Statistik, Marketing, Rechnungswesen usw.

5. Rechnerausstattung (nutzbar durch Wirtschaftsinformatik)

Zentrales RZ:
- 15 Arbeitsplätze am Großrechner
Labore Fachbereich Wirtschaft:
- 1 Abteilungsrechner (VM) und ein UNIX-Rechner (mit SAP) mit Gateways zu
- 40 vernetzten PC in 3 PC-Laboren (Novell)
- BTX, FAX und Datex-P-Anschluß (Wissenschaftsnetz)

6. Sonstige Angaben

Studienbeginn im SS und WS
Neukonzipierung des Studiengangs 1994/95
Diplomarbeiten als Praxisprojekte zur Lösung von DV-Problemen
Es existiert ein zu diesem Schwerpunkt nahezu identisches, dreisemestriges Zusatzstudium Wirtschaftsingenieurwesen.

7. Auslandskontakte

Kontakte zu Hochschulen in England, Frankreich, Spanien und Skandinavien (z.T. mit der Möglichkeit des Erwerbs eines Doppeldiploms)

8. Forschungs und Transferinstitutionen

Transfertätigkeiten in Form von Weiterbildung und Diplomarbeiten

Objektorientiert

Objektorientierte Programmierung

Ein einführendes Lehrbuch mit Beispielen in Modula-2

von D. Monjau/Sören Schulze

1992. VIII, 224 S. Kart.

ISBN 3-528-05195-7

Das Buch ist eine systematische Einführung in die objektorientierte Programmierung für Studenten der Informatik und anderer Fachrichtungen mit Übungen und Beispielen.

Objektorientierte Programmierung mit Smalltalk/V

Grundlagen, Systemstrukturen und praktische Einführung

von Sven Tietjen/Edgar Voss

1994. XII, 332 S. mit Diskette. Geb.

ISBN 3-528-05447-6

Das Buch richtet sich an Studenten, die effizient Smalltalk erlernen wollen. Das Konzept einer gezielten Einführung in die wesentlichen Elemente sowie ein durchgängiges Beispiel gewährleisten ein schnelles Erlernen des Systems und den erfolgreichen Einsatz in der Praxis.

„Theorie praxisnah"

Theoretische Informatik

Grundlagen und praktische Anwendungen
von Werner Brecht
1995. X, 246 S. Kart.
ISBN 3-528-05462-X

Dieses Lehrbuch bietet allen Studenten an Fach- und sonstigen Hochschulen eine anwendungsorientierte Sicht der Theoretischen Informatik. Es richtet sich sowohl an Informatiker wie auch an Ingenieure und Praktiker, die sich mit den grundlegenden Gehalten der Informatik vertraut machen wollen.

„Elemente" der Informatik

Ausgewählte mathematische Grundlagen für Mathematiker und Wirtschaftsinformatiker
von Rainer Beedgen
1993. X, 209 S. Kart.
ISBN 3-528-05237-6

Dieses elementar und propädeutisch gehaltene Lehrbuch führt in ausgewählte Themen der mathematischen und theoretischen Grundlagen ein, wie sie für die Informatik und Wirtschaftsinformatik von Interesse sind. Das Buch richtet sich vor allem an Studenten an Fachhochschulen.

Fachhochschule Köln
Betzdorfer Straße 2
50679 Köln
Tel. 0221/8275-2431
Fax 0221/8275-2445
Tel. Studienberatung 0221/8275-2431
email vogt@fh-koeln.de

1. Bezeichnung des Fachbereichs bzw. des Studiengangs/der Studienrichtung

   a) Fachbereich Nachrichtentechnik
   b) Studienrichtung Informationsverarbeitung

2. Akademischer Grad ggf. mit Zusatz laut Abschlußzeugnis

   Diplom-Ingenieur (FH)

3. Professoren im Fachgebiet Informationsverarbeitung/Informatik und angrenzenden Gebieten

   Prof. Dr.-Ing. Rolf Brinkmann: *Theoretische Nachrichtentechnik*
   Prof. Dr. Gregor Büchel: *Grundlagen der Informatik - Datenbanken - Mathematik*
   Prof. Dr.-Ing. Hans Otto Flabb: *Digitaltechnik - Grundgebiete der Elektronik*
   Prof. Dr.-Ing. Georg Hartung: *Digitaltechnik - Rechnerarchitektur*
   Prof. Dipl.-Ing. Wilhelm Nüchel: *Nachrichtenverarbeitung - Microcomputertechnik*
   Prof. Dr.-Ing. Udo Piller: *Datennetze - Impulstechnik*
   Prof. Dr. Dietrich Schäfer: *Grundlagen der Informatik - Programmiersprachen*
   Prof. Dr.-Ing. Gunter Uerlings: *Prozeßautomatisierung - Prozeßdatenverarbeitung*
   Prof. Dr. Carsten Vogt: *Grundlagen der Informatik - Betriebssysteme*

4. Organisation des Studiums

   a) Studienabschnitte
      Grundstudium (2-4 Semester)
      Hauptstudium (2-4 Semester)
      Gesamtstudium (6 Semester)

- im dritten und vierten Semester werden Vorlesungen aus Grund- und Hauptstudium gehört
- Diplomarbeit im sechsten, ggf. siebten Semester (3 Monate)
- mündliche Prüfung und Diplomarbeitskolloquium am Schluß des Studiums

b) Fächer- und Stundenübersicht (inkl. SWS Wahlpflichtfächer)
Grundstudium: 76 SWS
Hauptstudium: 84 SWS (ohne Diplomarbeitsanteil)
Summe: 160 SWS
Folgende Lehrveranstaltungs-Schwerpunkte werden angeboten:
- Datenverarbeitung (Grundlagen der Informatik), Mathematik, Physik, Grundgebiete der Elektrotechnik, Werkstoffe und Bauelemente der Nachrichtentechnik, Meßtechnik im Grundstudium
- Betriebssysteme, Datennetze und Datenfernübertragung, Technischer Aufbau von DV-Geräten (Digitaltechnik), Elektronische Schaltungen und Netzwerke, Prozeßdatenverarbeitung, Angewandte Mathematik, Operations Research, Steuerungs- und Reglungstechnik, Theoretische Nachrichtentechnik, Betriebswissenschaften im Hauptstudium

c) Wahlpflichtfächer
Zusätzlich zu den Pflichtfächern in b) müssen im Hauptstudium zwei Wahlpflichtfächer mit insgesamt 16 SWS gewählt werden. Folgende Wahlpflichtfächer werden zur Zeit angeboten:
- Spezielle Programmiersprachen, Rechnerarchitektur, Microcomputertechnik, Digitale und Stochastische Reglungstechnik, Mehrfachreglungstechnik
Darüberhinaus sind 6 SWS außerfachlicher Lehrveranstaltungen zu wählen.

5. Rechnerausstattung (nutzbar durch Informationsverarbeitung)

Zentrales RZ:
- RS/6000-Workstations mit ca. 30 vernetzten PC
Labore Nachrichtentechnik/Informationsverarbeitung:
- Labor für Informatik; HP-Server mit ca. 30 vernetzten PC
- Labor für Nachrichtenverarbeitung und Prozeßautomatisierung; 6 vernetzte SPARC-Workstations, 2 Transputernetze
- Labor für Datennetze; HP-Workstation mit 8 vernetzten PC
- Anschluß an WIN/Internet

6. Sonstige Angaben

Studienbeginn nur im WS
Der Studiengang besteht seit 1978
Eine Reform der Struktur des Studiums ist geplant

Fachhochschule Köln
Abteilung Gummersbach
Am Sandberg 1
51643 Gummersbach
Tel. 02261/8196-0
Fax 02261/8196-15
Tel. Studienberatung 02261/8196-120

1. Bezeichnung des Fachbereichs bzw. der Studiengänge

a)   Fachbereich Informatik
b1) Studiengang Allgemeine Informatik
b2) Studiengang Technische Informatik
b3) Studiengang Wirtschaftsinformatik

2. Akademischer Grad ggf. mit Zusatz laut Abschlußzeugnis

Diplom-Informatiker(in) (FH)
b1) Studiengang Allgemeine Informatik
b2) Studiengang Technische Informatik
b3) Studiengang Wirtschaftsinformatik

3. Professoren in den Informatik-Studiengängen

Prof. Dr. Wolfgang Borutzky: *Informatik - Prozeßinformatik*
Prof. Dipl.-Phys. Torsten Drescher: *Nachrichtenverarbeitung - Angewand-*
     te Informatik
Prof. Dr. rer. nat. Peter Göttel: *Informatik - Kernkrafttechnik*
Prof. Dr.-Ing. Friedbert Jochum: *Informatik, insbesondere wissensbasierte*
     Systeme und Softwaretechnologie
Prof. Dr. Heiner Klocke: *Wirtschaftsinformatik - Informationssysteme*
Prof. Dr. Heribert Koch: *Physik - Technische Informatik*
Prof. Dr. rer. pol. Georg von Landsberg: *Betriebswirtschaftslehre*
Prof. Dr. rer. nat. Josef Lückert: *Experimentalphysik - Vakuumphysik*

Prof. Dipl.-Wirtsch.-Ing. Dipl.-Ing. Willi Peetz: *Betriebswirtschaftslehre, insbesonders Organisationslehre und Arbeitswissenschaft*

Prof. Dr. rer. pol. Gustav-Adolf Prinz: *Betriebswirtschaftslehre, insbesonders Absatzlehre*

Prof. Dr. jur. Manfred Richter: *Recht für Ingenieure - Führungslehre*

Prof. Dipl.-Ing. Horst-Wolfgang Scheidt: *Elektrische Nachrichtentechnik*

Prof. Dr. rer. nat. Peter Schwanenberg: *Mathematik - Statistik - Operations Research*

Prof. Dr. rer. nat. Horst Stenzel: *Informatik*

Prof. Hermann Tontch: *Mathematik und Physik für Ingenieure*

Prof. Dr.-Ing. Hans-Günther Werthenbach: *Steuerungs- und Regelungstechnik*

Prof. Dr. rer. pol. Friedrich Wilke: *Volkswirtschaftslehre*

4b1)   Organisation des Studiums: Studiengang Allgemeine Informatik

a)   Studienabschnitte
Grundstudium (3 Semester)
- drei Studiensemester
Hauptstudium (5 Semester)
- vier Studiensemester
- ein Studiensemester in der Praxis im fünften Semester (26 Wochen)
- Diplomarbeit (3 Monate) im achten Semester
- mündliche Diplomprüfung am Ende des achten Semesters

b)   Fächer- und Stundenübersicht (inkl. SWS Wahlpflichtfächer)
Grundstudium: 80 SWS
Hauptstudium: 74 SWS (ohne Diplomarbeitsanteil)
Summe: 154 SWS
Folgende Lehrveranstaltungs-Schwerpunkte werden angeboten:
- Mathematik, Grundzüge der Informatik, Algorithmen, Wirtschaftswissenschaftliche Grundlagen, Physik, Rechnerstrukturen, Ergonomie, Nebenfach 1 im Grundstudium
- Betriebssysteme, Datenbanksysteme, Softwaretechnik, Mensch-Computer-Interaktion, Anleitung zum wissenschaftlichen Arbeiten, Projekt, Wahlpflichtfächer 1, 2 und 3, Nebenfach 2 und 3 im Hauptstudium

c)   Wahlpflichtfächer
Drei Wahlpflichtfächer à 6 SWS sind aus 3 Blöcken zu wählen (jeweils eines aus jedem Block):
Block WPF1: Praktische Informatik
- Compiler und Interpreter, Betriebssysteme, verteilte Systeme, Künstliche Intelligenz, Graphische Datenverarbeitung, Mensch-Computer-Interaktion, Datenbank- und Informationssysteme, Wis-

sensbasierte Systeme, Expertensysteme, Programmier- und Dialog-
sprachen, Softwaretechnik, Information Retrieval
Block WPF2: Technische/Theoretische Informatik
- Rechnernetze, Telekommunikation, Bildverarbeitung, Prozeßinformatik, Robotik, Parallelrechner, Simulationstechnik, Automaten, Sprachen, Algorithmen, Komplexitätstheorie, Netztheorie,
Programmverifikation, Computeralgebra
Block WPF3: Angewandte Informatik
- Computerlinguistik, Medizinische Informatik, Rechtsinformatik,
Verwaltungsinformatik, Neuroinformatik, Bioinformatik, Informatik und Umwelt, Betriebsinformatik, Operations Research, Wirt-
schaftsinformatik, Informatik und Gesellschaft, Angewandte Statistik, Numerische Mathematik

4b2) Organisation des Studiums: Studiengang Technische Informatik

a) Studienabschnitte
Grundstudium (3 Semester)
- drei Studiensemester
Hauptstudium (5 Semester)
- vier Studiensemester
- ein Studiensemester in der Praxis im fünften Semester (26
Wochen)
- Diplomarbeit (3 Monate) im achten Semester
- Mündliche Diplomprüfung am Ende des achten Semesters
b) Fächer- und Stundenübersicht (inkl. SWS Wahlpflichtfächer)
Grundstudium: 74 SWS
Hauptstudium: 96 SWS (ohne Diplomarbeitsanteil)
Summe: 170 SWS
Folgende Lehrveranstaltungs-Schwerpunkte werden angeboten:
- Mathematik, Grundzüge der Informatik, Algorithmen, Wirt-
schaftswissenschaftliche Grundlagen, Physik, Angewandte Elektro-
technik, Rechnerstrukturen, Arbeitswissenschaft, Nebenfach 1 im
Grundstudium
- Regelungstechnik, Übertragungstechnik, Analoge Schaltungstechnik, Betriebssysteme, Kommunikationstechnik, Anleitung zum wissenschaftlichen Arbeiten, Prozeßinformatik, Technische Datenverarbeitung, Projekt-Seminar, Wahlpflichtfächer 1, 2 und 3, Nebenfach 2 und 3 im Hauptstudium
c) Wahlpflichtfächer
Drei Wahlpflichtfächer à 6 SWS sind aus 3 Blöcken zu wählen
(jeweils eines aus jedem Block):

Block WPF1: Hardware-orientierte Veranstaltungen
- Systeme der Meßtechnik, Datenkommunikation und Rechnernetze, Hardware-Design, Anwendungen der Leistungselektronik, Hochfrequenztechnik, Technische Anwendungen der Datenverarbeitung, Anwendungen der Steuerungstechnik

Block WPF2: Software-orientierte Veranstaltungen
- Angewandte Statistik, Softwaretechnik, Simulationstechnik, Information und Dokumentation, Prozeßleittechnik,·Graphische Datenverarbeitung,, Wissensbasierte Systeme, Parallelrechner und Parallele Programmierung, Bildverarbeitung

Block WPF3:
- Operations Research, Angewandte Regelungstechnik, Angewandte Schaltungstechnik, Elektromagnetische Verträglichkeit (EMV), Mikrorechner-Anwendungen, Spezialgebiete der Mathematik, Antennen und Wellenausbreitung, Spezialgebiete der Regelungstechnik, Codierung und Datensicherheit, Betriebsinformatik, Systemanalyse, Robotik, Projektmanagement, Neuronale Netze

4b3) Organisation des Studiums: Studiengang Wirtschaftsinformatik

a) Studienabschnitte
Grundstudium (3 Semester)
- drei Studiensemester
Hauptstudium (5 Semester)
- vier Studiensemester
- ein Studiensemester in der Praxis im fünften Semester (26 Wochen)
- Diplomarbeit (3 Monate) im achten Semester
- Mündliche Diplomprüfung am Ende des achten Semesters

b) Fächer- und Stundenübersicht (inkl. SWS Wahlpflichtfächer)
Grundstudium: 76 SWS
Hauptstudium: 82 SWS (ohne Diplomarbeitsanteil)
Summe: 158 SWS
Folgende Lehrveranstaltungs-Schwerpunkte werden angeboten:
- Mathematik, Grundzüge der Informatik, Algorithmen, Volkswirtschaftslehre, Betriebswirtschaftslehre, Recht, Arbeitswissenschaft, Nebenfach 1 im Grundstudium
- Rechnungswesen, Softwareentwicklung, Projektmanagement, Mensch-Computer-Interaktion, Anleitung zum wissenschaftlichen Arbeiten, Informationsmanagement, CIM, Projektseminar, Wahlpflichtfächer 1, 2 und 3, Nebenfach 2 und 3 im Hauptstudium

c) Wahlpflichtfächer
Drei Wahlpflichtfächer à 6 SWS sind aus 3 Blöcken zu wählen
(jeweils eines aus jedem Block):
Block WPF1: wirtschaftlich orientierte Veranstaltungen
- Wirtschaftsrecht, Marketing, Investitionsenscheidungen, Wirt-
schaftspolitik, Führungslehre, Controlling, Finanzierung und Steu-
ern, Unternehmensplanspiel, DV-Organisation, Operations
Research
Block WPF2: Software-orientierte Veranstaltungen
- Angewandte Statistik, Simulationstechnik, Information und Doku-
mentation, Graphische Datenverarbeitung, Wissensbasierte Systeme, Betriebssysteme, Programmier- und Dialogsprachen, System-
analyse, Zeitreihenanalyse
Block WPF3:
- Prozeßinformatik, Qualitätssicherung, Informatik und Umwelt, Bürokommunikation, Moderation und Präsentation

5. Rechnerausstattung (nutzbar durch FB Informatik)

Zentrales RZ:
- PDP 11/24 mit 19 Plätzen
- IBM 4361 mit 54 Plätzen
- VAX 3800 mit 20 Plätzen
Labore FB Informatik:
- VAX 4000-200 mit 32 Plätzen
- PDP 11/73 mit 8 Plätzen
- Micro VAX II mit 5 Plätzen
- 10 RS 6000 im Verbund mit
- 30 PC

6. Sonstige Angaben

Studienbeginn im WS
Bewerbung über ZVS Dortmund
Gründung 1984

Fachhochschule Konstanz
Brauneggerstraße 55
78462 Konstanz
Tel. 07531/9836-0
Fax 07531/9836-13
email e2fricke at dknkurzl (bitnet)

1. Bezeichnung des Fachbereichs bzw. des Studiengangs

   a) Fachbereich Informatik
   b) Studiengang Technische Informatik

2. Akademischer Grad ggf. mit Zusatz laut Abschlußzeugnis

   Diplominformatiker(in) (FH)
   Studiengang Technische Informatik

3. Professoren im Fachgebiet Technische Informatik

   Prof. Dr. F. Wolfgang Arndt: *Betriebssysteme - Prozeßautomatisierung*
   Prof. Dr. Purushottam Bápat: *Elektrotechnik - Robotik*
   Prof. Dr. Oliver Bittel: *Strukturiertes Programmieren - Algorithmen - Maschinenorientiertes Programmieren*
   Prof. Dr. Hartmut Fricke: *Elektrotechnik - Prozeßautomatisierung*
   Prof. Dr. Jürgen Garloff: *Analysis - Numerische Mathematik*
   Prof. Dr. Klaus Hager: *Datenstrukturen - Sprachübersetzer*
   Prof. Dr. Manfred Knoll: *Hardwaregrundlagen - Meßwerterfassung - Nachrichtentechnik*
   Prof. Dr. Werner Lötzbeyer: *Numerische Mathematik - Lineare Algebra - Datenbanksystem*
   Prof. Dipl.-Ing. Helmut Malz: *Rechnerarchitektur - Informations- und Codierungstheorie - Methoden der Schaltungsentwicklung - Anwendungen der Künstlichen Intelligenz*
   Prof. Dr. Reinhard Nürnberg: *Mikroprozessortechnik - Rechnernetze*
   Prof. Dr. Dieter Schaal: *Physik - Strukturiertes Programmieren*
   Prof. Dr. Hans Albrecht Schmid: *Software Engineering - Computergraphik - Realzeitsysteme*
   Prof. Dr. Gert Voland: *Digitaltechnik - Elektronik - Entwicklung anwendungsspezifischer Schaltkreise*

4. Organisation des Studiums

a) Studienabschnitte
Grundstudium (3 Semester)
- zwei Studiensemester
- ein Studiensemester in der Praxis im dritten Semester (mindestens 100 Präsenztage)
- Abschluß: Vordiplom (Zeugnis)
Hauptstudium (5 Semester)
- vier Studiensemester
- ein Studiensemester in der Praxis im sechsten Semester (mindestens 100 Präsenztage)
- Diplomarbeit im siebten/achten Semester (6 Monate) mit Präsentation
b) Fächer- und Stundenübersicht (inkl. SWS Wahlpflichtfächer)
Grundstudium: 56 SWS
Hauptstudium: 104 SWS (ohne Diplomarbeitsanteil)
Summe: 160 SWS
Folgende Lehrveranstaltungs-Schwerpunkte werden angeboten:
- Mathematik, Physik, Elektrotechnik, Strukturiertes Programmieren, Algorithmen, Digitaltechnik, Rechnerarchitektur im Grundstudium
- Software-Engineering, Maschinenorientiertes Programmieren, Datenstrukturen, Betriebssysteme, Elektronik, Mikroprozessoren, Rechnernetze und Prozeßautomatisierung, Realzeitsysteme, Datenbanken, Sprachübersetzer im Hauptstudium
c) Wahlpflichtfächer
Im Umfang von 12 SWS können Wahlpflichtfächer aus folgendem Katalog ausgewählt werden:
Entwurf integrierter Schaltkreise, Verfahren zur Schaltungsentwicklung, Robotik, Anwendungen der Künstlichen Intelligenz, Produktionsplanung und -steuerung, CA-Techniken, Simulationssprachen, Werkzeuge zur Softwareentwicklung, Recht und Datenschutz, Fachenglisch (alternativ studium generale oder sonstige Fachsprache), Managementinformationssysteme, Systemanalyse, Architektur von Computersystemen und Netzwerken (Zusatzangebot), Tutorial/Anleitung zur Gruppenbetreuung, Bürokommunikation, u. a. nach Angebot

5. Rechnerausstattung (nutzbar durch Technische Informatik)

Zentrales RZ:
- UNIX-Anlage mit 6 Servern, 24 Workstations und 23 X-Terminals
- PC-Rechnernetz mit 1 Server und 40 PC

- CAD-Rechenanlage mit 1 Server und 2 Workstations mit 8 Arbeits-
  plätzen
- 4 Workstations, 3 PC, 2 Terminalserver
Labore Technische Informatik:
- Labor für Realzeit- und Systemsoftware
  ~ Netzwerk auf Ethernetbasis: 9 VAX-Workstations, 16 Terminals,
    1 zentraler Server (VAX3300), 3 Realzeitrechner TYP Mikro-VAX,
    Betriebssysteme: VAX-VMS, Ultrix, Sprachen: ADA, C, C++,
    FORTRAN, MACRO32, PASCAL, 2 speicherprogrammierbare
    Steuerungen TYP SIEMENS S5 mit 4 Arbeitsplätzen zur Software-
    entwicklung
  ~ Anschluß zahlreicher Prozeßmodelle und On-line-Experimente
- Labor für Elektrotechnik und Elektronik
  ~ 6 Arbeitsplätze bestehend aus: je 1 PC 486 (3), 386 (3), Digital-
    oszilligraf (Nicolet(3), Philips(1), Hameg (4)) mit Schnittstellen zum
    PC, Multifunktionskarte ME 304 (meilhaus), Gleichspannungsver-
    sorgung, Funktionsgenerator
  ~ 1 tragbarer Meßplatz DASYLAB, 1 Meßplatz VECTOSCOPE
  ~ 6 PC-Simulationsarbeitsplätze mit div. Software, Entwicklung von
    ASICs, ansonsten übliche Laborausstattung mit Meßgeräten etc.
- Labor für Mikroprozessortechnik und Rechnernetze
  ~ Ethernet-LAN, 4 Port-Ethernet-Router und Ethernet (TP)-Hub:
    1 SUN-Server, 7 PC (486/386er DX) mit X-Windows-Software,
    6 CISC- u. 2 RISC-basierte VMEbus-Systeme (68040/30/20 u.Am
    29000), 4 PC/AT-Transputereinsteckkarten (T400), 1661A Logic
    Analyzer (HP)
  ~ Software: UNIX, pSOS$^+$-Echtzeitbetriebssystemkern, C-Cross-
    compiler und Assembler für 680X0-Prozessoren auf SUN und PC,
    XRAY$^+$-Debbuger auf der SUN für 68040/30/20 VMEbus-Systeme
    unter pSOS$^+$

6. Sonstige Angaben

Studienbeginn im SS und WS
Gründung des Studiengangs Technische Informatik 1973
Vielfältige Forschungs- und Transfertätigkeiten über Institute der Hoch-
schule, Transferzentren der Steinbeis-Stiftung, Drittmittel etc.

7. Auslandskontakte

ERASMUS-Hochschulkooperationen mit University of Nottingham
(GB), Stafford University (GB) und ENSI de Caen (F) sowie Coventry
University (GB) und ENSEEIHT Toulouse (F): Anerkennung der im

Ausland erbrachten Studienleistungen (auch Diplomarbeiten, max. 2 Semester)
Fachhochschule Nanjing (VR China), Moskauer Energetisches Institut (Rußland): Praxissemester, Diplomarbeiten

8. Forschungs- und Transferinstitutionen

Steinbeis-Transferzentrum System- und Software-Engineering
(Leitung: Prof. Dr. F. Wolfgang Arndt, Tel. 07531/57501),
Steinbeis-Transferzentrum für Bilddatenverarbeitung
(Leitung: Prof. Dr. Robert Massen, Tel. 07531/57502),
Steinbeis-Transferzentrum Betriebliche Systemforschung
(Leitung: Prof. Dr. Michael Grütz, Tel. 07531/68992),
Institut für Innovation und Transfer
(Leitung: Prof. Dr. Anneliese Fearns, Tel. 07531/206112),
CAD/CAM-Institut
(Leitung: Dipl. Ing. Wolfgang. Stolz, Tel. 07531/206161)

Fachhochschule Konstanz
Brauneggerstraße 55
78462 Konstanz
Tel. 07531/9836-0
Fax 07531/9836-13
email wenzel at wenzel@fh-konstanz.de

1. Bezeichnung des Fachbereichs bzw. des Studiengangs

   a) Fachbereich Informatik
   b) Studiengang Wirtschaftsinformatik

2. Akademischer Grad ggf. mit Zusatz laut Abschlußzeugnis

   Diplom-Informatiker(in) (FH)
   Studiengang Wirtschaftsinformatik

3. Professoren im Fachgebiet Wirtschaftsinformatik

   Prof. Dr. Wilhelm Erben: *Statistik - Wirtschaftsmathematik*
   Prof. Dr. Michael Grütz: *Operations Research - Systemplanung - Planspiele*

Prof. Dr. Ulrich Hedtstück: *Theoretische Informatik - Algorithmen - Simulation*

Prof. Dr. Eduard Klein: *Datenstrukturen - Software-Engineering - Systemanalyse*

Prof. Dr. Ralf Leibscher: *Rechnerarchitektur - Betriebssysteme - Rechnernetze*

Prof. Dr. Reiner Martin: *Projektmanagement - Technikfolgenabschätzung - CIM*

Prof. Dr. Hartmut Pleßke: *Analysis - Lineare Algebra - Wirtschaftsmathematik*

Prof. Dr. Karl-Heinz Roschmann: *Betriebsdatenerfassung - PPS - CA-Techniken*

Prof. Dr. Paul Wenzel: *Betriebswirtschaftliche Anwendungen - Betriebswirtschaftslehre - Marketing*

4. Organisation des Studiums

a) Studienabschnitte
   Grundstudium (3 Semester)
   - zwei Studiensemester
   - ein Studiensemester in der Praxis im dritten Semester (mindestens 100 Präsenztage)
   - Abschluß: Vordiplom (Zeugnis)
   Hauptstudium (5 Semester)
   - vier Studiensemester
   - ein Studiensemester in der Praxis im sechsten Semester (mindestens 100 Präsenztage)
   - Diplomarbeit im siebten/achten Semester (6 Monate) mit Präsentation

b) Fächer- und Stundenübersicht (inkl. SWS Wahlpflichtfächer)
   Grundstudium: 56 SWS
   Hauptstudium: 104 SWS (ohne Diplomarbeitsanteil)
   Summe: 160 SWS
   Folgende Lehrveranstaltungs-Schwerpunkte werden angeboten:
   - Mathematik, Wirtschaftsmathematik, Strukturiertes Programmieren, Betriebswirtschaftslehre/Rechnungswesen, Hardwaregrundlagen/Rechnerarchitektur, Algorithmen, Standardsoftware im Grundstudium
   - Statistik und Operations Research/Simulation, Datenstrukturen, Datenbanken, Betriebssysteme, Systemanalyse, Rechnernetze/Bürokommunikation, Spezielle Betriebswirtschaftslehren, PPS, CA-Techniken im Hauptstudium

c) Wahlpflichtfächer
   Im Umfang von 12 SWS können Wahlpflichtfächer aus folgendem Katalog ausgewählt werden:

Sprachübersetzer, Simulationssprachen, Werkzeuge zur Softwareentwicklung, Anwendungen der Künstlichen Intelligenz, Anwendungen von PPS-Systemen, Management-Informationssysteme, Recht und Datenschutz, Fachenglisch, (alternativ Studium Generale/sonstige Fachsprache), Steuerrecht (Zusatzangebot), Computergraphik, Architektur von Computersystemen und Netzwerken (Zusatzangebot), Tutorial/Anleitung zur Gruppenbetreuung, Expertensysteme, Robotik, Realzeitsysteme, Prozeßautomatisierung

5. Rechnerausstattung (nutzbar durch Wirtschaftsinformatik)

Zentrales RZ:
- UNIX-Anlage mit 6 Servern, 24 Workstations und 23 X-Terminals
- PC-Rechnernetz mit 1 Server und 40 PC
- CAD-Rechenanlage mit 1 Server und 2 Workstations mit 8 Arbeitsplätzen, 4 Workstations, 3 PC, 2 Terminalserver
-Labore Wirtschaftsinformatik:
- BIKS-Labor: LAN auf Ethernet-Basis mit Novell-Netware 3.11 und 20 Dos/Windows-Arbeitsplätzen und 1 Server, davon 1 Arbeitsplatz mit NextSTEP, 1 Arbeitsplatz mit Zugang zu BTX (über Modem), Zugang ins RZ-Netz und ins Internet von jedem Arbeitsplatz aus
- BEST-Labor: LAN auf Ethernet-Basis mit Novell-Netware 3.11 - Server und SCO-UNIX-Server mit 18 DOS/Windows-Arbeitspläzen, davon 1 Arbeitsplatz mit Zugang zu SAP, 1 Arbeitsplatz mit Zugang zu BTX (über Modem), Zugang zu UNIX-Server per Modem, Zugang ins RZ-Netz und ins Internet von jedem Arbeitsplatz aus, ISDN-Anschluß

6. Sonstige Angaben

Studienbeginn im SS und WS
Gründung des Studiengangs 1983
Vielfältige Forschungs- und Transfertätigkeiten über Institute

7. Auslandskontakte

ERASMUS-Hochschulkooperationen mit University of Nottingham (GB) und ENSI de Caen (F) sowie Coventry University (GB) und ENSEEIHT Toulouse (F): Anerkennung der im Ausland erbrachten Studienleistungen (auch Diplomarbeiten; max. 2 Semester)

8. Forschungs- und Transferinstitutionen

Steinbeis-Transferzentum für System- und Software-Engineering
(Leitung: Prof. Dr. F. Wolfgang Arndt , Tel. 07531/57501)
Steinbeis-Transferzentrum für Bilddatenverarbeitung
(Leitung: Prof. Dr. Robert Massen, Tel. 07531/57502)
Steinbeis-Transferzentrum für Betriebliche Systemforschung
(Leitung: Prof. Dr. Michael Grütz, Tel. 07531/68992)

Fachhochschule Lausitz
Großenhainer Straße 57
01968 Senftenberg
Tel. 03573/85-601/600
Fax 03573/85-609
Tel. Studienberatung 03573/85-275
email: c=de;a=d400;p=fh-lausitz;ou=informatik;
**   s=christaller**

1. Bezeichnung des Fachbereichs bzw. des Studiengangs

  a) Fachbereich Informatik
  b) Studiengang Technische Informatik
  c) Schwerpunkte Informationstechnik, Realzeitysteme

2. Akademischer Grad ggf. mit Zusatz laut Abschlußzeugnis

  Diplom-Ingenieur(in) (FH)

3. Professoren im Fachbereich Informatik

  Prof. Dr. rer. nat. Hans-Ottmar Beckmann: *Verteilte Systeme - Rechner-
    netze*
  Prof. Dipl.-Phys. Georg Christaller: *Rechnerarchitektur - Rechnernetze*
  Prof. Dr.-Ing. habil. Ladislaus Kollar: *Systemtechnik - Automatisie-
    rungstechnik*
  Prof. Dr. rer. nat. habil. Johannes Kruscha: *Softwaretechnik - system-
    nahe Programmierung*
  Prof. Dr. rer. nat. habil. Wolfgang Laßner: *Grundlagen der Informatik -
    Digitaltechnik*
  Prof. Dr. Ing. Detlef Lobenstein: *Softwaretechnik - Softwareengineering*

Prof. Dr. Ing. habil. Ferdinand Wagner: *Digitaltechnik - Rechnerarchitektur*

Prof. Dr.-Ing. Martin Weigert: *Grundlagen der Informatik - Programmiersprachen - Bilddatenverarbeitung*

N.N.: *Systemtechnik - Betriebssysteme*

4. Organisation des Studiums

a) Studienabschnitte
   Grundstudium (3 Semester)
   - drei Studiensemester mit abschließender schriftlicher Prüfung in jedem Fach
   - Abschluß: Zwischenzeugnis (Vordiplom)
   Hauptstudium (5 Semester)
   - drei Studiensemester mit abschließender Prüfung je Fach
   - ein Studiensemester in der Praxis im fünften Semester (19 Wochen)
   - Diplomarbeit im achten Semester (3 Monate)
   - Abschlußkolloquium mit mündlicher Prüfung
b) Fächer- und Stundenübersicht (inkl. SWS Wahlpflichtfächer)
   Grundstudium: 90 SWS
   Hauptstudium: 80 SWS (ohne Diplomarbeitsanteil)
   Summe: 170 SWS
   Folgende Lehrveranstaltungs-Schwerpunkte werden angeboten:
   - Mathematik, Physik, Elektronik, Digitaltechnik, Meßtechnik, Systemtechnik, Grundlagen der Informatik, Methodik der Programmerstellung, Kosten- und Finanzmanagement im Grundstudium
   - Betriebssysteme und Systemprogrammierung, Systemtechnik, Rechnerarchitektur und Assembler, Rechnernetze, Prozeßtechnik im Hauptstudium
c) Wahlpflichtfächer
   Im Grundstudium müssen 4 SWS und im Hauptstudium 16 SWS gewählt werden.

5. Rechnerausstattung (nutzbar durch Technische Informatik)

Zentrales RZ:
- Campusnetz mit Kommunikationsrechner HP 9000
Labore Informatik:
- Labor für Softwaretechnik: 1 DOS-Pool mit 20 486er PC und Server, 1 UNIX-Pool mit 18 Sun-Classic und Sun-Server
- Labor für Rechnersysteme im Aufbau
- Labor für Prozeßtechnik im Aufbau

- Labor für graphische und Bild-Datenverarbeitung im Aufbau
- Labor für CIM-Technik im Aufbau

6. Sonstige Angaben

Studienbeginn im WS
Seit 1992 gibt es den Fachbereich Informatik

7. Auslandskontakte

Erste Kontakte zu polnischen und weißrussischen Hochschulen:
Universität Gleiwitz, Universität Minsk

8. Forschungs- und Transferinstitutionen

Lausitzer Technologie Transferstelle (LAUTT)
(Leitung: Dipl. Pol. Harald Mylord, Tel. 03573/85221)
Förderverein der Hochschule
DFG-geförderte Projekte im Fachbereich

**Hochschule für Technik, Wirtschaft
und Kultur Leipzig (FH)
Karl-Liebknecht-Straße 132
04251 Leipzig
Tel. 0341/3928-0
Fax 0341/3928-456
Tel. Studienberatung 0341/3928-508**

1. Bezeichnung des Fachbereichs bzw. des Studiengangs/des Schwerpunktes

   a) Fachbereich Informatik, Mathematik und Naturwissenschaften
   b) Studiengang Informatik
   c1) Schwerpunkt Praktische Informatik
   c2) Schwerpunkt Technische Informatik

2. Akademischer Grad ggf. mit Zusatz laut Abschlußzeugnis

   Diplom-Informatiker(in) (FH)

3. Professoren im Fachgebiet Informatik

Prof. Dr. rer. nat. Klaus Bastian: *Systemprogrammierung (Maschinennahe Programmierung - Betriebssysteme - Echtzeitsysteme - Parallele Prozesse)*

Prof. Dr. rer. nat. Frank Jaeger: *Graphische Datenverarbeitung (Computergraphik - CAD-Systeme - Computeranimation)*

Prof. Dr. rer. nat. habil. Karl-Udo Jahn: *Theoretische Informatik (Algorithmentheorie - Komplexitätstheorie - Algorithmische Geometrie)*

Prof. Dr. rer. nat. Heinrich Krämer: *Technische Informatik (Hardwareentwurf - Mikroprozessoren - Speicher - Busse - Schnittstellen)*

Prof. Dr. rer. nat. Hans-Peter Leidhold: *Praktische Informatik (Datenbanken - Betriebssysteme)*

Prof. Dr.-Ing. Günter Malgut: *Softwaresysteme (Compilerbau - CASE-Tools - Standardisierung und Bewertung von Software)*

Prof. Dr. rer. nat. habil. Günter Nägler: *Praktische Informatik (Algorithmen und Datenstrukturen - Softwaretechnik - Höhere Programmiersprachen)*

Prof. Dr. rer. nat. Uwe Petermann: *Grundlagen der Informatik (Theoretische Grundlagen der Informatik - Automatentheorie/Formale Sprachen - Logische Programmierung)*

Prof. Dr.-Ing. Dietmar Reimann: *Rechnersysteme (Schaltungs- und Digitaltechnik - Rechnersysteme - Rechnernetze)*

Prof. Dr.-Ing. Axel Schneider: *Rechnerarchitektur (Rechnersysteme - Periphere Geräte - Verktor- und Parallelrechner - Telekommunikatiom)*

Prof. Dr. rer. nat. habil. Siegfried Schönherr: *Künstliche Intelligenz (Expertensysteme - Mustererkennung - Algorithmisches Lernen)*

4. Organisation des Studiums

a) Studienabschnitte
   Grundstudium (3 Semester)
   - drei Studiensemester
   - Abschluß: Vordiplom (Zeugnis)
   Hauptstudium (5 Semester)
   - vier Studiensemester
   - ein Studiensemester in der Praxis im fünften Semester (26 Wochen)
   - Diplomarbeit im achten Semester (6 Monate)
   - mündliche und schriftliche Diplomprüfungen am Ende des achten Semesters

b) Fächer- und Stundenübersicht (inkl. SWS Wahlpflichtfächer)
   Grundstudium: 79 SWS
   Hauptstudium: 90 SWS (ohne Diplomarbeitsanteil)
   Summe: 169 SWS

Folgende Lehrveranstaltungs-Schwerpunkte werden angeboten:
- Mathematik (Analysis, Algebra, numerische Mathematik, Wahrscheinlichkeitsrechnung, Graphentheorie), Physik (Funktionsweise von Halbleiterbauelementen, Grundschaltungen mit aktiven und passiven Bauelementen, physikalische Grundlagen der Elektronik) Grundlagen der Informatik, Algorithmen und Datenstrukturen, Softwaretechnik, maschinenorientierte Programmierung, Schaltungs- und Digitaltechnik, Datenbanken, Betriebssysteme, Rechnersysteme, Rechnernetze, diverse eigenständige Praktika im Grundstudium
- Numerische Mathematik, Datenbanken, Betriebssysteme, Rechnersysteme, Angewandte Künstliche Intelligenz, diverse eigenständige Praktika im Hauptstudium

c) Wahlpflichtfächer
Es müssen 2 Blöcke - jeder hat 29 SWS - aus den folgenden Blöcken ausgewählt werden:
Programmierung, Computergrafik/CAD-Systeme, Rechnerarchitektur, Entwurf integrierter Schaltungen, Angewandte Informationssysteme
Zusätzlich können aus einem weiteren Katalog von Wahlpflichtfächern Lehrveranstaltungen gewählt werden.

5. Rechnerausstattung (nutzbar durch Informatik)

Zentrales RZ:
- IBM-PS/2-Pool mit leistungsfähigen Servern und zehn 486er Arbeitsstationen
- IBM-RISC-Pool mit 20 Arbeitsstationen, wodurch auch so anspruchsvolle Aufgabenbereiche wie grafische Datenverarbeitung/Bildverarbeitung und Arbeiten zur rechnergestützten Projekterstellung bewältigt werden können
- leistungsfähige Hard- und Software für den Zugang zum Wissenschaftsnetz WIN sowie zu weiteren internationalen Netzen
Labore Informatik:
- SUN-Workstation-Pool mit zwölf Arbeitsstationen, zwei leistungsfähigen Servern und moderner Softwareausstattung
- PC-Labor mit zwölf 486er PC und einem leistungsstarken Server; moderne Softwareausstattung
- Hardware-Labor mit Arbeitsplätzen zur Ausführung von Experimenten zur elektronischen Digitaltechnik, zu Untersuchungen der Funktionsweise und Anwendung von Bauelementen und Baugruppen der Rechentechnik, zur systemnahen Programmierung und der programmierbaren Logik

- Weiterhin stehen Transputersysteme zur Parallelverarbeitung, eine NEXT-Station sowie vernetzte Arbeitsplatzrechner zur Verfügung

6. Sonstige Angaben

Studienbeginn im WS
Gründung des FH-Studiengangs 1992, vorher universitärer Studiengang vorhanden, der zu Ende geführt wird.

7. Auslandskontakte

Bolton Institute of Higher Education (Studentenaustausch für ein bis zwei Semester; demnächst integrierter Studiengang mit Diplom sowohl in Großbritannien als auch in Deutschland).

8. Forschungs- und Transferinstitutionen

"Forschungsinstitut für Informations-Technologien Leipzig" als In-Institut an der Hochschule gegründet; fast alle Mitarbeiter und der Sprecher kommen aus dem Fachbereich; derzeit 22 DFG-, BMFT- und andere Drittmittelstellen. (Wissenschaftliche Leitung: Prof. Dr.-Ing. habil. Dr. rer. nat. Wolfgang Wittig, Tel. 0341/3928-0)

**Hochschule für Technik, Wirtschaft
und Kultur Leipzig (FH)
Karl-Liebknecht-Straße 132
04277 Leipzig
Tel. 0341/3928-0
Fax 0341/3928-456
Tel. Studienberatung 0341/3928-508**

1. Bezeichnung des Fachbereichs bzw. des Studiengangs/Schwerpunktes

   a) Fachbereich Wirtschaftswissenschaften
   b) Studiengang Betriebswirtschaft
   c) Schwerpunkt/Vertiefung Wirtschaftsinformatik

2. Akademischer Grad ggf. mit Zusatz laut Abschlußzeugnis

   Diplom-Kauffrau (FH) bzw. Diplom-Kaufmann (FH)
   mit Vertiefungsrichtung Wirtschaftsinformatik

3. Professoren im Fachgebiet Wirtschaftsinformatik

Prof. Dr. habil. Winfried Brecht: *PPS - CIM - OR*
Prof. Dr. Klaus Kruczynski: *Betriebliche DV-Anwendungssysteme*
weitere Professoren aus dem Fachbereich Informatik, Mathematik und
Naturwissenschaften

4. Organisation des Studiums

a) Studienabschnitte
   Grundstudium (3 Semester)
   - drei Studiensemester mit abschließenden schriftlichen Prüfungen
   - Abschluß: Diplomvorprüfung (Zeugnis)
   Hauptstudium (5 Semester)
   - fünf Studiensemester
   - ein Studiensemester in der Praxis im sechsten Semester (26 Wochen)
   - Diplomkolloquium und Abgabe der Diplomarbeit im achten Seme-
     ster (max. 6 Monate)
   Praxiserfordernisse: 6 wöchiges Vorpraktikum
b) Fächer- und Stundenübersicht (inkl. SWS Wahlpflichtfächer)
   Grundstudium: 82 SWS
   Hauptstudium: 76 SWS (ohne Diplomarbeitsanteil)
   Summe: 158 SWS
   Folgende Lehrveranstaltungs-Schwerpunkte werden angeboten:
   - betriebswirtschaftliches Studium einschließlich Mathematik, Stati-
     stik und Grundlagen der Wirtschaftsinformatik im Grundstudium
   - betriebswirtschaftliches Studium mit Schwerpunkt Wirtschaftsinfor-
     matik im Hauptstudium: Hardware/Betriebssysteme, Datenorgani-
     sation/Datenbanken, Anwendungssysteme, Projekt- und Informati-
     onsmanagement, Informatik-Markt, DV-Recht, Projektseminar
   Insgesamt gibt es sechs Schwerpunktrichtungen, von denen drei auszuwählen sind.
c) Wahlpflichtfächer
   Aus den Bereichen VWL/Recht bzw. Statistik/OR ist jeweils ein Fach
   im Umfang von 2 SWS auszuwählen.
Bemerkung: Der Gesamt-DV-Anteil des Studiums, einschließlich
Schwerpunkt, beträgt 32 SWS, davon 12 SWS im Grundstudium.

5. Rechnerausstattung (nutzbar durch Wirtschaftsinformatik)

Zentrales RZ:
- RS6000-Pool mit 10 Arbeitsstationen (AIX)
- PS/2-Pool mit 10 Arbeitsstationen (OS/2 bzw. MS-DOS)

- Anschluß an das Deutsche Forschungsnetz (DFN)
Labore Wirtschaftsinformatik:
- PC-Pool mit 20 Arbeitsplätzen (MS-DOS) für das Grundstudium
- PC-Pool mit 20 Arbeitsplätzen (MS-DOS/UNIX) für das Haupt- und
  Vertiefungsstudium
- Video-/Multimedia-Labor

6. Sonstige Angaben

Studienbeginn im WS
Gründung des Schwerpunktes Wirtschaftsinformatik 1992

Fachhochschule Merseburg
Geusaer Straße
06217 Merseburg
Tel. 03461/46-2913
Fax 03461/46-2370
Tel. Studienberatung 03461/46-2930

1. Bezeichnung des Fachbereichs bzw. der Studiengänge

   a)   Fachbereich Informatik und Angewandte Naturwissenschaften
   b1) Studiengang Informatik
   b2) Fernstudienbrückenkurs Allgemeine Informatik (Aufbaustudium für
       Absolventen ehemaliger Fachschulen/Ingenieurschulen der DDR)

2. Akademischer Grad ggf. mit Zusatz laut Abschlußzeugnis

   Diplom-Informatiker(in) (FH)

3. Professoren im Fachgebiet Informatik

   Prof. Dr. Thomas Buchanan: *Computergrafik - Bildverarbeitung - Soft-*
       ware-Engineering - KI
   Prof. Dr. Karsten Hartmann: *Kommunikations- und Netzdesign - Rechner-*
       architektur - Programmierung (C, C++) - Grundlagen der KI
   Prof. Dr. Dr. Heidrun Rauchhaus: *Programmiersprachen - Objektorien-*
       tierte Programmierung - KI-Sprachen
   Prof Dr. Martin Schleiff: *Grundlagen der Informatik - Programmierung -*
       Informatik in den Ingenieurwissenschaften - Simulation

4b1) Organisation des Studiums: Studiengang Informatik

a) Studienabschnitte
Grundstudium (3 Semester)
- drei Studiensemester mit abschließender schriftlicher und mündlicher Prüfung
- Abschluß: Vordiplom
Hauptstudium (5 Semester)
- drei Studiensemester
- ein Studiensemester in der Praxis im fünften Semester (20 Wochen)
- mündliche Diplomprüfung am Ende des siebten Semesters
- Diplomarbeit im achten Semester mit Präsentation (6 Monate) (Diplomarbeitssemester)
Praxiserfordernisse: Vorpraktikum von 12 Wochen

b) Fächer- und Stundenübersicht (inkl. SWS Wahlpflichtfächer)
Grundstudium: 80 SWS
Hauptstudium: 76 SWS (ohne Diplomarbeitsanteil)
Summe: 156 SWS
Folgende Lehrveranstaltungs-Schwerpunkte werden angeboten:
- Grundlagen der Informatik, Programmierung/Programmkonstruktion, physikalische elektronische Grundlagen, Digitaltechnik, Datenbanken, Rechnerarchitektur, Softwaretechnologie, Mathematik, Stochastik, Betriebswirtschaftslehre im Grundstudium
- Betriebssysteme, objektorientiertes Programmieren, Computergrafik, Parallelverarbeitung im Hauptstudium

c) Wahlpflichtfächer
Es sind zwei Wahlpflichtbereiche zu je 30 SWS zu wählen:
- Rechnernetze und Telekommunikation: Architektur von Rechnernetzen, Mikroprozessoren, Anwendung von Rechnernetzen, Spezifikation von Protokollen, Bussysteme
- Künstliche Intelligenz: Grundlagen der KI, Programmiersprachen der KI, Expertensysteme, Tutoringsysteme, Sprachdatenverarbeitung
- Prozeßdatenverarbeitung: Grundlagen der Prozeßdatenverarbeitung, Meß- und Reglungstechnik, Sensorik, Speicherprogrammierbare Steuerungen, Echtzeitbetriebssysteme, Prozeßdatenbanken, PEARL
- Umweltinformatik: chemische und physikalische Grundlagen, Simulationsmethoden, Prozeßdatenverarbeitung, Umweltinformationssysteme
- Multimedia: Architektur von Multimediasystemen, Benutzeroberflächen, Tutoring, spezielle Programmiertechniken,
- Multimedia: Softwarewerkzeuge

4b2) Organisation des Studiums: Fernstudienbrückenkurs „Allgemeine
      Informatik"

  a) Studienabschnitte
      - drei Studiensemester mit Prüfungen nach jedem Semester
      - ein Semester zur Anfertigung der Diplomarbeit im vierten Semester
        (6 Monate)
      Studienvoraussetzung sind der Abschluß an einer ehemaligen Fach-
      schule der DDR als Fachschulingenieur sowie berufliche Erfahrung
      auf dem Gebiet der Datenverarbeitung.
  b) Fächer- und Stundenübersicht (inkl. SWS Wahlpflichtfächer)
      Das Studium umfaßt 288 Stunden Unterricht am Hochschulort, so-
      wie 1080 Stunden Selbststudium zu den Themen:
      - Grundlagen der Informatik, Programmiertechnologie in C und
        C++, Betriebswirtschaftslehre, Betriebssysteme, Rechnerarchitek-
        tur, Datenbanken, Computergrafik, Rechnernetze, Mikroprozessor-
        technik

5. Rechnerausstattung (nutzbar durch Informatik)

Zentrales RZ:
- 2 Computerlabore mit je 12 PC, davon ein Labor mit OS/2 (vernetzt)
- 1 Computerlabor mit 20 PC als CAD-Arbeitsplätze (vernetzt)
- Anschluß an das Deutsche Forschungsnetz DFN
Labore im Fachbereich:
- 1 Computerlabor mit 10 PC (vernetzt, Novellnetz)
- 1 Computerlabor mit 13 Workstations (UNIX-Labor, vernetzt)

6. Sonstige Angaben

Studiengang Informatik:
- Studienbeginn im WS
- Gründung des Studiengangs 1992
- Projekte mit Praxisbezug z.B. über Visualisierung von Umweltdaten
Fernstudienbrückenkurs „Allgemeine Informatik":
- Studienbeginn im SS und WS
- Gründung des Studiengangs 1993
- Diplomarbeiten aus der betrieblichen Arbeit der Studenten

Hochschule für Technik und Wirtschaft (FH) Mittweida
Technikumplatz 17
09648 Mittweida
Tel. 03727/58-0
Fax 03727/58-1379
Tel. Studienberatung 03727/58-1309

1. Bezeichnung des Fachbereichs bzw. des Studiengangs

   a) Fachbereich Mathematik/Physik/Informatik
   b1) Studiengang Angewandte Informatik (aI)
   b2) Studiengang Wirtschaftsinformatik (WI)

2. Akademischer Grad ggf. mit Zusatz laut Abschlußzeugnis

   Diplom-Informatiker(in) (FH)

3. Professoren im Fachgebiet Informatik

   Prof. Dr.-Ing. Rainer Gaudlitz: *Graphische Datenverarbeitung - DTP - Multimedia*

   Prof. Dr.-Ing. habil. Joachim Geiler: *Systemprogrammierung - Betriebssysteme - lokale Rechnernetze*

   Prof. Dr.-Ing. Mario Geißler: *Rechnernetze - Büroautomatisierung - Informationssysteme und Datenkommunikation in der öffentlichen Verwaltung*

   Prof. Dr. rer. nat. Ingeborg Jacobi: *Programmspezifikation - Programmentwicklungsumgebungen - Objektorientierte Programmentwicklung/Programmierung*

   Prof. Dr.-Ing. Jürgen Ruck: *Maschinennahe und Echtzeitprogrammierung - Betriebssysteme für Echtzeitsteuerungen*

   Prof. Dr.-Ing. Uwe Schneider: *Betriebssysteme - Programmiersprachen - Echtzeitverarbeitung*

   Prof. Dr. rer. nat. Konrad Schulz: *Logische Programmierung - Wissensverarbeitung - Expertensysteme*

   Prof. Dr. biol. hum. Rudolf Stübner: *Datenbanken und Informationssysteme*

   Prof. Dr. rer. nat. Günter Werner: *Algorithmen und Datenstrukturen - Theoretische Informatik - Digitale Bildverarbeitung - Algorithmische Geometrie*

Der Studiengang Wirtschaftsinformatik wird gemeinsam von den Fachbereichen Mathematik/Physik/Informatik und Betriebswirtschaft getragen

4. Organisation des Studiums

a) Studienabschnitte
    Grundstudium (4 Semester)
    - vier Studiensemester
    - Abschluß: Vordiplom (Zeugnis)
    Hauptstudium (4 Semester)
    - drei Studiensemester
    - ein Studiensemester in der Praxis im sechsten Semester (20 Wochen)
    - ein Semester zur Anfertigung der Diplomarbeit im achten Semester (5 Monate)
    - mündliche Diplomprüfung (Kolloquium) nach dem achten Semester
b1) Fächer- und Stundenübersicht (inkl. SWS Wahlpflichtfächer): aI
    Grundstudium: 118 SWS
    Hauptstudium: 68 SWS (ohne Diplomarbeitsanteil)
    Summe: 186 SWS
    Folgende Lehrveranstaltungs-Schwerpunkte werden angeboten:
    - Mathematik, Elektrotechnik/Elektronik, Betriebswirtschaftslehre, Grundlagen der Informatik, Algorithmen und Datenstrukturen, Software-Engineering, Maschinennahe Programmierung, Rechnerarchitektur/Mikrorechentechnik, Betriebssysteme im Grundstudium
    - Problemorientierte Programmierung, Datenbanken und Informationssysteme, Grafiksysteme, Rechnernetze, Simulation, Echtzeitverarbeitung, Wissensbasierte Systeme, Betriebssysteme/Systemprogrammierung im Hauptstudium
c1) Wahlpflichtfächer: aI
    Insgesamt 14 SWS, davon wenigstens 10 SWS mit Informatik-Inhalten müssen ausgewählt werden. Themenkreise u.a.:
    Projektierung und Betrieb lokaler Rechnernetze, UNIX-Systemadministration, Parallelverarbeitung, DV-Lösungen für betriebliche Organisation und Abrechnung, Digitale Bildverarbeitung, Wissensverarbeitung unter Echtzeitbedingungen
b2) Fächer- und Stundenübersicht (inkl. SWS Wahlpflichtfächer): WI
    Grundstudium: 118 SWS
    Hauptstudium: 62 SWS (ohne Diplomarbeitsanteil)
    Summe: 180 SWS

Folgende Lehrveranstaltungs-Schwerpunkte werden angeboten:
- Mathematik, Finanzmathematik, Einführung in die Programmierung (Modula-2), Rechnersysteme, Betriebssysteme, Programmiersprache C, Algorithmen und Datenstrukturen, Theoretische Informatik, Software-Engineering, Datenpräsentation, Operations Research, Wirtschaftsinformatik, Betriebswirtschaftslehre, Buchführung und Bilanzierung, Volkswirtschaftslehre, Kosten- und Leistungsrechnung, Controlling, Industriebetriebslehre, Wirtschafts- und Arbeitsrecht im Grundstudium
- Problemorientierte Programmierung, Datenbanken und Informationssysteme, Rechnernetze und Bürokommunikation, Modellierung und Simulation, Wissensbasierte Systeme, Versicherungsmathematik, DV-Management, Betriebswirtschaftliche Steuerlehre, Fertigungswirtschaft und Logistik im Hauptstudium

c2) Wahlpflichtfächer: WI
Insgesamt 12 SWS, davon wenigstens 8 SWS mit Informatik-Inhalten müssen ausgewählt werden. Themenkreise u.a.:
Industrieanwendungen/CIM, Datenbankanwendungen, Anwendungen in der medizinischen Verwaltung, Expertensystemanwendungen

5. Rechnerausstattung (nutzbar durch Informatik)

Zentrales RZ:
- Kommunikationsserver HP9000 / 832 mit Anschluß an das Deutsche Forschungsnetz
Labore im Fachbereich:
- UNIX-Pool mit 8 IBM RISC 6000 Modell 320H und 4 IBM RISC 6000 Modell 220 - Workstations; Server IBM RISC 6000 Modell 530H
- 1 PC-Pool mit 16 PC
- 1 PC-Pool mit 12 PC
- gemeinsamer Novell-Server für beide PC-Pools
- 1 Sparc-kompatible Workstation
- PC- und UNIX-Pool sind untereinander und mit dem zentralen Rechenzentrum vernetzt

6. Sonstige Angaben

Studienbeginn im WS
Gründung des Studiengangs Angewandte Informatik (aI) 1991
Gründung des Studiengangs Wirtschaftsinformatik (WI) 1994
Projekte mit Praxisbezug unter Einbeziehung von Diplomarbeiten, z.B. über:

aI: Heterogene Rechnernetze, Netzwerkverwaltung, Betriebliche Daten- und Informationsanalyse, Einführung komplexer Informationssysteme in die betriebliche Praxis, Datenatlas „Umwelt und Soziales" des Kreises Mittweida, Wissensbasierte Prozeßüberwachung und -steuerung, Medizinische Dokumentation

WI: Betriebliche Daten- und Informationsanalyse, Einführung komplexer Informationssysteme in die betriebliche Praxis, Wissensbasierte Prozeßüberwachung und -steuerung

7. Auslandskontakte

Hochschule für Verkehrs- und Nachrichtenwesen Zilina (Slovakei)
Austausch von Diplomanden

8. Forschungs- und Transferinstitutionen

Forschungszentrum Mittweida e.V. (Geschäftsführender Direktor: Dr.-Ing. habil. Heinz Steinbach, Tel. 03727/55215; Wissenschaftlicher Direktor: Prof. Dr. rer. nat. habil. Werner Totzauer, Tel. 03727/581220)

Fachhochschule München
Lothstraße 34
80335 München
Tel. 089/1265-0
Fax 089/1265-1490/1680
Tel. Studienberatung 089/1265-1601

1. Bezeichnung des Fachbereichs bzw. des Studiengangs/der Studienrichtungen

   a) Fachbereich Informatik/Mathematik
   b) Studiengang Informatik
   c1) Studienrichtung Informatik in der Technik, mit den Schwerpunkten Systemorientierte Anwendungen und Industrielle Anwendungen
   c2) Studienrichtung Informatik in der Wirtschaft

2. Akademischer Grad ggf. mit Zusatz laut Abschlußzeugnis

   Diplom-Informatiker(in) (FH)

3. Professoren im Fachgebiet Informatik

Prof. Dr.-Ing. Wolfgang Abmayr: *Prozeßrechentechnik - Datenverarbeitungssysteme - Digitale Bildsysteme*

Prof. Dr. rer. nat. Heidi Anlauff: *Anwendungen der DV in der Technik*

Prof. Karl Dengler: *Mathematik - Numerik - Informatik*

Prof. Dr. rer. nat. Wilfried Gleich: *Programmierssteme - DV-Anwendungen in der Technik - Numerische Mathematik*

Prof. Dr.-Ing. Peter Haberäcker: *Datenverarbeitungsysteme - Betriebssysteme - Mustererkennung - Statistik*

Prof. Korbinian Kern: *Anwendungsprogrammierung - Datenbanksysteme - Programmiersprachen - Compiler*

Prof. Dr. rer. nat. Ursula Kirch-Prinz: *Datenbanken - Rechnernetze - Datenfernverarbeitung,*

Prof. Dr. rer. nat. Klaus Köhler: *Mathematik - Programmiersprachen - Rechnerarchitektur*

Prof. Dr. rer. nat. Willy Krautwald: *Mathematik - Statistik*

Prof. Erwin Lacher: *Informationssysteme - Systemprogrammierung - Anwendungsprogrammierung - Betriebssysteme*

Prof. Dr. rer. pol. Reinhard Lenk: *VWL - BWL - DV-Anwendungen in der Wirtschaft*

Prof. Dipl.-Kfm. Bernfried Lewandowski: *Wirtschaftsinformatik - BWL - Systemanalyse - Programmiersprachen*

Prof. Dr. rer. pol. Wolfgang Marke: *Informatik - Mikroprozessoren - verteilte Systeme - Datenfernverarbeitung - Netze*

Prof. Henning Mittelbach: *Mathematik - Statistik - Datenverarbeitung*

Prof. Dr.-Ing. Walter Motsch: *Rechnertechnik - Rechnerarchitektur*

Prof. Dr. rer. nat. Winfried Recknagel: *Mathematik - Statistik - Numerik*

Prof. Dr. rer. nat. Peter Schlamp: *Statistik - Programmiersprachen*

Prof. Dr. rer. nat. Friedrich Stanek: *Technische Physik - Elektronik - Rechnertechnik - Datenverarbeitungssysteme*

Prof. Dr.-Ing. Wolfgang Streng: *Software-Engineering - Wissensbasierte Systeme - DV-Anwendungen in der Wirtschaft*

Prof. Dr. rer. pol. Gerhard Stützle: *BWL - VWL - DV-Anwendungen in der Wirtschaft*

Prof. Dr. rer. nat. Horst Zehfuß: *Mathematik - Finanzmathematik - Informatik*

und weitere 17 Professorinnen/Professoren, die überwiegend in Mathematik etc. in anderen Fachbereichen als sogenannte "Dienstleister" eingesetzt sind.

4. Organisation des Studiums: beide Studienrichtungen

a) Studienabschnitte
    Grundstudium (2 Semester)
    - zwei Studiensemester
    - Abschluß: Vordiplom (Zeugnis)
    Hauptstudium (6 Semester)
    - vier Studiensemester
    - ein Studiensemester in der Praxis im dritten Semester (20 Wochen)
    - ein Studiensemester in der Praxis im sechsten Semester (20 Wo-
      chen)
    - Diplomarbeit im siebten/achten Semester (6 Monate)
b) Fächer- und Stundenübersicht (inkl. SWS Wahlpflichtfächer)
    Grundstudium: 60 SWS
    Hauptstudium: 120 SWS (ohne Diplomarbeitsanteil)
    Summe: 180 SWS
    Folgende Lehrveranstaltungs-Schwerpunkte werden angeboten:
    - Grundlagen der Informatik, Datenverarbeitungssysteme, Program-
      mieren, Mathematik (Algebra und Analysis), Physikalische Grund-
      lagen, DV-Organisation, Grundzüge der Volks- und Betriebswirt-
      schaftslehre, Englisch im Grundstudium
    - Das Lehrangebot im Hauptstudium ist je nach Studienrichtung
      unterschiedlich und wird fallweise auch noch nach Schwerpunkten
      differenziert. Allgemeine Fächer sind (teils mit Praktika) u.a.: As-
      sembler, Datenorganisation, Statistik, Betriebssysteme, Datenban-
      ken, Compiler, Datenfernverarbeitung, Operations Research, Nu-
      merische Mathematik, Technische Physik, Rechnertechnik, Prozeß-
      rechnertechnik, DV-Anwendungen in der Wirtschaft, Wissensba-
      sierte Systeme, Anwendungsentwicklung, Betriebswirtschaftslehre,
      Rechnungswesen
c) Wahlpflichtfächer
    Ein studienrichtungs- bzw- schwerpunktbezogener Kanon von soge-
    nannten Schwerpunktfächern bzw. Wahlpflichtfächern betont die je-
    weiligen Studienabschlüsse. Beispiele: Systemprogrammierung,
    Grafische Datenverarbeitung, Digitale Bildverarbeitung, Musterken-
    nung, Neuronale Netze, Expertenssysteme
    2 SWS allgemeinwissenschaftliche Wahlpflichtfächer im Grund-
    studium, 4 SWS im Hauptstudium

5. Rechnerausstattung (nutzbar durch Informatik)

Zentrales RZ:
- Leitungsanschluß an das zentrale RZ
- Leitungsanschluß an das Leibniz-Rechenzentrum
Labore im Fachbereich:
- 100 PC, Workstations und Terminals (vernetzt)
- Labore für
  allgemeines Programmieren (Grundstudium)
  Systemprogrammierung
  Softwareentwicklung
  Microcomputer
  Rechnerorganisation
  industrielle Informatik
  Mustererkennung
  diskrete Systeme
  rechnerintegrierte Produktion (CIM)
  wissensbasierte Systeme
- Vernetzung mit anderen Hochschulen in Bayern

6. Sonstige Angaben

Studienbeginn im SS und WS
Gründung des Studiengangs 1972

7. Auslandskontakte

Hochschulpartnerschaften mit Frankreich, Tschechien, Brasilien, China, Vietnam

8. Forschungs- und Transferinstitutionen

Institut für Technologietransfer der FHM (Leitung: Prof. Dr. Karl Hönle, Tel. 089/1265-1369)

DB-Systeme für Studenten

Datenbank-Engineering für Wirtschaftsinformatiker

Eine praxisorientierte Einführung
von Anton Hald/Wolf Nevermann
1995. XII, 240 S. Kart.
ISBN 3-528-05436-0

Das Buch ist als Lehrbuch für Studierende der Wirtschaftsinformatik wie auch als Orientierung für Praktiker, die sich mit der Entwicklung von Datenbanksystemen beschäftigen, geeignet.

Theorie und Praxis relationaler Datenbanken

Eine grundlegende Einführung für Studenten und Datenbankentwickler
von René Steiner
1994. VIII, 156 S. mit Diskette. Geb.
ISBN 3-528-05427-1

Dieses Buch ist eine praxisorientierte Einführung in das Design relationaler Datenbanken. Es eignet sich für Informatikvorlesungen im Haupt- und Nebenfach ebenso wie für das Selbststudium. Die hier vermittelten Grundlagen gelten für alle relationalen Datenbanksysteme gleichermaßen. Der Leser wird insbesondere auch in die Datenbanksprache SQL ein-

Fachhochschule Niederrhein
Abteilung Mönchengladbach
Webschulstraße 41- 43
41065 Mönchengladbach
Tel. 02161/186-0
Fax 02161/186-910
Tel. Studienberatung 02161/186-802
email <name> @fh-mgladbach.de

1. Bezeichnung des Fachbereichs bzw. des Studiengangs/des Schwerpunktes

   a) Fachbereich Wirtschaft
   b) Studiengang Wirtschaft
   c) Schwerpunkt Betriebsinformatik

2. Akademischer Grad ggf. mit Zusatz laut Abschlußzeugnis

   Diplom-Betriebswirt (FH),
   Studienschwerpunkt Betriebsinformatik

3. Professoren im Fachgebiet Betriebsinformatik

   Prof. Dr. Dietmar Abts: *Betriebliche Informationssysteme - Bürokommunikation - Programmiersprachen*
   Prof. Dr. Ulrich Hemmert: *Betriebswirtschaftliche Informationssysteme, insbesondere in den Bereichen Rechnungswesen, Controlling und Produktionswirtschaft*
   Prof. Dr. Wolf-Dieter Mangler: *Betriebswirtschaftslehre, insbesondere Organisationslehre*
   Prof. Dr. Wilhelm Mülder: *Personalinformationssysteme - Datenmodellierung - Marketinginformationssysteme - Standardsoftware - Betriebsdatenerfassung*
   Prof. Dipl.-Kfm. Rolf Poestges: *Informationsmanagement - Projektmanagement*
   Prof. Dr. Klaus Werner Wirtz: *Software-Engineering - CASE - Programmiersprachen*

4. Organisation des Studiums

   a) Studienabschnitte
      Grundstudium (4 Semester)

- vier Studiensemester

Hauptstudium (3 bzw. 4 Semester)

- zwei Studiensemester mit abschließender schriftlicher Diplomprüfung im sechsten Semester

- Diplomarbeit nach dem sechsten Semester bzw. im siebten Semester
(3 Monate)

- ein Prüfungssemester (siebtes Semester)

- ein Studiensemester in der Praxis optional (22 Wochen)

b) Fächer- und Stundenübersicht (inkl. SWS Wahlpflichtfächer)

Grundstudium: 81 SWS

Hauptstudium: 68 SWS (ohne Diplomarbeitsanteil)

Summe: 149 SWS

Folgende Lehrveranstaltungs-Schwerpunkte werden angeboten:

- Betriebswirtschaftliches Grundstudium, einschließlich 8 SWS Betriebsinformatik I

- Betriebswirtschaftslehre 2, zwei Schwerpunkte Betriebsinformatik II
(16 SWS) und Betriebsinformatik III (16 SWS) im Hauptstudium

c) Wahlpflichtfächer

Insgesamt 16 SWS sind aus betriebswirtschaftlichen, wirtschaftsinformatischen und allgemeinwissenschaftlichen Fächern zu wählen,
wie z.B. Programmentwicklung in C, COBOL und Pascal, 4GL,
Marketinginformationssysteme, Personalinformationssysteme, Informationssysteme der Kostenrechnung, DV für steuerberatende Berufe,
Betriebssoziologie, Organisationspraktikum

Bemerkung: Der Gesamt-DV-Anteil des Studiums einschließlich
Schwerpunkt beträgt ca. 56 SWS, davon 8 SWS im Grundstudium

5. Rechnerausstattung (nutzbar durch Betriebsinformatik)

Zentrales RZ (in Mönchengladbach):

- UNIX-Rechner mit 12 Workstations

- 12 vernetzte PC mit Gateway zum UNIX-Rechner

- Anschluß an SIEMENS-Großrechner der Universität Düsseldorf

- Internet-Anschluß

Labor Betriebsinformatik:

- 15 vernetzte PC mit Gateway zum UNIX-Rechner

6. Sonstige Angaben

Studienbeginn im SS und WS

Gründung des Studienschwerpunkts Betriebsinformatik 1991

Projekte mit Praxisbezug und Diplomarbeiten in der Praxis z.B. über
Betriebsdatenerfassung, CASE-Evaluation und -Einsatz, Datenmodellie-

rung, Externe Informationsanbieter im Bankenbereich, Outsourcing, Personalinformationssysteme, Prototyping

7. Auslandskontakte

Austauschprogramme mit Hochschulen in England, Frankreich, Niederlande, USA, Internationaler Studiengang "Logistik-Management" mit Hogeschool Venlo (NL)

8. Forschungs- und Transferinstitutionen

Transferstelle für Forschung und Technologie der Fachhochschule Niederrhein (Leiterin: Sabine Folgmann, Tel. 02151/822-151, Fax 02151/822-153)

NORDAKADEMIE Gemeinnützige GmbH
Staatlich anerkannte private Fachhochschule
An der Mühlenau 14
25421 Pinneberg
Tel. 04101/512991
Fax 04101/512992

1. Bezeichnung des Fachbereichs bzw. des Studiengangs

Studiengang Wirtschaftsinformatik

2. Akademischer Grad ggf. mit Zusatz laut Abschlußzeugnis

Diplom-Wirtschaftsinformatiker(in) (FH)

3. Professoren im Fachgebiet Wirtschaftsinformatik

Prof. Dr. Johannes Brauer: *Programmiermethodik - Datenbanksysteme - Entwurfsautomatisierung*
Prof. Dr. Arno Müller: *Industriebetriebslehre - Logistik*
Prof. Dr. Georg Plate: *Allgemeine Betriebswirtschaftslehre - Rechnungswesen - Controlling*
Prof. Dr.-Ing Matthias Tamm: *Technische Mechanik - Konstruktionslehre - Computer Aided Engineering (CAE) - Maschinenlehre*

4. Organisation des Studiums

a) Studienabschnitte
Grundstudium (4 Semester)
- jedes Semester besteht aus einem 10 Wochen dauernden Vorlesungsteil und einem 13 Wochen dauernden Praxisteil im Ausbildungsbetrieb des Studenten
- Abschluß: Vordiplom (Zeugnis)
Hauptstudium (4 Semester)
- Die Semester fünf bis sieben bestehen aus einem 10 Wochen dauernden Vorlesungsteil und einem 13 Wochen dauernden Praxisteil, der im Ausbildungsbetrieb des Studenten absolviert wird. Das achte Semester dauert 15 Wochen.
- Diplomarbeit im Praxisteil des achten Semesters (12 Wochen)
- Mitarbeit bei der Planung und Durchführung eines Projekts im siebten und achten Semester
- mündliche Diplomprüfung am Ende des achten Semesters
- Abschluß: Diplom (Zeugnis)
b) Fächer- und Stundenübersicht (inkl. SWS Wahlpflichtfächer)
Grundstudium: 40 Wochen à 33 Stunden
Hauptstudium: 32 Wochen à 32 Stunden (ohne Diplomarbeitsanteil)
Summe: 72 Wochen (ca. 190 SWS)
Folgende Lehrveranstaltungen-Schwerpunkte werden angeboten:
- Mathematik, Theoretische Grundlagen der Informatik, Hardwaretechnik, Programmierung, Algorithmen & Datenstrukturen, Softwareproduktion, Betriebssysteme, allgemeine DV-Anwendungen, betriebwirtschaftlische DV-Anwendungen, Allgemeine Betriebswirtschaftslehre, Rechungswesen im Grundstudium
- Programmiermethodik, Softwareproduktion, Datenbanksysteme, Kommunikationssysteme, betriebwirtschaftliche DV-Anwendungen, Spezialgebiete der BWL, Makroökonomie, Wirtschaftsrecht im Hauptstudium
c) Wahlpflichtfächer
Es müssen 8 Stunden aus folgenden Bereichen gewählt werden: Automatisierungstechnik, CAM/CIM, Informationsmangement, Datenmodelle, Hypertext/Hypermedia, Marketing, Controlling, Arbeitswissenschaft, Projektmanagement, Technologiemanagement, Spezielle Branchenlehre
Es müssen 28 Stunden aus dem Seminarangebot belegt werden. Seminare werden u.a. zu Fremdsprachen (Englisch ist Pflichtsprache) und zur Persönlichkeitsbildung angeboten.

5. Rechnerausstattung (nutzbar durch Wirtschaftsinformatik)

Die Rechnerausstattung befindet sich im Aufbau, z.Zt. vorhanden ein
Netzwerk mit 8 Arbeitsplatzrechnern

6. Sonstige Angaben

Studienbeginn im WS
Studium ist nur in Verbindung mit einem betrieblichem Ausbildungs-
platz möglich
Gründungsjahr des Studiengangs 1993

Fachhochschule Nordostniedersachsen
Volgershall 1
21339 Lüneburg
Tel. 04136/677-0
Fax 04131/677-140
Tel. Studienberatung 04131/714-482

1. Bezeichnung des Fachbereichs bzw. des Studiengangs

   a) Fachbereich Wirtschaft
   b) Studiengang Wirtschaftsinformatik

2. Akademischer Grad ggf. mit Zusatz laut Abschlußzeugnis

Diplom-Wirtschaftsinformatiker(in)

3. Professoren im Fachgebiet Wirtschaftsinformatik

   Prof. Dr. rer. publ. Hinrich Bonin: *Anwendungsprogrammierung*
   Prof. Dr. rer. pol. Jürgen Burgermeister: *Anwendungsprogrammierung*
   Prof. Dr. rer. nat. Karl Goede: *Rechnersysteme - Systemprogrammierung*
   Prof. Dr. rer. nat. Hubert Grawe: *Anwendungsprogrammierung*
   Prof. Dr. rer. nat. Ulrich Hoffmann: *DV-Systeme - Systemprogrammierung*
   Prof. Dr. rer. nat. Jürgen Jacobs: *Anwendungsprogrammierung - Mathema-
      tik*
   Prof. Dr. rer. nat. Heinz-Dieter Knöll: *Softwaretechnik - DV-Anwendungen*
   Prof. Dr.-Ing. Karl Lesshafft: *Softwaretechnik - DV-Anwendungen*
   Prof. Dr. rer. nat. Horst Meyer-Wachsmuth: *Systemprogrammierung*
   Prof. Dr. rer. nat. Dieter Riebesehl: *DB/DC-Systeme*

4. Organisation des Studiums

a) Studienabschnitte
   Grundstudium (3 Semester)
   - drei Studiensemester
   - Abschluß: Vordiplom (Zeugnis)
   Hauptstudium (3 Semester)
   - drei Studiensemester
   - Diplomarbeit mit Kolloquium im sechsten Semester (3 Monate)
   Zwei Praxissemester sind in Vorbereitung aber noch nicht Pflicht.
b) Fächer- und Stundenübersicht (inkl. SWS Wahlpflichtfächer)
   Grundstudium: 72 SWS
   Hauptstudium: 50 SWS (ohne Diplomarbeitsanteil)
   Summe: 132 SWS
   Folgende Lehrveranstaltungs-Schwerpunkte werden angeboten:
   - Betriebswirtschaftsliches Studium mit: Allgemeiner Betriebswirt-
     schaftslehre, Rechnungswesen, Volkswirtschaftslehre, EDV-Einfüh-
     rung, Steuern, Mathematik, Statistik, Betriebswirtschaftliche Model-
     le und PC im Grundstudium
   - Anwendungsprogrammierung, Systemprogrammierung, Datenverar-
     beitungssysteme und - schwerpunktabhängig - DV-Anwendungen im
     Marketing, im Rechnungswesen, in Personalwesen und Verwaltung,
     in der öffentlichen Verwaltung, in der Produktion und Beschaffung,
     Softwaretechnik, DB/DC-Systeme, Recht, Methoden des Operations
     Research, BWL-Schwerpunkt: Rechnungswesen/Controlling/Ferti-
     gungs- und Materialwirtschaft/Marketing/Finanzdienstleistungen im
     Hauptstudium
   Bemerkung: 4 Pflichtfächer müssen aus den Schwerpunkten DV-An-
   wendungen, DB/DC-Systeme, Softwaretechnik oder BWL-Schwer-
   punkten gewählt werden.
c) Wahlpflichtfächer
   Aus folgenden Gebieten müssen 4 SWS ausgewählt werden.
   BWL-Fallstudien, Unternehmensbewertung, EDV-Projektstudien,
   Ausgewählte Probleme der VWL, Statistik und Ökonometrie, Sozio-
   logie, Psychologie, Wirtschaftsenglisch, Wirtschaftsfranzösisch,
   Wirtschaftsspanisch, Ausgewählte Probleme des Wirtschaftsrechts,
   Anwendungen des Operations Research, Ausgewählte Probleme der
   betriebswirtschaftlichen Steuerlehre, Bilanzanalyse, Programmier-
   sprachen und Compiler, DV-Projektmanagement, Mikrocomputer,
   Künstliche Intelligenz, Informatik und Gesellschaft, Expertensysteme,
   Informatik und Recht

5. Rechnerausstattung (nutzbar durch Wirtschaftsinformatik)

Zentrales RZ:
- BS 2000-System (auslaufend, Restnutzung mit SAP R2, SESAM, COBOL-Übungen)
- 3 IBM RS 6000/580, gekoppelt durch Optical Link, nutzbar über alle Workstations und PC
- Anschluß an das Deutsche Forschungsnetz (DFN)
Labore Wirtschaftsinformatik:
- 40 PC (im LAN unter Novell Netware; 2 Server)
- 16 Workstations (NEXT bzw. RS 6000)
- Softwareschwerpunkte: Diverse Programmiersprachsysteme, SAP R3, LOTUS Notes, Oracle

6. Sonstige Angaben

Studienbeginn im SS und WS
Gründung des Studiengangs 1981

7. Auslandskontakte

England: University of Portsmouth, University of Wolverhampton
Estland: Universität Tartu
Finnland: Polytechnik Lahti
Frankreich: IPAG Nizza, Université Le Havre
Spanien: Universidad de Salamanca, Universidad de Valladolid
Irland: RTC Carlow, RTC Dundalk
Rußland: Bauman-Universität in Moskau
USA: Laredo State University; James Madison University in Harrisburg

8. Forschungs- und Transferinstitutionen

Technologietransferstelle (Tel. 04136/390064)
Institut für Wirtschaftswissenschaften (Leitung: Prof. Dr. Heinz-Dieter Knöll, Tel. 04136/677-148)

Georg-Simon-Ohm-Fachhochschule Nürnberg
Keßlerplatz 12
90489 Nürnberg
Tel. 0911/5880-1
Fax 0911/5880-309

1. Bezeichnung des Fachbereichs bzw. des Studiengangs/der Studienrichtungen

   a)　Fachbereich Allgemeinwissenschaften und Informatik
   b)　Studiengang Informatik
   c1) Studienrichtung Technik
   c2) Studienrichtung Wirtschaft

2. Akademischer Grad ggf. mit Zusatz laut Abschlußzeugnis

   Diplom-Informatiker (FH)
   Studienrichtung Technik bzw. Wirtschaft

3. Professoren im Fachgebiet Informatik

   Prof. Dr. Hans Delfs: *Software-Engineering - Objektorientierung - Datenbanken - Künstliche Intelligenz*
   Prof. Dr. Reinhard Eck: *Programmiersprachen - Fuzzy-Technologie - Parallelrechnen - Datenbanken*
   Prof. Dr. Peter Gonser: *Compiler - Programmiersprachen - Anwendungsentwicklung*
   Prof. Dipl.-Math. Klaus-Peter Höhne: *Mathematik - Datenverarbeitung - Assembler*
   Prof. Dr. Alfred Holl: *Wirtschaftsinformatik - Anwendungsentwicklung - Datenbanken - Linguistische DV - Wissenschaftstheorie*
   Prof. Dr. Ralf-Ulrich Kern: *Betriebssysteme - Systemprogrammierung - Echtzeit-Datenverarbeitung*
   Prof. Dr. Helmut Knebl: *Angewandte Informatik*
   Prof. Dr. Kuno Pelz: *Datenfernverarbeitung - Prozeßrechentechnik*
   Prof. Dr. Rainer Rieckeheer: *Graphische Datenverarbeitung - Wissenbasierte Systeme - Digitale Bildverarbeitung*
   Prof. Dr. Horst Vogel: *Wirtschaftsinformatik - Betriebswirtschaftslehre*
   Prof. Dr. Ludwig Weigand: *Wirtschaftsinformatik*

4. Organisation des Studiums

a) Studienabschnitte
   Grundstudium (2 Semester)
   - zwei Studiensemester
   Hauptstudium (6 Semester)
   - ein Studiensemester in der Praxis im dritten Semester (20 Wochen)
   - vier Studiensemester
   - ein Studiensemester in der Praxis im sechsten Semester (20 Wochen)
   - Diplomarbeit im achten Semester (5 Monate)
b) Fächer- und Stundenübersicht (inkl. SWS Wahlpflichtfächer)
   Grundstudium: 58 SWS
   Hauptstudium: 112 SWS (davon je 42 für die Studienrichtungen
   Wirtschaft und Technik; ohne Diplomarbeitsanteil) (Neuentwurf in
   Planung)
   Summe: 170 SWS
   Folgende Lehrveranstaltungs-Schwerpunkte werden angeboten:
   - Grundlagen der Informatik, Datenverarbeitungssysteme, Program-
     mieren, Mathematik, Physik, Volks- und Betriebswirtschaftslehre,
     Englisch im Grundstudium
   - Datenorganisation, Statistik, Anwendungsentwicklung, Betriebssy-
     steme, Datenbanken, Compiler, Datenfernverarbeitung, Assembler,
     DV-Recht, praxissemesterbegleitende Lehrveranstaltungen im
     Hauptstudium für beide Studienrichtungen
   - Numerische Mathematik, Technische Physik, Rechnertechnik, Pro-
     zessrechentechnik, DV-Anwendungen in der Technik, Elektronik,
     Systemtheorie, Regelungstechnik im Hauptstudium für die Studien-
     richtung Technik
   - Betriebswirtschaftslehre, Rechnungswesen, Operations Research,
     Anwendungsentwicklung und Systemanalyse, Rechnerarchitektur,
     DV-Anwendungen in der Wirtschaft im Hauptstudium für die Studi-
     enrichtung Wirtschaft
c) Wahlpflichtfächer
   Im Umfang von 18 SWS können Wahlpflichtfächer frei gewählt werden:
   6 SWS für allgemeinwissenschaftliche Fächer und 12 SWS für fachspezifische Fächer (Neuentwurf in Planung) wie z.B.: Datenbanken
   (spezielle Produkte und neuere Entwicklungen), Datensicherheit in
   Rechnern und Netzen, Digitale Bildverarbeitung, DV-Anwendungen
   in verschiedenen Wirtschaftszweigen, DV-Controlling, DV-gestützte
   Betriebsorganisation (CIM, PPS), DV-gestütztes Projektmanagement,
   Echtzeit-Betriebssysteme, Entwicklungswerkzeuge für wissensbasierte Systeme, Finanzmathematik, Führungs- und Entscheidungstechnik,

Fuzzy-Logik, Graphische Datenverarbeitung, Informatik in den Geistes- und Naturwissenschaften, Kernenergietechnik, Konzepte höherer Programmiersprachen (Ada), Künstliche Intelligenz, Expertensysteme, LAN-Analyse, Monte-Carlo-Simulationen für Bedienungssysteme, Modellierung betrieblicher Anwendungen unter wissenschaftstheoretischem, sozialem und psychologischem Aspekt, Neuronale Netze, Objektorientierte Techniken, Organisation und Programmierung von Parallelrechnern, Systemprogrammierung am PC, Systemprogrammierung unter UNIX, Unternehmensplanung, Wirtschafts- und Steuerrecht, YACC, Compilergenerator unter UNIX, WAN und ihre Nutzung

5. Rechnerausstattung (nutzbar durch Informatik)

Zentrales RZ:
- 2 CD 4360 (EP/IX) als Netzverwaltungs- und Gatewayrechner
- Vernetzung der RZ- und Fachbereichslabors und der Dozentenrechner
- Anschluß an das Regionale Rechenzentrum Erlangen
- Anschluß an WiN und Internet
- 50 PC
Labore Informatik:
- 2 microVAX (VMS, ULTRIX) mit 16 Arbeitsplätzen
- Vernetzung (DECnet, TCP/IP)
- 6 UNIX-Workstations
- 4 X-Terminals
- 8 PC
- Transputersystem
- Prozessrechensystem
Labor für Datenbanken und Wissensbasierte Systeme:
- 16 Mac II

6. Sonstige Angaben

Studienbeginn im WS
Gründung des Studiengangs 1985
Diplomarbeiten in Industrie und Wirtschaft

7. Auslandskontakte

University of Ulster, Nordirland

8. Forschungs- und Transferinstitutionen

Zentrum für Angewandte Mikroelektronik und neue Technologien der bayer. Fachhochschulen e.V.: ZAM-Anwenderzentrum Nürnberg, Am Weichselgarten 7, 91058 Erlangen (Leitung: Prof. Dr.-Ing. Johann Siegl, Tel. 09131/691140, Fax 09131/691166)

Fachhochschule Ostfriesland
Constantiaplatz 4
26723 Emden
Tel. 04921/807-0
Fax 04921/807-201
email dekan@server.et-inf.fho-emden.de

1. Bezeichnung des Fachbereichs bzw. Studiengangs

   a) Fachbereich Elektrotechnik und Informatik
   b1) Studiengang Informatik
   c1) Studienrichtung Praktische Informatik
   c2) Studienrichtung Kommunikationsinformatik
   b2) Studiengang Elektrotechnik
   c3) Studienrichtung Technische Informatik

2. Akademischer Grad ggf. mit Zusatz laut Abschlußzeugnis

   b1) Diplom-Informatiker (FH)
   b2) Diplom-Ingenieur (FH)

3. Professoren im Fachgebiet Informatik

   Prof. Dr.-Ing. Dieter Böhme: *CAD/CAE*
   Prof. Dr.-Ing. Erhard Bühler: *Meß- und Regelungstechnik - Meßdatenver-*
       arbeitung - Systemidentifikation
   Prof. Dipl.-Ing. Wolf-Dieter Haaß: *Nachrichtenvermittlungstechnik - Tele-*
       kommunikation - Nachrichtenübertragungstechnik
   Prof. Dr.-Ing. Ingo H. Karlowsky: *Informationstechnik   -   Datenübertra-*
       gungs- und Digitaltechnik
   Prof. Dr.-Ing. Ewald Matull: *Automatisierungstechnik - SPS - Programm-*
       und Datenstrukturen

Prof. Dr.-Ing. Wolfgang Mauersberger: *Bildkommunikation und Multimedia*

Prof. Dr. Martin Schiemann-Lillie: *Datenbanken*

Prof. Dr. rer. nat. Uwe Schmidtmann: *Echtzeit-Datenverarbeitung - Betriebssysteme*

Prof. Dr. Karl Hayo Siemsen: *Parallele Prozesse*

Prof. Dr.-Ing. Craig Smith: *Übersetzerbau*

Prof. Dr. rer. nat. Rolf Socher-Ambrosius: *Künstliche Intelligenz - Logische und Funktionale Programmierung*

Prof. Dr.-Ing. Günter Totzauer: *Software-Engineering*

Prof. Dr.-Ing. Ralf Wenzel: *Programmiersprachen*

Prof. Dr. rer. nat. Gerhard West: *Grafische Datenverarbeitung - Numerische Mathematik*

Weitere Hochschullehrer befinden sich im Berufungsverfahren

4b1) Organisation des Studiums: Praktische Informatik mit Kommunikationsinformatik

a) Studienabschnitte
Grundstudium (3 Semester)
- drei Studiensemester
- Abschluß: Vordiplom
Hauptstudium (5 Semester)
- drei Studiensemester
- zwei Studiensemester in der Praxis (je 18 Wochen)
- Diplomarbeit (3 Monate während des zweiten Studiensemesters in der Praxis)

b) Fächer- und Stundenübersicht (inkl. SWS Wahlpflichtfächer)
Grundstudium: 90 SWS
Hauptstudium: 78 SWS (ohne Diplomarbeitsanteil)
Summe: 168 SWS
Folgende Lehrveranstaltungs-Schwerpunkte werden angeboten:
- Mathematik, Einführung in die Informatik, Grundkurs Programmieren, Programm- und Datenstrukturen, Maschinennahes Programmieren, Funktionale Programmierung, Physik, Elektrotechnik, Numerische Mathematik im Grundstudium
- Numerische Mathematik und Operations Research, Logik und Verifikation, Datenbanksysteme, Expertensysteme, Informationssysteme, Softwaretechnologie, Rechnerstrukturen, Graphische Datenverarbeitung, Übersetzerbau, Betriebssysteme, Datenübertragung und Rechnernetze im Hauptstudium der Studienrichtung *Praktische Informatik*
- Datenbanken, Software-Technologie, Rechnerstruktur, Digitaltechnik, Rechnernetze, Betriebssysteme, Echtzeit-Datenverarbei-

tung, Graphische Oberflächen, Programmierung peripherer Baugruppen, Projektierung und Betrieb von Rechnernetzen, Protokolle höherer Schichten im Hauptstudium der Studienrichtung *Kommunikationsinformatik*

c) Wahlpflichtfächer

Bei den insgesamt 26 SWS Wahlpflichtfächern (20 SWS im Hauptstudium) werden außer Vertiefungen der Pflichtfächer u.a. folgende Themen angeboten:

Computer-Englisch, Betriebswirtschaftslehre, Volkswirtschaftslehre, Wissenschaftliches Arbeiten, Rechtslehre, Industrielle Praxis, Themen der Wirtschaft, Geschichte und Theorie der Arbeit, Technisches Spanisch, Rhetorik, Dokumentenverarbeitung, Projektstudien zur Ausbildung der Teamfähigkeit, Bilddatenverarbeitung, Fuzzy-Logik, Statistik, programmierbare Logik, Parallele Prozesse, Speicherprogrammierbare Steuerung, Satelliten-Kommunikation

4b2) Organisation des Studiums: Technische Informatik

a) Studienabschnitte: siehe 4b1) a)

Grundstudium: 90 SWS

Hauptstudium: 78 SWS (ohne Diplomarbeitsanteil)

Summe: 168 SWS

Folgende Lehrveranstaltungs-Schwerpunkte werden angeboten:

- Mathematik, Physik, Grundlagen der Elektrotechnik, Werkstofftechnologie, Bauelemente der Elektrotechnik, Mechanische Konstruktion, Elektrische Meßtechnik, Einführung in die Energietechnik, Einführung in die Nachrichtentechnik, Einführung in die Informatik, Grundkurs Programmieren, Maschinennahes Programmieren im Grundstudium

- Digitaltechnik, Industrielektronik, Meßdatenverarbeitung, Regelungstechnik, Entwurf elektronischer Geräte, Mikrocomputertechnik, Digitale Nachrichtentechnik, Datenübertragung, Rechnerstrukturen, Programm- und Datenstrukturen, Programmierung peripherer Baugruppen, CAD im Hauptstudium

c) Wahlpflichtfächer

siehe 4b1) c)

5. Rechnerausstattung (nutzbar durch Informatik)

Zentrales RZ und Labore E/I::
- vernetzte UNIX-Umgebung (Ultrix)
- 15 DECstations + 20 Terminals
- 7 RS6000

- 30 vernetzte PC (DOS, OS/2)
- 3 VAX, 38 vernetzte Terminals (Betriebssystem VMS)
weitere Labore E/I:
- Chip-Design-Anlage
- 12 CAD/CAE-Arbeitsplätze (Racal Redec)
- 2 Motorola-Prozeßrechner
- Prozeßvisualisierungssysteme
- Transputerentwicklungssystem
- Expertensysteme
- Netzwerkanalyse- u. Managementtools

6. Sonstige Angaben

Studienbeginn im WS
Gründung der Studiengangs Informatik 1986/87
Gründung der Studienrichtung Technische Informatik 1981/82
Das Hauptstudium der Studienrichtung Kommunikationsinformatik erfolgt erstmalig im SS 1996

7. Auslandskontakte

Die Fachhochschule Ostfriesland bietet Studierenden durch das ERAS-MUS-Programm die Möglichkeit eines Aufenthaltes an ausländischen Hochschulen. Im Rahmen von Diplomarbeiten bzw. Praxissemestern besteht die Möglichkeit eines Aufenthaltes an einem der folgenden Orte: Groningen, Leicester, Bordeaux, Kavalla, San Sebastian. Auslandsaufenthalte im Rahmen eines Praxissemesters werden zusätzlich durch das COMETT-Programm unterstützt.

8. Forschungs- und Transferinstitutionen

Angewandte Forschung bzw. Diplomarbeiten in vielen regionalen Wirtschaftsunternehmen
Büro für Wissens- und Technologietransfer: (Kontaktadresse: Frau Renate Thimm, Tel. 04921/807-288, Fax 04921/807-201)

Wo andere Städte über die Zukunft debattieren, lebt Köln schon im nächsten Jahrtausend.

Köln. Das Großunternehmen Millionenstadt stand vor einer entscheidenden Aufgabe: Statt die in 70 Ämtern täglich anfallenden Daten weiterhin brachliegen zu lassen, sollen sie endlich den Leuten zugänglich gemacht werden, die sie dringend für ihre Planungs-, Entscheidungs- und Controllingaufgaben brauchen. Das Problem: Alle Ämter arbeiten mit verschiedenen Computersystemen. Wie also an die Daten herankommen?

> Kölns Stadtverwaltung unterstützt Planung und Management durch Data Warehouse.

Die Lösung heißt Data Warehouse. Ein Softwarekonzept, dessen Idee so einfach ist wie seine Anwendung: Alle Daten werden in das Warehouse eingelagert und für neue Zwecke im Client-Server-Netzwerk bereitgestellt. Am PC des Stadtplaners stehen so die für ihn wichtigen Informationen bereit – egal in welchen Computer sie eingegeben wurden. Und er kann heute entscheiden, wo morgen eine Schule fehlt und übergen eine Schule fehlt und über morgen Verkehrsengpässe auftreten.

Was in Köln unter dem Begriff SIS (Strategisches Informationssystem) läuft, steht bei uns für die Philosophie der Software AG: effizient, zuverlässig und auf die Probleme des täglichen Lebens zugeschnitten. Ein Anspruch, den wir schon auf vielen Gebieten eingelöst haben, vom Bankwesen über Rettungsdienste und Krebsforschung bis zur Luftfrachtlogistik. Vielleicht müssen wir ja nicht bis ins nächste Jahrtausend warten, bis andere Städte auf die gleiche Idee kommen.

IMAGINE WHAT WE CAN DO FOR YOU   **SOFTWARE AG**

Es stimmt schon, unsere Kunden erwarten ein Produkt, das paßt. Und auch einen guten Zinssatz. Aber den könnten Ihnen vielleicht auch andere Banken bieten. Was ist also das Besondere bei der Landesgirokasse?

BANKING IS PEOPLE

Richtig: unsere Mitarbeiter. Mit ihren ganz persönlichen Qualitäten. Mit ihrem Engagement. Mit ihrer hohen Fachkompetenz, die auf einer guten Aus- und permanenten Weiterbildung beruht. In einem Unternehmen, das trotz seiner Größe überschaubar geblieben ist. Und ein positives Umfeld für selbständiges und eigenverantwortliches Arbeiten bietet.

Gehören Sie dazu. Schreiben Sie uns oder rufen Sie uns an. Wir freuen uns darauf!

Die Landesgirokasse ist die führende Regionalbank im Südwesten. Geschäftsvolumen 32 Milliarden DM. 237 Geschäftsstellen. 5.100 Mitarbeiter. Basis unseres Erfolgs – die fachliche Qualität und das hohe Engagement jedes einzelnen.

Landesgirokasse, Personalabteilung, Herr Sanne, Königstraße 5, 70144 Stuttgart, Telefon 07 11/1 24-20 04.

Landesgirokasse

Fachhochschule Ostfriesland
Constantiaplatz 4
26723 Emden
Tel. 04921/8070
Fax 04921/807-201
Tel. Studienberatung 04921/66573

1. Bezeichnung des Fachbereichs bzw. des Studiengangs/des Studienschwerpunktes

   a) Fachbereich Wirtschaft
   b) Studiengang Betriebswirtschaft
   c) Studienrichtung Wirtschaftsinformatik bzw. Schwerpunkt Wirtschaftsinformatik
      Ein Studiengang Wirtschaftsinformatik wird ab WS 1995/1996 eingeführt werden.

2. Akademischer Grad ggf. mit Zusatz laut Abschlußzeugnis

   Diplom-Kauffrau (FH) bzw. Diplom-Kaufmann (FH)

3. Professoren im Fachgebiet Wirtschaftsinformatik

   Prof. Dipl.-Inform. Dipl.-Ök. Harald Duwe: *Grundlagen der IV - Systems-Engineering - Programmierung - Betriebssysteme*
   Prof. Dr. Volker Harms: *Grundlagen der IV - Datenbanken*
   Prof. Dr. Wolfgang Thiele: *Kommunikationssysteme - Management-Informationssysteme - Betriebswirtschaftliche IV - Anwendungen der individuellen DV*
   N. N.
   N. N.
   weitere Professoren des Studiengangs Betriebswirtschaft

4. Organisation des Studiums

   a) Studienabschnitte
      Grundstudium (3 Semester)
      - drei Studiensemester
      - Abschluß: Vordiplom (Zeugnis)
      Hauptstudium (5 Semester)
      - drei Studiensemester

- zwei Studiensemester in der Praxis (je 26 Wochen) (im zweiten praxisbezogenen Studiensemester soll i. d. R. die Diplomarbeit angefertigt werden)
- Diplomarbeit (3 Monate)

b) Fächer- und Stundenübersicht (inkl. SWS Wahlpflichtfächer)
   Grundstudium: 76 SWS
   Hauptstudium: 66 SWS (ohne Diplomarbeitsanteil)
   Summe: 142 SWS
   Folgende Lehrveranstaltungs-Schwerpunkte werden angeboten:
   - Betriebswirtschaftliches Studium einschließlich Wirtschaftsinformatik (10 SWS) und Wahlpflichtfächer (4 SWS) im Grundstudium
   - Betriebswirtschaftslehre und Volkswirtschaftspolitik (14 SWS) als Pflichtfächer im Hauptstudium, dazu zwei Schwerpunkte mit jeweils 16 SWS nach Wahl aus folgendem Katalog: 1. Betriebliche Steuerlehre, 2. Bilanzielles Rechnungswesen, 3. Finanzmanagement und Controlling, 4. Marketing und Güterwirtschaft, 5. Unternehmensführung, Organisation und Personalwesen, 6. Volkswirtschaftstheorie und Volkswirtschaftspolitik oder 7. Wirtschaftsinformatik. Anstelle der zwei Schwerpunkte kann auch die Vertiefungsrichtung (Studienrichtung) Wirtschaftsinformatik (32 SWS) gewählt werden.

c) Wahlpflichtfächer
   Außerdem sind im Hauptstudium 12 SWS Wahlpflichtfächer (z.B. Recht, Sprachen, Interne Revision, Kybernetische Strategie in Studium und Praxis, Mathematik, Simulation) zu belegen. Weitere siehe oben.

5. Rechnerausstattung (nutzbar durch Wirtschaftsinformatik)

Zentrales RZ:
- 1 VAX-Cluster, bestehend aus 2 VAX 8250 und 1 VAX6000-410, 38 Terminals, VMS
- 1 Workstationbereich mit 4 VAXstations 3100 und 5 VAXstation 4000-60
- 1 UNIX-System DECsystem 5100, Ultrix
- 33 PC in zwei Pools, Novell-Netz, DOS und OS/2
- FOKUS (FH Ostfriesland Kommunikations- und Servicenetz) mit Anschluß an das deutsche Forschungsnetz DFN

Labore Wirtschaftsinformatik/Betriebswirtschaft:
- Labor für betriebswirtschaftliche DV-Anwendungen mit 17 PC, 80486, DOS, OS/2, vernetzt unter Novell; als Server dient eine RS6000 unter AIX
- Labor für freies Arbeiten mit 6 PC, 80486

- Labor für Kommunikationssysteme, experimentelles Netzwerkpraktikum, 6 PC, 1 PC für multimediale Anwendungen, Anschluß an FOKUS

6. Sonstige Angaben

Studienbeginn im WS
Gründung der Vertiefungsrichtung (Studienrichtung) 1989

7. Auslandskontakte

Es bestehen folgende Auslandskontakte:
- Université Bordeaux I (F)
- Institut Universitaire de Technologie du Havre (F)
- Institut Universitaire de Technologie/Université de Haute Bretagne Vanne (F)
- John Moores University Liverpool (GB)
- Regional Technical College Galway (Republik Irland)
- Sunderland Polytechnic (GB)
- Leicester University (GB)

8. Forschungs- und Transferinstitutionen

Technologietransfer (Leitung: Prof. Dr. Gerhard Wächter)
Technologiepool GmbH
Umfangreiche Unternehmensberatungsaktivitäten von studentischen Teams des Fachbereichs insbesondere im Rahmen des Seminars „Unternehmensberatung" mit den Schwerpunkten Wirtschaftsinformatik, Organisation, Markteting (10 bis 15 Projekte pro Jahr).

Fachhochschule Pforzheim
Hochschule für Gestaltung, Technik und Wirtschaft
Tiefenbronner Str. 65
75175 Pforzheim
Tel. 07321/603-0
Fax 07231/602-200

1. Bezeichnung des Fachbereichs bzw. des Studiengangs

a) Fachbereich 10
b) Studiengang Betriebsorganisation und Wirtschaftsinformatik

2. Akademischer Grad ggf. mit Zusatz laut Abschlußzeugnis

Diplom-Betriebswirt (FH)

3. Professoren im Fachgebiet Wirtschaftsinformatik

Prof. Dipl.-Volksw. Hans-Georg Döring: *DV-Systeme - DV-Anwendungen - Unternehmensorganisation - Allgemeine BWL*
Prof. Dipl.-Phys. Martin Kirn: *DV-Systeme - Programmiersysteme - Datenbanksysteme*
Prof. Dr. Kurt Porkert: *DV-Anwendungssysteme - Informationsmanagement - Datenmodelle - Organisations- und Softwareentwicklung*
Prof. Dr. Karl-Heinz Rau: *Systementwicklung - Anwendungssysteme - Organisation - Controlling - Bürokommunikation*
Prof. Dipl.-Inform. Alfred Schätter: *Software-Engineering - Algorithmen- und Datenstrukturen - Produktionsplanung und -steuerung - Qualitätssicherung*
Prof. Dr. Walter Schraft: *DV-Systeme - DV-Anwendungen - Planungssysteme (Expertensysteme, NN) - Programmiersysteme*
Prof. Dipl.-Kfm. Bert A. Wunderlich: *DV-Anwendungen (Marketing) - Datenbanksysteme - Bürokommunikation*

4. Organisation des Studiums

a) Studienabschnitte
   Grundstudium (3 Semester)
   - ein Studiensemester in der Praxis im ersten Semester (26 Wochen)
   - zwei Studiensemester
   - Abschluß: Vorexamen (Zeugnis)
   Hauptstudium (5 Semester)
   - vier Studiensemester
   - ein Studiensemester in der Praxis im sechsten Semester (26 Wochen)
   - Diplomarbeit im achten Semester (6 Monate)
   - mündliche Diplomprüfung am Ende des achten Semesters
b) Fächer- und Stundenübersicht (inkl. SWS Wahlpflichtfächer)
   Grundstudium: 52 SWS
   Hauptstudium: 104 SWS (ohne Diplomarbeitsanteil)
   Summe: 156 SWS
   Folgende Lehrveranstaltungs-Schwerpunkte werden angeboten:
   - Betriebswirtschafliches Studium einschließlich Einführung Wirtschaftsinformatik im Grundstudium
   - Betriebswirtschaftliches Studium einschließlich Schwerpunktstudium mit Betriebsorganisation und Wirtschaftsinformatik mit den Fächergruppen Betriebssysteme, Programmierung, Systementwick-

lung, Softwaretechnik I, Datenbanksysteme I, Abrechnungssyteme, Steuerungssysteme (PPS), Planungssysteme (Expertensysteme, Neuronale Netze), Bürokommunikation I, Unternehmensorganisation im Hauptstudium

c) Wahlpflichtfächer
Innerhalb des Studiengangs Betriebsorganisation und Wirtschaftinformatik werden (im 7. und 8. Semester) die folgenden beiden Studienschwerpunkte mit jeweils 16 SWS angeboten:
- Wirtschaftsinformatik: Datenbanksysteme II, Softwaretechnik II, Systementwicklungsprojekte (8 SWS Workshop), Informatikseminar
- Betriebsorganisation und Datenverarbeitung: Bürokommunikation II, Organisationspsychologie, Organisationsplanungsprojekte (8 SWS Workshop), Organisationsseminar

Bemerkung: Der Gesamt-DV-Anteil des Studiums beträgt 46 SWS, davon 6 SWS im Grundstudium.

5. Rechnerausstattung (nutzbar durch Wirtschaftsinformatik)

Zentrales RZ:
- Mainframe mit 30 Terminals/PC
- 3 PC-Netzwerke für ingesamt 50 Nutzer unter Novell
- 5 Workstations (vernetzt)
- Ethernet / TCP / IP Backbones
- Anschluß an das Deutsche Forschungsnetz (DFN)
Labore Wirtschaftsinformatik:
- CIM-Logistik-Labor mit 3 Mehrplatzsysteme (Minicomputer/Server) Vernetzung mit Workstations und PC, 4 Workstations (vernetzt)

6. Sonstige Angaben

Studienbeginn im SS und WS
Gründung des Studiengangs 1963

7. Auslandskontakte

Langjährige Kontakte mit zahlreichen Hochschulen im Ausland (Austausch)

8. Forschungs- und Transferinstitutionen

Arbeitskreis EDV (Erfahrungsaustausch Hochschule und Wirtschaft - „Pforzheimer Modell"; Leitung: Prof. Dipl.-Inform. Alfred Schätter, Tel. 07231/603-(0)140)

Fachhochschule Regensburg
Prüfeninger Str. 58
93049 Regensburg
Tel. 0941/943-2427
Fax 0941/943-3883
Tel. Studienberatung 0941/943-2427

1. Bezeichnung des Fachbereichs bzw. des Studiengangs

   a) Fachbereich Informatik und Mathematik
   b1) Studiengang Informatik
   c1) Studienrichtung Technik
   c2) Studienrichtung Wirtschaft

2. Akademischer Grad ggf. mit Zusatz laut Abschlußzeugnis

   Diplom-Informatiker(in) (FH)

3. Professoren im Studiengang Informatik

   Prof. Dr. Tilman Burde: *Analysis - Wirtschaftsmathematik - Prognoseverfahren - Operations Research*
   Prof. Dr. Josef Duttle: *BWL, insbesondere Marketing - Vertrieb - Rechnungswesen - Controlling - Banken und Versicherungen*
   Prof. Dr. Wolfgang Gentzsch: *Parallele Algorithmen - Parallel- und Vektorrechner - Numerik partieller Differentialgleichungen*
   Prof. Dr. Heinz Willi Goelden: *Mathematik, insbesondere Finanz- und Versicherungsmathematik*
   Prof. Dr. Roland Hornung: *Operations Research - Systemsimulation - Prognoseverfahren - Computerorientierte Mathematik - Logistik*
   Prof. Dr. Herbert Kopp: *Bildverarbeitung - Compilerbau - Datenorganisation*
   Prof. Dr. Bernhard Kulla: *Informatik in Wirtschaft und Verwaltung - Betriebliche Anwendungssysteme - BWL*
   Prof. Dr. Gottfried Meyer: *Numerik-Software - Scientific Computing - Parallele Algorithmen - Computer Algebra - Programmiersprachen*
   Prof. Ernst Paul: *Angewandte Mathematik - Programmiersprachen*
   Prof. Dr.-Ing. Jürgen Sauer: *Datenorganisation - Datenbanken - Künstliche Intelligenz - Operations Research*
   Prof. Dr. Edwin Schicker: *Datenbanken - Performance-Modellierung*
   Prof. Dr. Karl Schwarzbeck: *Software-Engineering - Prototyping - CASE-Tools - Kommunikations-/Verkaufs-Training*

Prof. Dr. Alexandru Soceanu: *Rechnernetze (LAN, WAN, PC-Netze) - Netzwerk-Management - Prozeßrechnertechnik*

Prof. Dr. Alexander Söder: *Software-Engineering - Betriebssysteme - Maschinennahe Programmierung*

Prof. Dr. Christine Süß-Gebhard: *Mathematik, insbesondere Wirtschaftsmathemaik - Versicherungsmathematik*

Prof. Dr. Helmut Ulrich: *Technische Physik*

Prof. Dr. Hans-Jürgen Wagner: *Mathematik - Numerik - DV-Systeme - Programmiersprachen - Compiler*

Prof. Hubert Weber: *Statistik*

Prof. Raymond Zavodnik, PhD: *Compilerbau - Programmiersprache - Software-Engineering - Graphische Datenverarbeitung*

4. Organisation des Studiums

a) Studienabschnitte
   Grundstudium (2 Semester)
   - zwei Studiensemester
   - Abschluß: Vordiplom (Zeugnis)
   Hauptstudium (6 Semester)
   - vier Studiensemester
   - zwei Studiensemester in der Praxis (je 20 Wochen) im dritten und sechsten Semester
   - Diplomarbeit im siebten/achten Semester (6 Monate)
b) Fächer- und Stundenübersicht (inkl. SWS Wahlpflichtfächer)
   Grundstudium: 58 SWS
   Hauptstudium: 112 SWS (ohne Diplomarbeitsanteil)
   Summe: 170 SWS
   Folgende Lehrveranstaltungs-Schwerpunkte werden angeboten:
   - Grundlagen der Informatik, DV-Systeme, Programmieren, Mathematik, Physikalische Grundlagen, Grundzüge der VWL und BWL, Englisch, Stochastik im Grundstudium
   - Datenorganisation, Datenbanken, Anwendungsentwicklung, Betriebssysteme, Compiler, Rechnerkommunikation, DV-Recht im Hauptstudium für beide Studienrichtungen
   - Maschinennahe Programmierung, Numerik, Technische Physik, Rechnertechnik, Prozeßrechnertechnik, DV-Anwendungen in der Technik im Hauptstudium für die Studienrichtung Technik
   - Betriebswirtschaftslehre, Rechnungswesen, Operations Research, Software-Engineering, Systemarchitektur, DV-Anwendungen in der Wirtschaft im Hauptstudium für die Studienrichtung Wirtschaft
c) Wahlpflichtfächer
   Neben 3 allgemeinen sind zur Zeit 4 fachbezogene Wahlpflichtfächer aus wechselndem Angebot zu wählen, insgesamt 16 SWS. Themen

sind z. B.: Neuronale Netze, Natürlichsprachliche Systeme, Systemprogrammierung, Systemsimulation, Finanzmathematik, Wirtschaftsrecht, Netzwerk-Management, Bildverarbeitung, Graphische Datenverarbeitung, CAD, Wissensbasierte Systeme, Programmiermethoden
der KI, Benutzeroberflächen, Parallel- und Vektorrechner

5. Rechnerausstattung (nutzbar durch Informatik)

Labore Informatik und Mathematik:
- Workstation-Pool mit 9 UNIX-Workstations, 1 Server
- Mikrorechner-Pool mit 9 Arbeitsplätzen, 1 Server
- Mikrorechner-Pool mit 12 Arbeitsplätzen, 1 Server
- X400-Mail-Server
- Anschluß an das Wissenschaftsnetz
- Labor Digitaltechnik (PC-Arbeitsplätze, 4 Workstations)
- Labor Kl (2 Workstations)
- Labor Graphische DV (PC-Arbeitsplätze, 4 Workstations)
- Labor Mikroprozessortechnik (PC-Arbeitsplätze, 3 Workstations)
- Labor Anwendungsentwicklung (3 Workstations)
- Labor Betriebssysteme/Wirtschaftsinformatik (UNIX Mehrplatz-Sy-
  stem)
- Labor Mathematik (Transputer-System)

6. Sonstige Angaben

Studienbeginn im WS
Gründung des Studiengangs 1971

7. Auslandskontakte

Kooperation mit regelmäßigem Studentenaustausch für Studium und
Praxissemester mit University of Connecticut (USA)
Weitere Kooperationen mit Universitäten in USA, England, osteuropäi-
schen Ländern und China

Fachhochschule für Technik und Wirtschaft Reutlingen
Alteburgstraße 150
72762 Reutlingen
Tel. 07121/271-(0)610

1. Bezeichnung des Fachbereichs bzw. Studiengangs

   a) Fachbereich Automatisierungstechnik
   b) Studiengang Automatisierungstechnik

2. Akademischer Grad ggf. Zusatz laut Abschlußzeugnis

   Diplom-Ingenieur (FH)

3. Professoren im Fachgebiet Automatisierungstechnik/Informatik

   Prof. Dr. Karl Armbruster: *Digitaltechnik - Mikrocomputer - Bildverarbeitung*
   Prof. Dr.-Ing. Werner Eißler: *Steuerungstechnik - Sensortechnik*
   Prof. Dipl.-Phys. Norbert Fieles-Kahl: *Informatik - Grafische Datenverarbeitung*
   Prof. Dipl.-Ing. Wolfgang Frühauf: *Regelungstechnik - Digitale Signalverarbeitung - Meßtechnik*
   Prof. Dr.-Ing. Gerhard Gruhler: *Industrieroboter - Automatisierung in der Fertigung*
   Prof. Dipl.-Ing. Gerhard Handel: *Elektrische Antriebe - Leistungselektronik*
   Prof. Dr. Wolfgang Keller: *System-Engineering - Betriebssysteme und Echtzeit-Datenverarbeitung - Informatik*
   Prof. Dipl.-Inform. Helmut Ketz: *Informatik - Kommunikationsnetze*
   Prof. Dipl.-Ing. Rolf-Jürgen Knappmann: *Grundlagen Elektrotechnik - Elektronik - Mikrorechner*
   Prof. Dipl.-Ing. Helmut Maier: *Grundlagen Elektrotechnik - Informatik - Rechnerarchitektur*
   Prof. Dipl.-Math. Dietrich Müller: *Informatik - Datenbanksysteme - Projektmanagement*
   Prof. Dr.-Ing. Jürgen Schwager: *Prozeßdatenverarbeitung - CNC*

4. Organisation des Studiums

   a) Studienabschnitte
      Grundstudium (3 Semester)
      - zwei Studiensemester mit abschließender schriftlicher Prüfung

- ein Studiensemester in der Praxis im dritten Semester (26 Wochen)
- Abschluß: Vordiplom (Zeugnis)

Hauptstudium (5 Semester)
- vier Studiensemester
- ein Studiensemester in der Praxis im sechsten Semester (26 Wochen)
- Diplomarbeit im siebten/achten Semester (5 Monate) mit Präsentation
- Diplomprüfung am Ende des achten Semesters

b) Fächer- und Stundenübersicht (inkl. SWS Wahlpflichtfächer

Grundstudium: 64 SWS
Hauptstudium: 102 SWS (ohne Diplomarbeitsanteil)
Summe: 166 SWS

Folgende Lehrveranstaltungs-Schwerpunkte werden angeboten:

- Mathematik, Physik, Grundlagen der Elektrotechnik, der Digitaltechnik, der Meßtechnik und der Elektronik, Informatik, Mikrorechner + Assembler, Technisches Englisch im Grundstudium
- Sensortechnik und Regelungstechnik, Rechnerarchitektur, Datenbanken, Grafische Datenverarbeitung, Kommunikationsnetze, Konstruktion und Fertigungstechnik, Steuerungstechnik, Numerische Steuerungen, Industrieroboter, Antriebstechnik, Prozeßautomatisierung, System-Engineering, Projektmanagement, Projektautomatisierung I und II sowie die Fächer, Teamarbeit- und Präsentationstechnik, Betriebswirtschaft, Arbeits- und Sozialwissenschaften und Recht im Hauptstudium

c) Wahlpflichtfächer

Von 18 SWS Wahlpflichtfächern müssen 6 SWS frei gewählt werden. Angeboten werden: Automatisierung in der Produktion, Automatisierung im Umweltschutz, Betriebliche Informationssysteme, Aktuelle Entwicklungen in der Automatisierung, Bildverarbeitung, Anwendung der KI. Weitere Fächer können von den Studenten nach eigener Wahl aus den Angeboten anderer Fachbereiche gewählt werden.

5. Rechnerausstattung (nutzbar durch den Fachbereich)

Zentrales RZ:
- 230 Workstations vernetzt und geclustert
- CAD Mehrplatzsysteme:
-- für den konstruktiven Bereich: 6 Arbeitsplätze mit Proren, 5 Arbeitsplätze mit HP 10
-- für den Bereich CAE: 9 Arbeitsbereiche mit der gesamten Software von Mentor-Graphics

-- für den Bereich Schnittmustertechnik: 4 Arbeitsplätze vernetzt für die Schnittmusterentwicklung
-- für den Bereich Produkt-Design: 5 Arbeitsplätze für die Produktentwicklung im Bereich der Schaftweberei, Jaquardweberei und des Textildrucks, sowie der Farbmetrik
- Fabrikplanung (Microstation)

Labore Automatisierungstechnik:

- Labor für Bildverarbeitung und Digitaltechnik	Prof. Dr. Karl Armbruster
- Labor für Sensortechnik	Prof. Dr.-Ing. Werner Eißler
- Labor für CAD Anwendungen	Prof. Dipl. Phys. Norbert Fieles-Kahl
- Labor für Meß- und Regeltechnik und Digitale Signalverarbeitung	Prof. Dipl.-Ing. Wolfgang Frühauf
- Labor für Robotertechnik	Prof. Dr.-Ing. Gerhard Gruhler
- Labor für Antriebs- und Steuerungstechnik	Prof. Dipl.-Ing. Gerhard Handel
- Labor für System Engineering	Prof. Dr. Wolfgang Keller
- Labor für Kooperative Informationsverarbeitung	Prof. Dipl.-Inform. Helmut Ketz
- Labor für Mikrorechner	Prof. Dipl.-Ing. R. J. Knappmann
- Labor für Rechnerarchitektur	Prof. Dipl.-Ing. Helmut Maier
- Labor für Datenbank-Anwendungen	Prof. Dipl.-Math. Dietrich Müller
- Labor für Prozeßdatenverarbeitung	Prof. Dr.-Ing. Jürgen Schwager

6. Sonstige Angaben

Studienbeginn im SS und WS
Gründung des Studienschwerpunktes 1984
Bearbeitung einer Reihe von Forschungsprojekten, teilweise Industrieprojekte, teilweise öffentlich gefördert, wie ESPRIT, Brite EuRam, DFG und weitere

7. Auslandskontakte

Ein Kooperationsvertrag mit finnischen Fachhochschulen ist in Vorbereitung

8. Forschungs- und Transferinstitutionen

   1. Institut für Innovation und Transfer
   - Abteilung: CAD/CAM in der Textil- und Bekleidungstechnik
     (CAD/CAM)
     (Leitung: Prof. Dipl.-Phys. Norbert Fieles-Kahl, Tel. 07121/271-376)
   - Abteilung: Produktionsautomatisierung und Sensorsysteme (PASS)
     (Leitung: Prof. Dr. Karl Armbruster, Tel. 07121/271-364)

   2. Steinbeis-Transferzentren
   - CAD/CAM (Leitung: Prof. Dipl.-Phys. Norbert Fieles-Kahl, Tel.
     07121/271-376)
   - Sensoren und Systeme für die Automatisierung (Leitung: Prof. Dr.-Ing.
     Werner Eißler, Tel. 07121/271-614)

Fachhochschule für Technik und Wirtschaft Reutlingen
Alteburgstr. 150
72762 Reutlingen
Tel. 07121/271-0
Fax 07121/271-224

1. Bezeichnung des Fachbereichs bzw. des Studiengangs

   a) Fachbereich Wirtschaftsinformatik
   b) Studiengang Wirtschaftsinformatik

2. Akademischer Grad ggf. mit Zusatz laut Abschlußzeugnis

   Diplom-Informatiker(in) (FH)
   Studiengang Wirtschaftsinformatik

3. Professoren im Fachbereich Wirtschaftsinformatik

   Prof. Dr. Eckhard Ammann: *Programmiersprachen - Betriebssysteme -*
       Rechnerarchitektur und -vernetzung
   Prof. Dr. Thomas Baltzer-Fabarius: *Unternehmensführung - Investition*
       und Finanzierung - Entwicklung betrieblicher Informationssysteme
   Prof. Dipl.-Kfm. Willi Emmerich: *Produktionsplanung und -steuerung -*
       Materialwirtschaft

Prof. Dr. Anton Frick: *Algorithmenlehre - Programmiersprachen - Betriebssysteme*
Prof. Dr. Herbert Glöckle: *CIM, insbesondere CAD/CAM und Materialwirtschaft*
Prof. Dr. Gerhard Killy: *Volkswirtschaftslehre - Marketing und Vertrieb - Entwicklung betrieblicher Informationssysteme*
Prof. Dr. Fritz Laux: *Elektronik - Datenorganisation - Datenbanksysteme - Informationssysteme*
Prof. Dr. Helmut Seichter: *Datenkommunikation und Rechnernetze - Prozeßautomatisierung*

4. Organisation des Studiums

a) Studienabschnitte
   Grundstudium (3 Semester)
   - zwei Studiensemester
   - ein Studiensemester in der Praxis im dritten Semester (26 Wochen)
   Hauptstudium (5 Semester)
   - vier Studiensemester
   - ein Studiensemester in der Praxis im sechsten Semester (26 Wochen)
   - Diplomarbeit im siebten/achten Semester (6 Monate)
b) Fächer- und Stundenübersicht (inkl. SWS Wahlpflichtfächer)
   Grundstudium: 60 SWS
   Hauptstudium: 100 SWS (ohne Diplomarbeitsanteil)
   Summe: 160 SWS
   Folgende Lehrveranstaltungs-Schwerpunkte werden angeboten:
   - Mathematik, Grundlagen der Volkswirtschaftslehre, Einführung in die Betriebswirtschaftslehre, Einführung in die EDV, Systemanalyse, Algorithmenlehre, problemorientiertes Programmieren, Praktikum zu Algorithmenlehre I und II, Englisch I, II, III und IV, Elektronik I und II, Statistik und Wahrscheinlichkeitsrechnung im Grundstudium
   - Marketing und Vertrieb, Rechnungswesen, Software-Engineering, Betriessysteme/Systemsoftware, Systemanalyse, Operations Research, CIM I und II, Unternehmensführung, Datenorganisation, Datenbanksysteme, Expertensysteme und künstliche Intelligenz, Praktikum Expertensysteme, Kybernetische Methoden, Rhetorik, Präsentation und Dokumentation, Prozeßautomatisierung, Investition und Finanzierung, Rechnerarchitektur, Peripherie und Mikroprozessoren, DV-Management und Rechenzentrumsbetrieb, Datenkommunikation und Rechnernetze, Kommerzielle Informationssysteme: Softwareentwicklung und -einsatz in den verschiedenen betrieblichen Informationsbereichen wie CIM, Rechnungswesen, Marketing, Unternehmensführung mit neuesten Entwicklungsumgebungen, Multi-Media-Komponenten und

Standard-Softwaresysteme, Vertrags- und Arbeitsrecht, EDV- und
Datenschutzrecht im Hauptstudium
c) Wahlpflichtfächer
Es sind die Blöcke Wahlpflicht I und II mit insgesamt 6 SWS zu
wählen. Die Inhalte stellen Vertiefungen von Vorlesungen aus dem
Hauptstudium dar.

5. Rechnerausstattung (nutzbar durch Wirtschaftsinformatik)

Zentrales RZ:
- 120 Arbeitsplätze (PC)
- 8 Workstations
- CAD-Mehrplatzsystem
- sämtliche Geräte sind vernetzt
Labore Wirtschaftsinformatik:
- 5 UNIX-Workstations und 30 Arbeitsplätze im
- CIM-Labor (ausgestattet mit SAP R 3 und einem Fertigungsleitstand)
- Labor für Kommerzielle Informationssysteme
- Labor für Rechnernetze und Datenbanken (ausgestattet mit modernen
  Entwicklungsumgebungen und Datenbanken)
- Marketing und Multi-Media-Labor (ausgestattet mit Komponenten des
  Multi-Media)
- KI- und OR-Labor (mit Expertensystemen, Neuronalen Netzen, Ent-
  scheidungs- und Simulationsmodellen)
- Die Geräte des Fachbereichs sind wie die meisten Geräte auf dem
  Campus über das Campusnetz vernetzt und in nationale und internatio-
  nale Netze eingebunden

6. Sonstige Angaben

Studienbeginn im SS und WS
Der Fachbereich Wirtschaftsinformatik besteht seit 1984
Projektorientierung des Hauptstudiums: Studien- und Diplomarbeiten
teilweise in Zusammenarbeit mit Unternehmen und öffentlichen Institutionen

7. Auslandskontakte

Es wird empfohlen, die Praktika während der praktischen Studiensemester nach Möglichkeit im Ausland zu absolvieren.
Über die französische Partnerhochschule Institut Superieur d'Action Internationale et de Production (ISAIP) können Plätze für das zweite praktische Studiensemester vermittelt werden.

8. Forschungs- und Transferinstitutionen

Technologietransfer durch Diplomarbeiten und Transfertätigkeiten der Professoren, insbesondere im Rahmen der Steinbeis-Stiftung (Ansprechpartner ist der jeweilige Fachbereichsleiter, Tel. 07121/271-638)

Fachhochschule Rheinland-Pfalz
Abteilung Bingen
Rochusallee 4
55411 Bingen
Tel. 06721/409-153
Fax 06721/409-158

1. Bezeichnung des Fachbereichs bzw. des Studiengangs

   a) Fachbereich Elektrotechnik
   b) Studiengang Ingenieur-Informatik

2. Akademischer Grad ggf. mit Zusatz laut Abschlußzeugnis

   Diplom-Ingenieur(in) (FH), Studiengang Ingenieurinformatik

3. Professoren im Studiengang Ingenieurinformatik

   Prof. Dr.-Ing. Peter Rausch: *Grundlagen - Prinzipien, Methoden und Werkzeuge des Software-Engineering - Programmieren*
   Prof. Dipl.-Math. Britta Rösch: *Algorithmen und Datenstrukturen - Datenbanken - Programmieren - Betriebssysteme*
   Prof. Dr. rer. nat. Horst Hahn: *Mikroprozessortechnik*
   Prof. Dipl.-Ing. Peter Christiansen: *Digitaltechnik - Rechnergestütztes Entwickeln*
   Prof. Dr.-Ing. Lothar Klaas: *Elektrische Meßtechnik - Prozeßdatenverarbeitung*
   Prof. Dr. rer. nat. Werner Kinnebrock: *Analysis - Lineare Algebra - Numerische Mathematik - Statistik - Künstliche Intelligenz*
   Prof. Dr.-Ing. Klaus Lang: *Rechnerarchitektur - Programmieren*
   N. N.: *Graphische Datenverarbeitung - Datenübertragung - Rechnernetze*

4. Organisation des Studiums

   a) Studienabschnitte
      Grundstudium (4 Semester)
      - vier Studiensemester mit abschließender Prüfung
      - Abschluß: Vordiplom
      Hauptstudium (4 Semester)
      - vier Studiensemester
      - ein Prüfungssemester im achten Semester: Diplomarbeit (3 bis 6
        Monate) und Abschlußprüfung
      - Abschluß: Diplom
      Praxiserfordernisse: 26 Wochen Vorpraktikum
   b) Fächer- und Stundenübersicht (inkl. SWS Wahlpflichtfächer)
      Grundstudium: 88 SWS
      Hauptstudium: 88 SWS (ohne Diplomarbeitsanteil)
      Summe: 176 SWS
      Folgende Lehrveranstaltungs-Schwerpunkte werden angeboten:
      - Grundlagen der Informatik, Algorithmen und Datenstrukturen, Pro-
        grammieren, Analysis und Lineare Algebra, Numerische Mathema-
        tik, Wahrscheinlichkeitslehre, Datenbanksysteme, Grundlagen der
        Elektrotechnik, Elektrische Bauelemente, Elektrische Meßtechnik 1,
        Physik im Grundstudium
      - Betriebssysteme, Prozeßdatenverarbeitung, Prozeßautomatisierung,
        Rechnerarchitektur, Software-Engineering, Programmieren, Daten-
        übertragung und Netzwerke, Digitaltechnik, Mikroprozessortechnik,
        Regelungstechnik, Elektrische Meßtechnik 2, Nachrichtenübertra-
        gung, Numerische Mathematik 2 im Hauptstudium
   c) Wahlpflichtfächer
      Im Grundstudium 8 SWS Wahlpflichtfächer, die aus dem folgenden
      Katalog frei gewählt werden können:
      - Arbeitswissenschaften, Ausgewählte Kapitel der Informationstech-
        nik, Compilertechnik, Digitale Bildverarbeitung, Fuzzy Logic, Kon-
        zepte der Objektorientierung, Neuronale Netze, Objektorientierte
        Systementwicklung, Petrinetze, Robotik, Simulationstechnik, Tech-
        nisches Englisch 2, Verteilte Systeme

5. Rechnerausstattung (nutzbar durch Ingenieur-Informatik)

   Zentrales RZ:
   - 8 IBM RISC/6000 Workstations
   - 40 IBM PS/2-PC
   - FDDI Backbone-Campus-Netzwerk (im Aufbau)
   - Anbindung an das Deutsche Forschungsnetz (DFN)

Labore Ingenieur-Informatik
- 2 SUN Workstations
- 8 PC
- 5 IBM RISC/6000 Workstations
- ca. 15 weitere PC in den verschiedenen Labors des FB
- Fachbereichsnetzwerk (Novell)
- Anbindung an das Campus-Netzwerk (im Aufbau)
- 10 SUN-Workstations in der Beschaffung

6. Sonstige Angaben
Studienbeginn im WS
Gründung des Studienganges 1986
Projekte mit engem Praxisbezug, Zusammenarbeit mit der Industrie, dem Handwerk und den Verwaltungen, insbesondere auch im Rahmen von Diplomarbeiten

8. Forschungs- und Transferinstitutionen

Labor für anwendungsspezifische integrierte Schaltkreise (Ansprechpartner: Prof. Dipl.-Ing. Peter Christiansen, Tel. 06721/409-0)
Labor für Prozeßautomatisierung (Ansprechpartner: Prof. Dr. Horst Hahn, Tel. 06721/409-0)
Labor für Software Engineering (Ansprechpartner: Prof. Dr. Peter Rausch, Tel. 06721/409-0)

Fachhochschule Rheinland-Pfalz
Abteilung Koblenz
Am Finkenherd
56075 Koblenz
Tel. 0261/95280
Fax 0261/56953
Tel. Studienberatung:

1. Bezeichnung des Fachbereichs bzw. des Studiengangs/des Schwerpunkts

a) Fachbereich Betriebswirtschaft II
b) Studiengang Betriebswirtschaft II
c) Schwerpunkt Controlling und Organisation/Wirtschaftsinformatik

2. Akademischer Grad ggf. mit Zusatz laut Abschlußzeugnis

Diplom-Betriebswirt (FH), Studienschwerpunkt Controlling und Organisation/Wirtschaftsinformatik

3. Professoren im Fachgebiet Wirtschaftsinformatik

Prof. Dipl.-Kfm. Helmuth Blaß: *Software-Engineering - Programmiersprachen - Datenbanken*
Prof. Dipl.-Ing. Klaus Peter Emde: *Organisation - Systemanalyse*
weitere Professoren des Studiengangs Betriebswirtschaft

4. Organisation des Studiums

a) Studienabschnitte
   Grundstudium (4 Semester)
   - vier Studiensemester mit abschließender schriftlicher und mündlicher Prüfung
   - Abschluß: Vorexamen (Zeugnis)
   Hauptstudium (3 Semester)
   - zwei Studiensemester
   - ein Prüfungssemester im siebten Semester
   - Diplomarbeit im siebten Semester (6 Monate)
   - mündliche und schriftliche Diplomprüfung im sechsten Semester
   - Praxiserfordernisse: 8 Monate Vorpraktikum
b) Fächer- und Stundenübersicht (inkl. SWS Wahlpflichtfächer)
   Grundstudium: 98 SWS
   Hauptstudium: 44 SWS (ohne Diplomarbeitsanteil)
   Summe: 142 SWS
   Folgende Lehrveranstaltungs-Schwerpunkte werden angeboten:
   - betriebswirtschaftliches Studium einschließlich Wirtschaftsinformatik im Grundstudium
   - reines Schwerpunktstudium mit Controlling und Organisation/Wirtschaftsinformatik im Hauptstudium
c) Wahlpflichtfächer
   Insgesamt 16 SWS sind aus betriebswirtschaftlichen Bereichen auszuwählen
Bemerkung: Der Gesamt-DV-Anteil des Studiums einschließlich Schwerpunkt beträgt ca. 22 SWS, davon 10 SWS im Grundstudium

5. Rechnerausstattung (nutzbar durch Wirtschaftsinformatik)

Zentrales RZ:
- 1 SUN SparcServer mit 16 Arbeitsstationen

- 1 PC-Pool mit 20 PC (z. T. vernetzt)
- 1 PC-Pool mit 12 PC (vernetzt)
- Anschluß an das Deutsche Forschungsnetz (DFN)

6. Sonstige Angaben

Studienbeginn im SS und WS
Gründung des Schwerpunkts 1973

Fachhochschule Rheinland-Pfalz
Abteilung Ludwigshafen
67059 Ludwigshafen
Tel. 0621/5203-162
Fax. 0621/5203-111

1. Bezeichnung des Fachbereichs bzw. des Studiengangs/des
   Schwerpunktes

   a) Fachbereich Organisation/Wirtschaftsinformatik
   b) Studiengang Organisation/Wirtschaftsinformatik
   c) Studienschwerpunkt Wirtschaftsinformatik

2. Akademischer Grad ggf. mit Zusatz laut Abschlußzeugnis

   Diplom-Betriebswirt (FH)

3. Professoren im Fachgebiet Wirtschaftsinformatik

   Prof. Dr. Hartmut Döringer: *DB-Systeme - DB-Design - CASE - Informati-*
      ons-Management - betriebswirtschaftliche Anwendungssoftware
   Prof. Dr. Klaus Gläser: *Operations Research - Logistik*
   Prof. Dr. Susanne Härterich: *Betriebswirtschaftslehre, insbesondere Logi-*
      sitk und Betriebsorganisation
   Prof. Dr. Martin Müller: *DB-Systeme - CASE - Programmierung - Betriebs-*
      wirtschaftliche Anwendungssoftware
   Prof. Dipl.-Kfm. Klaus Niessen: *Betriebswirtschaftslehre, insbesondere*
      Logistik und Betriebsorganisation
   Prof. Dr. Josef Puhani: *Quantitative Methoden - Volkswirtschaftslehre*

Prof. Dr. Klaus Pyrkosch: *Betriebswirtschaftslehre, insbesondere Logistik und Betriebsorganisation*

Prof. Dr. Heinz Treßer: *Systementwicklung - Programmierung - SAP-Software*

4. Organisation des Studiums

a) Studienabschnitte

Grundstudium (4 Semester)

- vier Studiensemester mit abschließender schriftlicher und mündlicher Diplom-Vorprüfung
- Abschluß: Vordiplom (Zeugnis)

Hauptstudium (4 Semester)

- drei Studiensemester
- schriftliche und mündliche Diplomprüfung am Ende des siebten Semesters
- Anfertigung der Diplomarbeit im achten Semester (3 bis 6 Monate)

Praxiserfordernisse: Praktikum vor Studienbeginn: kaufmännisches Praktikum von 8 Monaten oder abgeschlossene kaufmännische Berufsausbildung oder abgeschlossene nichtkaufmännische Berufsausbildung und kaufmännisches Praktikum von 6 Monaten

b) Fächer- und Stundenübersicht (inkl. SWS Wahlpflichtfächer)

Grundstudium: 106 SWS

Hauptstudium: 60 SWS (ohne Diplomarbeitsanteil)

Summe: 166 SWS

Folgende Lehrveranstaltungs-Schwerpunkte werden angeboten:

- Betriebswirtschaftslehre (Grundlagen, Absatzwirtschaft, Beschaffungs- und Produktionswirtschaft, Personalwirtschaft), Rechnungs-, Finanz- und Steuerwesen (Jahresabschluß, Kostenrechnung, Finanzwesen, Betriebliche Steuerlehre), Datenverarbeitung (PC-Praktikum, Datenmodell, Datenbank, SQL, Betriebssysteme) /Organisation, Logistik-Grundlagen und Verfahren (Logistik-Konzeptionen, Materialwirtschaft, Operations-Research, Technologie), Volkswirtschaftslehre, Recht, Wirtschaftsenglisch, Mathematik, Statistik im Grundstudium
- Entwicklung von betriebswirtschaftlichen DV-Anwendungen (Requirement-Engineering, CASE, Betriebssystem-Praktikum, Netzwerk-Praktikum, Tele/Bürokommunikation, Programmieren in C++, Praktikum Anwendungsentwicklung), Betriebswirtschaftliche Informationssysteme (Datenmodellierung, Datenbank-Praktikum, SAP R/3 Systemarchitektur, SAP R/3 Praktikum, Executive-Informations-Systems, Expertensysteme), Mangement und Controlling (Information-Management, Organisationsplanung, Projektmanage-

ment, Betriebs- und Führungspsychologie, Unternehmensplanung, DV-Controlling), VWL, Recht im Hauptstudium
c) Wahlpflichtfächer
   Es sind 10 SWS aus den Bereichen Controlling, Marketing, Logistik, Unternehmensberatung zu wählen.

5. Rechnerausstattung (nutzbar durch Wirtschaftsinformatik)

Zentrales RZ:
- 40 PC vernetzt mit 2 Servern
- 2 IBM RISC 6000 mit AIX (eingebunden in PC-Netz)
Labore Wirtschaftsinformatik:
- DB-Labor mit Oracle
- CASE-Labor mit ADW
- SAP-Labor mit SAP R/3
- UNIX-Labor mit AIX
- Novell-Netware-Labor
- DTP-Labor mit MAC

6. Sonstige Angaben

Studienbeginn im SS und WS
Gründung des Schwerpunktes 1973

7. Auslandskontakte

Ein Auslandssemester im Hauptstudium an diversen Hochschulen/Universitäten in Großbritannien, Frankreich, Skandinavien ist möglich. Die erworbenen Leistungsscheine werden anerkannt.

8. Forschungs- und Transferinstitutionen

Technologie-Transfer, insbesondere durch Diplomarbeiten in der Praxis
Transfertätigkeiten der Professoren
Zusammenarbeit mit Technologie-Zentrum Ludwigshafen (Leitung: Prof. Dr. Hartmut Döringer, Tel. 0621/5203-151)

Fachhochschule Rheinland-Pfalz
Abteilung Trier
Schneidershof
54293 Trier
Tel. 0651/8103-1
Fax 0651/8103-454
Tel. Studienberatung 0651/8103-300
email ai@informatik.trier.fhrpl.de

1. Bezeichnung des Fachbereichs bzw. Studiengangs

   a) Fachbereich Angewandte Informatik
   b) Studiengang Angewandte Informatik

2. Akademischer Grad ggf. mit Zusatz laut Abschlußzeugnis

   Diplom-Informatiker (FH)

3. Professoren im Fachgebiet Angewandte Informatik

   Prof. Dr. rer. nat. Karl Hans Bläsius: *Wissensbasierte Systeme*
   Prof. Dr. rer. nat. Peter Gemmar: *Bildverarbeitung - Rechnerarchitektur*
   Prof. Dr. rer. nat. Karl Heinz Klösener: *Datenbanksysteme*
   Prof. Dr. rer. nat. Rolf Linn: *Produktionsinformatik*
   Prof. Dr. rer. nat. Rainer Oechsle: *Verteilte Systeme - Betriebssysteme*
   Prof. Dr.-ing. Fritz Nikolaus Rudolph: *Computer Aided Design*
   Prof. Dr. rer. nat. Kurt-Ulrich Witt: *Softwaretechnik*

4. Organisation des Studiums

   a) Studienabschnitte
      Grundstudium (4 Semester)
      - vier Studiensemester
      - Abschluß: Vorexamen (Zeugnis)
      Hauptstudium (4 Semester)
      - drei Studiensemester
      - Diplomarbeit im achten Semester (6 Monate)
      - mündliche und schriftliche Diplomprüfung nach dem siebten Seme-
        ster
      Praxiserfordernisse: 12 Wochen Grundpraktikum, bezogen auf das
      Anwendungsfach vor dem Vorexamen, 12 Wochen Fachpraktikum In-
      formatik im Hauptstudium (Semesterferien)

b) Fächer- und Stundenübersicht (inkl. SWS Wahlpflichtfächer)
   Grundstudium: 103 SWS
   Hauptstudium: 70 SWS (ohne Diplomarbeitsanteil)
   Summe: 173 SWS
   Folgende Lehrveranstaltungs-Schwerpunkte werden angeboten:
   - Mathematik, physikalische und technische Grundlagen, theoretische
     Grundlagen, Grundlagen der Programmierung, Programmiersprachen, Anwendungsfach, Englisch im Grundstudium
   - Software Engineering, Datenbanken, Seminar, Projektarbeit im
     Hauptstudium
c) Wahlpflichtfächer
   Insgesamt 46 SWS müssen gewählt werden: 2 Wahlpflichtgebiete der
   Informatik (je 12 SWS), Anwendungsfach (18 SWS), Allgemeinwissenschaftliche Lehrveranstaltungen (4 SWS). Die zwei Wahlpflichtgebiete der Informatik können aus folgenden vier Gebieten gewählt
   werden:
   Softwaretechnologie und Informationssysteme (Compilerbau, Computergraphik und graphische Datenstrukturen, Datenstrukturen und Algorithmen), Technische Informatik und Architektur von Rechnersystemen (Datenübertragung, Parallele Rechnerarchitektur/Parallelverarbeitung, Mikroprozessortechnik, Bildverarbeitung, Entwurf
   und Test Integrierter Schaltungen), Künstliche Intelligenz (Wissensrepräsentation, Wissensverarbeitung, Expertensysteme, Logikprogrammierung, Mustererkennung), Anwendung der Informatik (Bildverarbeitung, Produktionsinformatik)

5. Rechnerausstattung (nutzbar durch Angewandte Informatik)

Zentrales RZ:
- RZ Server (2 Fileserver IBM RS/6000, 1 Backupserver CD4420, 1
  Mailserver IBM RS/6000)
- CAD Pool (25 IBM RS/6000, 1 Indigo2)
- Unix-Server (IBM RS/6000) + 24 IBM PC (Token Ring)
- alle vernetzt über Ethernet
Labore Angwandte Informatik:
- 23 Macintosh (vernetzt)
- 21 PC (MS/DOS, Novell)
- 9 Workstations (SUN, vernetzt)
- Transputerlabor
- Bildverarbeitungslabor

6. Sonstige Angaben

Studienbeginn im WS
Studiengang existiert seit WS 90/91
Projekte mit Praxisbezug: Erfassung und Verwaltung radiologischer Befunde, Kommandosprache zur Steuerung von Satellitenexperimenten, Verbindung von Datenbank mit Text und grafischer Präsentation, Datenbank für die Verwaltung von DV-Komponenten, Adaption eines Telematikservers an ISDN, Erweiterung einer logikbasierten Interferenzmaschine, Detektion der Augenbewegung in Echtzeit, CIM-Konzepte, Lehr- und Unterstützungsprogramm für Strahlentherapie

7. Auslandskontakte

Elektrotechnische Universität St. Petersburg

Fachhochschule Rheinland-Pfalz
Abteilung Trier
Schneidershof
Tel. 0651/8103-299
Fax 0651/8103-416

1. Bezeichnung des Fachbereichs bzw. Studiengangs/des Schwerpunktes

a) Fachbereich Betriebswirtschaft
b) Studiengang Organisation/Wirtschaftsinformatik
c) Schwerpunkt Wirtschaftsinformatik

2. Akademischer Grad ggf. mit Zusatz laut Abschlußzeugnis

Diplom-Betriebswirt (FH)
Studienschwerpunkt Wirtschaftsinformatik

3. Professoren im Fachgebiet Wirtschaftsinformatik

Prof. Dr. Jürgen Arweiler: *Angewandte Betriebswirtschaftslehre - Operations Research*
Prof. Dr. Rainer Nußbaum: *Organisation - Informationsmanagement*
Prof. Dr. Helge Klaus Rieder: *Software-Engineering - Künstliche Intelligenz*

Prof. Dr. Wilhelm Steinbuß: *Datenbanksysteme - Statistik*
Prof. Dr. Dieter Steinmann: *Informations- und Kommunikationssysteme*

4. Organisation des Studiums

a) Studienabschnitte:
   Grundstudium (4 Semester)
   - vier Studiensemester
   - schriftliche und mündliche Diplomvorprüfung
   - Abschluß: Vordiplom (Zeugnis)
   Hauptstudium (4 Semester)
   - drei Studiensemester
   - Diplomarbeit im (siebten/)achten Semester (praktische Arbeit: 6 bis
     maximal 9 Monate)
   - schriftliche und mündliche Diplomprüfung
   Praxiserfordernisse: kaufmännischer Lehrabschluß; für Abiturienten
   mindestens 8 Monate kaufmännisches Vorpraktikum
b) Fächer- und Stundenübersicht (inkl. SWS Wahlpflichtfächer)
   Grundstudium: 94 SWS
   Hauptstudium: 56 SWS (ohne Diplomarbeitsanteil)
   Summe: 150 SWS
   Folgende Lehrveranstaltungs-Schwerpunkte werden angeboten:
   - Betriebswirtschaftslehre, Rechnungswesen, Grundlagen der Daten-
     verarbeitung, Datenverarbeitung (II), Grundlagen der Wirtschaftsin-
     formatik, Statistik, Mathematik, Volkswirtschaftslehre, Wirtschafts-
     fremdsprache im Grundstudium
   - Angewandte Wirtschaftsinformatik mit Praktika, Betriebliche Infor-
     mationssysteme mit Praktika, Betriebliche Kommunikationssysteme
     mit Praktika, Operations Research mit Praktika, Angewandte Be-
     triebswirtschaftslehre im Hauptstudium
c) Wahlpflichtfächer
   Insgesamt 16 SWS sind aus den folgenden Veranstaltungen im
   Hauptstudium auszuwählen:
   Organisation/Informationsmanagement, Betriebssysteme/Systemarchi-
   tektur, Aufbau betrieblicher Informationssysteme, Aufbau betrieblicher Kommunikationssysteme, Künstliche Intelligenz, Software-
   Engineering, Operations Research und aus den betriebswirtschaftlichen Bereichen wie Entscheidungsorientierte Betriebswirtschaft/Fall-
   studien, Finanzmanagement, Rechnungswesen, Controlling, Marketing, Betriebswirtschaftliches Beratungs- und Prüfungswesen etc.

5. Rechnerausstattung (nutzbar durch Wirtschaftsinformatik)

Zentrales RZ:
- 30 IBM RS/6000 (UNIX)
- 20 Apollo Domain DN 3000 (UNIX)
- 25 IBM PS/2 Modelle 70/386 (PC-DOS)
- vernetzt mit Ethernet und Token-Ring
Labore Betriebswirtschaft/Wirtschaftsinformatik:
- 1 IBM RS/6000, Mod. 32 H
- 1 Micro VAX II
- 25 IBM PS/2 Mod. 30 - Mod. 95
- Ethernet (TCP/IP und DEC-NET)
- IBM-Token-Ring (TCP/IP und NETBIOS)
- IBM-PC-LAN (NETBIOS)
- VMS, PC-DOS, OS/2, IBM-AIX

6. Sonstige Angaben

Studienbeginn im WS
Gründung des Fachbereichs 1975/des Studienschwerpunktes 1988
Erwartet wird, daß empirische Diplomarbeiten im Kontakt zur Wirt-
schaftspraxis erstellt werden. Besonders qualifizierte Studierende erhal-
ten die Möglichkeit, ein Studium mit European-Business-Bezug zu
wählen mit der Chance, neben dem nationalen Diplom bei erfolgreichem
einjährigem Studium an ausländischen Partnerhochschulen deren akademischen Abschlußgrad zu erwerben

7. Auslandskontakte

EB-Partnerhochschulen zur Zeit in Großbritannien, Irland, Frankreich,
Spanien und in der Schweiz. Weitere Auslandskontakte mit Studenten-
austausch bestehen mit Hochschulen in Italien, Griechenland, Polen,
Estland und USA

Fachhochschule Rheinland-Pfalz
Abteilung Worms
Erenburger Str. 19
67549 Worms
Tel. 06241/509-128
Fax 06241/509-221
Tel. Studienberatung 06241/509-128
email postmaster@worms.fhrpl.de

1. Bezeichnung des Fachbereichs bzw. des Studiengangs/der Schwerpunkte

   a) Fachbereich Informatik
   b) Studiengang Informatik
   c1) Studienschwerpunkt Allgemeine Informatik
   c2) Studienschwerpunkt Kommunikationsinformatik
   c3) Studienschwerpunkt Produktionsinformatik
   c4) Studienschwerpunkt Telekommunikation (in Vorbereitung)

2. Akademischer Grad ggf. mit Zusatz laut Abschlußzeugnis

   Diplom-Informatiker(in) (FH)

3. Professoren im Fachbereich Informatik

   Prof. Dr. Jutta Binder-Hobbach: *Grundlagen der Informatik - Mathematik - Datenkommunikation*
   Prof. Dr. Ralf Keidel: *Grundlagen der Informatik - Mathematik - Echtzeitsysteme*
   Prof. Dr. Harald Kropp: *Produktionsplanungssysteme - Mathematik - Programmiersprachen*
   Prof. Dr. Theodor Luttenberger: *Technische Naturwissenschaften - Prozeßdatenverarbeitung*
   Prof. Dr. Rolf Massar: *Netzprotokolle - LAN*
   Prof. Dr. Heinz Middelmann: *BWL - Mustererkennung - Werkstattsteuerung*
   Prof. Dr. Reinhard Passing: *Prozeßdatenverarbeitung - Hardwaretechnologie*
   Prof. Dr. Walter Püschel: *Informatik - Anwendungs-/Systemprogrammierung*
   Prof. Dr. Helmut Römer: *Mikroprozessoren - Schaltnetze und -werke - Computergraphik*

Prof. Dr. Martin Ruppert: *Simulationstechnik - mathematische und technische Grundlagen*

Prof. Gerhard Schlimbach: *Hardwaretechnologie - Softwaretechnik*

Prof. Dr. Peter Schroll: *Nachrichtentechnik - Datenschutz - ISDN - Naturwissenschaften*

Prof. Dr. Hans Schwinn: *Software-Engineering - Datenbanken - Ausgewählte Probleme*

Prof. Dr. Detlev Steinbinder: *Programmieren - Betriebliches Rechnungswesen*

Prof. Dr. Wolfgang Thom: *Betriebssysteme - Datenbanken - Grundlagen der Informatik*

Dr. rer. nat. Ulrich F. Wodarzik: *Mathematik - Natur- und Ingenieurwissenschaften*

Prof. Dr. Stefan Zimmermann: *Bildverarbeitung - CNC - Meßtechnik - Naturwissenschaften*

Prof. Dr. Walter Ludwig Zimmermann: *Bürokommunikation - BWL - Englisch*

4. Organisation des Studiums

a) Studienabschnitte
   Grundstudium (4 Semester)
   - vier Studiensemester
   - jeweils nach zwei Studiensemestern schriftliche und mündliche Teilprüfungen mit Freischuß-Anreizen
   - Abschluß: Diplomvorprüfungszeugnis
   Hauptstudium (4 Semester)
   - drei Studiensemester
   - schriftliche und mündliche Diplomprüfung im achten Semester
   - Diplomarbeitssemester im achten Semester (Diplomarbeit 3 Monate, experimentelle Diplomarbeit 6 Monate)
b) Fächer- und Stundenübersicht (inkl. SWS Wahlpflichtfächer)
   Grundstudium: 104 SWS
   Hauptstudium: 78 SWS (ohne Diplomarbeitsanteil)
   Summe: 182 SWS
   Folgende Lehrveranstaltungs-Schwerpunkte werden angeboten:
   - Algebra, Analysis, Betriebswirtschaftslehre, Informatik, Programmiersprachen, Englisch, Statistik, Naturwissenschaftliche Grundlagen, Ingenieurwissenschaftliche Grundlagen, Technische Informatik im Grundstudium
   - Betriebssysteme, Datenbanken, Programmiersprachen, Datenkommunikationsanwendungen, Echtzeitsysteme, Produktionsplanungssysteme, Netzprotokolle, LAN, Mustererkennung, Werkstattsteuerung, Sensortechnik, CNC, Prozeßdatenverarbeitung, Hardware-

technologie, Anwendungs-/Systemprogrammierung, Schaltnetze und Schaltwerke, Mikroprozessoren, Computergraphik, Simulations-technik/Systemdynamik, Softwaretechnik, Datenschutz in Kommu-nikationssystemen, ISDN, Nachrichtentechnik, Ausgewählte Pro-bleme der Angewandten Informatik, Betriebliches Rechnungswesen, Bürokommunikation im Hauptstudium

5. Rechnerausstattung (nutzbar durch Informatik)

Zentrales RZ:
- Hauptrechner: IBM 9370, Betriebssystem VMISP
- RISC/6000 550, Betriebssystem AIX
- TCP/IP
- Deutsches Forschungsnetz und Europäische X.25Netz lXI
- OSI und ARPA
- mehrere IBM AT und PS/2 Modelle, Betriebssysteme MINIX, DOS, CAD
- Anschluß an das Deutsche Wissenschaftsnetz (WIN)
- LAN im Campus, WAN zu den Professoren
Labore Informatik:
- Bildverarbeitung, Mustererkennung
- CAD/CAM-Labor mit 5 IBM Workstations
- Sensoren
- Elektronik
- Elektrotechnik
- Mikroprozessorlabor
- Nachrichtentechnik
- Physik
- Prozeßleitsysteme
- Rechnertechnik
- Software- und Hardwaretechnik
- Systemdynamik/Reglungstechnik
- Telekommunikationstechnik

6 Sonstige Angaben

Studienbeginn im SS und WS
Gründung des Studiengangs 1978
Ständige Projekte mit der Wirtschaft, Teilnahme an Messen, über 90 % der Diplomarbeiten in der Industrie

7. Auslandskontakte

The Nottingham Trent University, Nottingham, NG1 1 8NS
Uni Paris XII, Val de Marne, 94017 Creteil Cedex
Polytechnische Hochschule Twer (Rußland)

8. Forschungs- und Transferinstitutionen

Technologie-Transfer-Stelle für rechnerunterstützte Informations- und
Produktionssysteme (TTRIP); Aufgaben: Informationsvermittlung, Herstellung von Kooperationskontakten und Betreuung von Transferprojek-
ten, Existenzgründung und Personaltransfer (Leitung: Prof. Gerhard
Schlimbach, Tel. 06241/509-169)

Fachhochschule Rosenheim
Marienberger Straße 26
83024 Rosenheim
Tel. 08031/805-(0)238
Fax 08031/805-105

1. Bezeichnung des Fachbereichs bzw. der Studienrichtungen

   a)   Fachbereich Informatik
   b1) Studienrichtung Technik
   b2) Studienrichtung Wirtschaft

2. Akademischer Grad ggf. mit Zusatz laut Abschlußzeugnis

   Diplominformatiker(in) (FH), Studienrichtung Technik
   Diplominformatiker(in) (FH), Studienrichtung Wirtschaft

3. Professoren im Fachbereich Informatik

   Prof. Dr. Hartmut Ernst: *Datenorganisation - Bildverarbeitung - Numerik*
   Prof. Dr. Burghard Feindor: *Betriebswirtschaft - Anwendungen der Infor-
       matik in der Wirtschaft - DV-Controlling*
   Prof. Dr. Roland Feindor: *Programmiersprachen - Hard- und Software Aus-
       wahl - Informatik für Industriebetriebe*
   Prof. Dr. Ludwig Frank: *Systemprogrammierung - Betriebssysteme - Com-
       piler*

Prof. Dr. Helmut Oechslein: *Rechnerstrukturen - wissensbasierte Systeme - Netzwerke*
Prof. Dr. Dusan Petcovic: *Datenbanken - objektorientierte Programmierung*
Prof. Dr. Johannes Siedersleben: *Software-Engineering - Betriebssysteme*
Prof. Dr. Theodor Tempelmeier: *Prozeßrechner - Fertigungsautomatisierung - CASE - CIM*

4. Organisation des Studiums

a) Studienabschnitte
   Grundstudium (3 Semester)
   - zwei Studiensemester
   - ein Studiensemester in der Praxis im dritten Semester (20 Wochen)
   Hauptstudium (5 Semester)
   - vier Studiensemester
   - ein Studiensemester in der Praxis im sechsten Semester (20 Wochen)
   - Diplomarbeit im siebten/achten Semester (3 Monate)
b) Fächer- und Stundenübersicht (inkl. SWS Wahlpflichtfächer)
   Grundstudium: 64 SWS
   Hauptstudium: 124 SWS (ohne Diplomarbeitsanteil)
   Summe: 168 SWS
   Folgende Lehrveranstaltungs-Schwerpunkte werden angeboten:
   - Pflichtfächer für Studienrichtung Technik und Wirtschaft gemeinsam: (Grundstudium)
     Grundlagen der Informatik I und II, Datenverarbeitungssysteme, Programmieren I und II (Pascal), Analysis, Algebra, Grundzüge VWL/BWL, physikalische Grundlagen, Englisch, allgemeines Wahlpflichtfach (z.B. bayerische Geschichte), Praxisseminar im Grundstudium
   - Pflichtfächer für Studienrichtung Technik und Wirtschaft gemeinsam: (Hauptstudium)
     Datenorganisation, Grundlagen der Statistik, Anwendungsentwicklung I, Datenbanken, Betriebssysteme, Compiler, Datenfernverarbeitung, Praxisseminar über DV-Recht und Datenschutz im Hauptstudium
   - Zusätzliche Pflichtfächer für Studienrichtung Technik:
     Maschinennahe Programmierung, numerische Mathematik, Technische Physik, Rechnertechnik, Prozeßrechentechnik, DV-Anwendungen in der Technik im Hauptstudium
   - Zusätzliche Pflichtfächer Studienrichtung Wirtschaft:
     Operations Research, BWL II, Rechnungswesen I, Anwendungsentwicklung II, Rechnerarchitektur, DV-Anwendungen in der Wirtschaft im Hauptstudium

c) Wahlpflichtfächer
Insgesamt 20 SWS müssen aus den folgenden Angeboten ausgewählt werden:
Prozedurale Programmiersprachen, objektorientierte Sprachen, KI-Sprachen, Vierte-Generations-Sprachen, Systemprogrammierung, grafische Datenverarbeitung, Elektronik-Grundlagen, digitale Bildverarbeitung, Multi-Media-Anwendungen, Großrechner, Methoden des Portfolio-Managements, Theorie und Anwendung neuronaler Netze, Finanz- und Wirtschaftsmathematik, Wirtschafts- und DV-Recht, Logik, Grenzen der Informatik, Hard- und Software-Auswahl, hardwarenahe PC-Programmierung, betriebswirtschaftliche und informationstechnische Modellspezifikation, Gruppenführung und Moderation, Datenfernverarbeitung II, Datenbanken II, Betriebssysteme II, Rechnertechnik II, BWL III, Rechnungswesen II, Anwendungsentwicklung III

5. Rechnerausstattung (nutzbar durch Informatik)

Zentrales RZ:
- 52 vernetzte PC
- 6 IBM RS6000 Workstations mit 6 X-Terminals
- 16 HP-Workstations (CAD)
- 1 Sun-Workstation
- 12 Alpha-PC
- WIN-Anschluß und Internet-Anschluß
Labore Informatik:
- 26 vernetzte PC
- 4 VAX-Rechner
- 2 Sun Workstations
- 1 HP-Workstation
- 4 Bildverarbeitungssysteme auf PC-Basis
- 2 Multimedia-Workstations
- Entwicklungssysteme für Transputer, Neuronale Netze und Fuzzy Logic
- CIM-Labor mit Modellfabrik
- IBM 9370
- Betriebssysteme UNIX, OS/2, Windows NT, Novell

6. Sonstige Angaben

Studienbeginn im WS
Gründung des Studiengangs Informatik im WS 1986

7. Auslandskontakte

Es bestehen Kontakte zur Universität Brünn in Tschechien und zum Institute of Marine Studies in Delaware (USA).

8. Forschungs- und Transferinstitutionen

Technologiezentrum Rosenheim
(Leitung: Prof. Dr. Alfred Leidig, Tel. 08031/805271)

Fachhochschule Schmalkalden
Blechhammer 4 und 9
98564 Schmalkalden
Tel. 03683/688-0
Fax 03683/2558
Tel. Studienberatung 03683/688-143

1. Bezeichnung des Fachbereichs bzw. des Studiengangs/der Schwerpunkte

   a) Fachbereich Informatik
   b) Studiengang Allgemeine Informatik
   c1) Studienschwerpunkt Wirtschaftsinformatik
   c2) Studienschwerpunkt Technische Informatik
   c3) Studienschwerpunkt Umweltinformatik

2. Akademischer Grad ggf. mit Zusatz laut Abschlußzeugnis

Diplom-Informatiker(in) (FH)

3. Professoren im Fachbereich Informatik

Prof. Dr. Bernd Stiefel: *Softwaretechnik - Theoretische Informatik*
Prof. Dr. Walter Mach: *Objektorientierte Programmierung (C++) - Daten-*
     strukturen - Parallele Programmierung - Verteilte Systeme
Prof. Dipl.-Math. Hartmut Hoffmann: *Rechnerarchitektur - Programmier-*
     sprachen - Grundlagen der Informatik
Prof. Dr. Frank Thuselt: *Grundlagen der Informatik - Automatisierungs-*
     technik
Prof. Dr. Martin Golz: *Physik - Elektronische Meßtechnik - Digitaltechnik*

Prof. Dr. Bernd Abel: *Rechtswissenschaften - Datenschutz und Datensiche-*
rung
Prof. Dipl.-Phys. Gerd Henselmann: *Datenbanken - Programmiersprachen*
Prof. Dr. Heinzpeter Höller: *Telekommunikation - Rechnernetze*
Prof. Dr. Dietmar Beyer: *Mathematik - Numerische Mathematik - Pro-*
grammiersprachen

4. Organisation des Studiums

a) Studienabschnitte
   Grundstudium (3 Semester)
   - drei Studiensemester mit abschließenden schriftlichen Prüfungen
   - Abschluß: Vordiplom (Zeugnis)
   Hauptstudium (5 Semester)
   - drei Studiensemester
   - ein Studiensemester in der Praxis im fünften Semester (18 Wochen)
   - ein Prüfungssemester im achten Semester
   - Anfertigung der Diplomarbeit im achten Semester (5 Monate)
b) Fächer- und Stundenübersicht (inkl. SWS Wahlpflichtfächer)
   Grundstudium: 78 SWS
   Hauptstudium: 78 SWS (ohne Diplomarbeitsanteil)
   Summe: 156 SWS
   Folgende Lehrveranstaltungs-Schwerpunkte werden angeboten:
   - Mathematik (Analysis, Lineare Algebra, Numerik/Operations Rese-
     arch), Theoretische Informatik (Theoretische Grundlagen, Automa-
     ten und formale Sprachen), Software-bezogene Informatik (Grundla-
     gen der Programmierung, Datenbanken, Software-Engineering),
     Hardware-bezogene Informatik (Physik und Elektrotechnik, Digital-
     technik, Rechnerarchitektur), Wirtschaftswissenschaften und Wirt-
     schaftsrecht im Grundstudium
   - Statistik, Compiler und Interpreter, Betriebssysteme, Telekommuni-
     kation, Projektmanagement, Datenschutz, Präsentationstechniken,
     Mikroprozessortechnik im Hauptstudium
c) Wahlpflichtfächer
   Von 9 angebotenen Wahlpflicht-Clustern (jeweils 9 SWS) sind 4 Clu-
   ster zu belegen:
   Datenbanken, Netzwerke, Wissenbasierte Systeme, Benutzer-Service,
   Automatisierungssysteme, Mikroprozessor-Anwendungen, Umwelt-
   Monitoring, Betriebliche Informationssysteme, Datenschutz
   Bei der Wahl eines Studienschwerpunkts (siehe 1.) müssen folgende
   Cluster belegt werden:
   - Wirtschaftsinformatik: Datenbanken, Betriebliche Informationssy-
     steme, Datenschutz

- Technische Informatik: Automatisierungssysteme, Mikroprozessor-
  Anwendungen, Netzwerke
- Umweltinformatik: Datenbanken, Umwelt-Monitoring, Netzwerke

5. Rechnerausstattung (nutzbar durch Allgemeine Informatik)

Zentrales RZ:
- Grundlagenlabor: 30 PC vernetzt
- UNIX-Labor: 14 Workstations vernetzt
- Mikroprozessorlabor: 8 Arbeitsplätze
- Meßtechniklabor: 8 Arbeitsplätze
- Multimedia-Labor
- Bürokommunikationssystem

6. Sonstige Angaben

Studienbeginn im SS und WS
Gründung des Studiengangs 1992

7. Auslandskontakte

University of Sunderland
TEI of Athens
Institut Universitaire of Technologie Strasbourg
Regional Technical College Cork (Irland)

Fachhochschule Stralsund
Große Parower Straße 145
18435 Stralsund
Tel. 03831/367-9
Fax 03831/367-680
Tel. Studienberatung 03831/367-531

1. Bezeichnung des Fachbereichs bzw. Studiengangs

a) Fachbereich Elektrotechnik
b) Studiengang Technische Informatik

2. Akademischer Grad ggf. mit Zusatz laut Abschlußzeugnis

   Diplom-Ingenieur(in) (FH)

3. Professoren im Fachgebiet Technische Informatik

   Prof. Dr. Gudrun Falkner: *Softwaretechnik - Betriebssysteme*
   Prof. Dr. Bernd Büchau: *Prozeßrechentechnik - Digitaltechnik*
   Prof. Dr. Heino Ehricke: *Software-Enineering - Computergraphik*
   Prof. Dr. Uwe Hartmann: *Datenbanken - Informationssysteme - Programmierung*
   Prof. Dr. Winfried Kampowsky: *Numerische Mathematik - Programmierung*
   Prof. Dr. Christian Siemers: *Rechnerarchitektur - Computerperipherie*
   Prof. Dr. Bernhard Stütz: *Computerkommunikation - Computernetze*

4. Organisation des Studiums

   a) Studienabschnitte:
      Grundstudium (3 Semester)
      - drei Studiensemester
      - Abschluß: Diplom-Vorprüfung
      Hauptstudium (5 Semester)
      - vier Studiensemester
      - ein Studiensemester in der Praxis im fünften Semester (mindestens 20 Wochen)
      - Diplomarbeit im achten Semester mit abschließendem Kolloquium (3 Monate)
   b) Fächer- und Stundenübersicht (inkl. SWS Wahlpflichtfächer)
      Grundstudium: 85 SWS
      Hauptstudium: 75 SWS (ohne Diplomarbeitsanteil)
      Summe: 160 SWS
      Folgende Lehrveranstaltungs-Schwerpunkte werden angeboten:
      - Mathematik, Physik, Technische Mechanik, Grundlagen der Elektrotechnik, Elektronik, Meßtechnik, Regelungstechnik, Digital- und Mikroprozessortechnik, Rechnerarchitektur, Rechnernetze, Programmierungstechnik, Pascal, C++ , Assembler im Grundstudium
      - Betriebssysteme Prozeßdatenverarbeitung, Datenbanken, Datenstrukturen und Algorithmen, Software-Engineering, Graphische Datenverarbeitung, CAD-Systeme, Theoretische Informatik, Industriebetriebslehre im Hauptstudium
   c) Wahlpflichtfächer
      Insgesamt 16 SWS sind frei wählbar aus folgenden Wahlpflichtveranstaltungen: Systemprogrammierung, Datenschutz, Compilerbau,

Künstliche Intelligenz/Expertensysteme, Fuzzy-Logik, Neuronale Netze, Simulationstechnik, Codierungstheorie, Gerätetreiber, Graphentheorie und Algorithmen

5. Rechnerausstattung (nutzbar durch Technische Informatik)

Zentrales RZ:
- 3 UNIX-Workstations mit 7 Terminals
- PC-Cluster mit 14 CAD-Arbeitsplätzen
- PC-Cluster mit 15 Arbeitsplätzen
Labore Technische Informatik:
- Labor "Digital- und Mikroprozesseortechnik" mit 1 Server und 8 PC
- Labor "Meß- und Regelungstechnik" mit 1 Server und 8 PC
Die Systeme sind untereinander vernetzt.

6. Sonstige Angaben

Studienbeginn für das Direktstudium im WS
Studienbeginn für das Fernstudium (Nachqualifizierung) im SS und WS
Gründung des Studiengangs 1992

7. Auslandskontakte

Studentenaustausch insbesondere für das praktische Studiensemester und Diplomarbeiten sowie Professorenaustausch mit folgenden Einrichtungen:
- Manchester Metropolitan University, Manchester (GB)
- Oxford Brookes University, Oxford (GB)
- Universidad del Pais Basco, San Sebastian (Spanien)
- FH Häme, Riihinäki (Finnland)
- Agder Collage of Engineering, Grimstad (Norwegen)

Fachhochschule Stralsund
Große Parower Straße 145
18435 Stralsund
Tel. 03831/367-9
Fax 03831/367-680
Tel. Studienberatung 03831/367-531/532

1. Bezeichnung des Fachbereichs bzw. des Studiengangs

   a) Fachbereich Wirtschaft
   b) Studiengang Wirtschaftsinformatik

2. Akademischer Grad ggf. mit Zusatz laut Abschlußzeugnis

   Diplom-Wirtschaftsinformatiker(in) (FH)

3. Professoren im Fachgebiet Wirtschaftsinformatik

   Prof. Dr. Matthias Fank: BWL insbes. *Management - Informationsmanagement - Organisation und Wirtschaftsinformatik*
   Prof. Dr. Wolfgang Götze: *Mathematik*
   Prof. Dr. Wolfgang Pekrun: *Datenverarbeitung*
   NN, BWL, insbes. *Beschaffung - Logistik - Materialwirtschaft*
   NN, BWL, insbes. *Rechnungswesen - Finanzierung - Wirtschaftsinformatik (i.e.S.)*
   NN, Wirtschaftsinformatik, insbes. *Systemanalyse - Software-Engineering*
   NN, Wirtschaftsinformatik, insbes. *Datenbanksysteme - Informationssysteme - Umweltinformatik*
   NN, Wirtschaftsinformatik, insbes. *Bürokommunikation - Rechnernetze*
   NN, Wirtschaftsinformatik, insbes. *Daten- und Wissenssysteme*
   NN, Mathematik, insbes. *Statistik - Wahrscheinlichkeitsrechnung*

4. Organisation des Studiums

   a) Studienabschnitte
      Grundstudium (3 Semester)
      - drei Studiensemester
      - Abschluß: Vordiplom (Zeugnis)
      Hauptstudium (5 Semester)
      - vier Studiensemester
      - ein Studiensemester in der Praxis im fünften Semester (26 Wochen)
      - Diplomarbeit im achten Semester (6 Monate)

- mündliche und/oder schriftliche Diplomprüfung am Ende des achten Semesters

b) Fächer- und Stundenübersicht (inkl. SWS Wahlpflichtfächer)

Grundstudium: 80 SWS

Hauptstudium: 65 SWS (ohne Diplomarbeitsanteil)

Summe: 145 SWS

Folgende Lehrveranstaltungs-Schwerpunkte werden angeboten:

- Allgemeine Betriebswirtschaftslehre, Rechnungswesen, Volkswirtschaftslehre, Recht, Mathematik und Statistik, allgemeine Informatik, Systemanalyse, Programmierung und Software-Engineering, Systemsoftware, Datenbanksysteme und Informationssysteme, aktuelle Entwicklungen der Informatik, Sprachen im Grundstudium
- Operations Research, allgemeine Informatik, Kommunikations- und Netzdesign, Wissensverarbeitung, aktuelle Entwicklungen der Informatik, Informatik und Gesellschaft im Hauptstudium

c) Wahlpflichtfächer

Im Grundstudium muß eine Fremdsprache mit insgesamt 8 SWS gewählt werden. Es werden Englisch, Französisch und Russisch angeboten.

Im Hauptstudium sind Wahlpflichtfächer im Umfang von 26 SWS zu wählen. Aus dem angebotenen Katalog kann weitgehend frei gewählt werden; hierzu wird eine ausführliche Studienberatung angeboten. Der Katalog wird voraussichtlich mindestens folgende Fächer umfassen:

Informatik in speziellen BWL-Bereichen - z.B. Bankinformatik, Umweltinformatik, Bürokommunikation, Prognoserechnung, Begriffliche Daten- und Wissenssysteme

5. Rechnerausstattung (nutzbar durch Wirtschaftsinformatik)

Zentrales RZ:

- ca. 70 Personal Computer, vernetzt
- UNIX-Labor mit ca. 10 Terminals
- Anschluß an das Deutsche Forschungsnetz (DFN)

6. Sonstige Angaben

Studienbeginn im WS

Gründung des Studiengangs 1994

7. Auslandskontakte

Großbritannien, Frankreich, Spanien, Griechenland, Norwegen, Däne-
mark (u.a. mehrere Erasmus-Austauschprogramme)

8. Forschungs- und Transferinstitutionen

Die noch recht junge, 1991 gegründete Fachhochschule Stralsund plant,
mehrere hochschulnahe Forschungs- und Transferinstitutionen zu grün-
den bzw. zu initiieren.

Fachhochschule Wiesbaden
Kurt-Schumacher-Ring 18
65197 Wiesbaden
Tel. 0611/9495-01 bzw. 9495-201
Fax 0611/9495-210 (Informatik)

1. Bezeichnung des Fachbereichs bzw. des Studiengangs

   a) Fachbereich Informatik
   b) Studiengang Allgemeine Informatik

2. Akademischer Grad ggf. mit Zusatz laut Abschlußzeugnis

   Diplom-Informatiker(in) (FH)

3. Professoren im Fachbereich Informatik

   Prof. Dr. Björn Dreher: *Softwaretechnik - Datenbanken*
   Prof. Dr. Reinhold Kröger: *Betriebssysteme - Verteilte Systeme (LAN)*
   Prof. Dr. Karl-Ludwig Nöll: *Telekommunikation - Mikroprozessortechnik*
   Prof. Dr. Eugen Oswald: *Operations Research - Automaten und Formale
      Sprachen*
   Prof. Dr. Detlef Richter: *Digitale Bildverarbeitung - Rechnerarchitekturen*
   Prof. Dr. Reinhold Schäfer: *Datenbanken - Prinzipien der KI*
   Prof. Dr. Christoph Schulz: *Softwaretechnik - Graphische DV - CAD*
   Prof. Dr. Helmut Weber: *Betriebssysteme - Systemprogrammierung*

4. Organisation des Studiums

a) Studienabschnitte
   - Grundstudium (2 Semester)
   - zwei Studiensemester
   - Abschluß: Grundstudiumzertifikat
   Hauptstudium (5 Semester)
   - vier Studiensemestern
   - ein Prüfungssemester, u.a. zur Anfertigung der Diplomarbeit (3-6 Monate)
   - Abschluß: Diplom
   Praxiserfordernisse: Praktikum von 14 Wochen in der Wirtschaft nach dem dritten Semester
b) Fächer- und Stundenübersicht (inkl. SWS Wahlpflichtfächer)
   Grundstudium: 53 SWS
   Hauptstudium: 96 SWS (ohne Diplomarbeitsanteil)
   Summe: 149 SWS
   Folgende Lehrveranstaltungs-Schwerpunkte werden angeboten:
   - Einführung in die Informatik, Mathematische-, Physikalische-, Technische Grundlagen, Grundlagen des Programmierens, Einführung in die Rechts- und Wirtschaftswissenschaften im Grundstudium
   - Informations- und Systemtheorie, Automaten und formale Sprachen, Rechnerarchitekturen, Betriebssysteme, Rechnernetze, Softwaretechnik, Compiler, Datenbanksysteme, Graphische DV, Operations Research, Vertiefung in der Mathematik und Wirtschaft im Hauptstudium
c) Wahlpflichtfächer
   Auswahl von Schwerpunktthemen, wie z.B. KI, Digitale Bildverarbeitung, Telekommunikation, CAD, Anwendung von Datenbanken im Gesamtumfang von 18 SWS.

5. Rechnerausstattung (nutzbar durch Allgemeine Informatik)

Zentrales RZ:
- 2 Cluster mit je 15 PC unter Novell
- 1 Cluster mit 15 SUN Workstations
- IBM 9375 unter VM/CMS mit 22 Terminals
- 5 Graphikworkstations SUN Sparc 20
- 4 Systeme für Digitale Bildverarbeitung

6. Sonstige Angaben

Studienbeginn im WS
Aufnahme des Studienbetriebs im WS 87/88
Forschungsprojekt WICIL (Wiesbaden Computer Integrated Laboratory)
Kooperationen mit :
- Unternehmen aus dem Rhein-Main-Gebiet und darüber hinaus
- Deutsches Krebsforschungszentrum (Heidelberg)
- Klinikum der Universität Mainz
- GMD St. Augustin

7. Auslandskontakte

CERN (Genf)
Oak Ridge National Laboratory (Oak Ridge/Tennessee, USA)
University of Sunderland (ERASMUS)
University of Brighon (ERASMUS)
Institute of Optics and Precision Mechanics, University of St. Petersburg (TEMPUS)

8. Forschungs- und Transferinstitutionen

Referent für Technologie und Wissenstransfer (Dipl.-Ing. Christoph Rinneberg, Tel. 0611/9495-123, Fax 0611/444696)

Technische Fachhochschule Wildau
Friedrich-Engels-Straße 63
15742 Wildau
Tel. 03375/500-365 bis 368
Fax 03375/500-324

1. Bezeichnung des Fachbereichs bzw. des Studiengangs

a) Fachbereich Informatik/Betriebswirtschaft
b) Studiengang Betriebswirtschaft (Logistik)

2. Akademischer Grad ggf. mit Zusatz laut Abschlußzeugnis

Diplom-Betriebswirt(in) (FH)

3. Professoren im Studiengang Betriebswirtschaft (Logistik)

Prof. Dr. Lothar Brunsch: *Betriebswirtschaftslehre, Schwerpunkte: Kosten-theorie/-rechnung - Bilanz - Steuern*
Prof. Dr. Bernd Hentschel: *Produktionslogistik*
Prof. Dr. Stephan Teichmann: *Betriebswirtschaftslehre, Schwerpunkte: Rechnungswesen - Logistik-Controlling*
Prof. Dr. Laszlo Ungvári: *Produktionswirtschaft/Informatik,   Schwerpunkt PPS-Systeme*
Prof. Dr. Vitantas Valiulis: *Informatik, Schwerpunkte: Datenstrukturen - Programmierung - Datenbanken*

4. Organisation des Studiums

a) Studienabschnitte
   Grundstudium (3 Semester)
   - drei Studiensemester
   - Abschluß: Vordiplom (Zeugnis)
   Hauptstudium (5 Semester)
   - drei Studiensemestern
   - ein Studiensemester in der Praxis im fünften Semester (18 Wochen)
   - Diplomarbeit im achten Semester (3-6 Monate)
   Praxiserfordernisse: 12 Wochen Vorpraktikum
b) Fächer- und Stundenübersicht (inkl. Wahlpflichtfächer)
   Grundstudium: 90 SWS
   Hauptstudium: 78 SWS (ohne Diplomarbeitsanteil)
   Summe: 168 SWS
   Folgende Lehrvera   nstaltungs-Schwerpunkte werden angeboten:
   - Betriebswirtschaftlichen Kernfächer; volkswirtschaftliches, rechtliches und technisches Grundlagenwissen sowie Einführung in logistische Systeme im Grundstudium
   - Vertiefung in den betriebswirtschaftlichen Kernfächern sowie in der Produktionslogistik/Materialwirtschaft und Informatik im Hauptstudium
c) Wahlpflichtfächer
   Insgesamt werden 6 Vertiefungsrichtungen (Logistik-Controlling, Gefahrgutmanagement, Unternehmensplanung, Optimierungsverfahren der Produktionslogistik, Informations- und Kommunikationsmanagement, Verkehrslogistik) als Wahlpflichtfächer über 3 Semester angeboten. Jeder Studierende hat Vertiefungsrichtungen mit jeweils 2 SWS über 3 Semester (= insgesamt 12 SWS) zu belegen.
   Bemerkung: Der Gesamt-DV-Anteil des Studiums einschließlich Logistik beträgt ca. 55 SWS

5. Rechnerausstattung (nutzbar durch Betriebswirtschaft (Logistik))

Zentrales RZ:
- DOS, UNIX, Novell
Labore für Betriebswirtschaft (Logistik):
- PPS-Labor
- Labor für Produktionslogistik

6. Sonstige Angaben

Studienbeginn im WS
Gründung des Studiengangs 1993

8. Forschungs- und Transferinstitutionen

Die TFH Wildau verfügt über ein Technologietransfer- und Weiterbildungszentrum (TWZ) mit eigenen Instituten, die den Studenten frühzeitig den erforderlichen Anwendungs- und Praxisbezug vermitteln.
(Leitung: Prof. Dr. Ernst Debusmann, Tel. 03375/500-365/368)

Technische Fachhochschule Wildau
Friedrich-Engels-Straße 63
15742 Wildau
Tel. 03375/500-365 bis 368
Fax 03375/500-324

1. Bezeichnung des Fachbereichs bzw. des Studiengangs

   a) Fachbereich Informatik/Betriebswirtschaft
   b) Studiengang Wirtschaftsinformatik

2. Akademischer Grad ggf. mit Zusatz laut Abschlußzeugnis

Diplom-Wirtschaftsinformatiker(in) (FH)

3. Professoren im Studiengang Wirtschaftsinformatik

   Prof. Dr. Helga Meyer: *Betriebswirtschaftliche Grundlagen*
   Prof. Dr. Gerd Dehnert: *Betriebssysteme und Datenbanken*
   Prof. Dr. Peter Gadow: *Mathematisch-physikalische Grundlagen*

Prof. Dipl.-Ing. Karlheinz Kuchling: *Wirtschaftsinformatik mit dem Schwerpunkt betriebliche Anwendungen (CAD, CAM)*

4. Organisation des Studiums

a) Studienabschnitte
   Grundstudium (3 Semester)
   - drei Studiensemester
   - Abschluß: Vordiplom (Zeugnis)
   Hauptstudium (5 Semester)
   - drei Studiensemester
   - ein Studiensemester in der Praxis im fünften Semester (18 Wochen)
   - Diplomarbeit im achten Semester (3-6 Monate)
   Praxiserfordernisse: 12 Wochen Vorpraktikum
b) Fächer- und Stundenübersicht (inkl. SWS Wahlpflichtfächer)
   Grundstudium: 90 SWS
   Hauptstudium: 78 SWS (ohne Diplomarbeitsanteil)
   Summe: 168 SWS
   Folgende Lehrveranstaltungs-Schwerpunkte werden angeboten:
   - Grundlagen der Wirtschaftsinformatik einschließlich betriebswirt-
     schaftlicher Grundlagenausbildung sowie Mathematik und Statistik
     im Grundstudium
   - Vertiefung in den Kernfächern der Wirtschaftsinformatik, wie z.Bsp.
     Informationsmanagement, Datenbanken, Informations- und Kom-
     munikationssysteme, Produktionswirtschaft, Organisations- und Per-
     sonalwirtschaft im Hauptstudium
c) Wahlpflichtfächer
   Insgesamt werden 6 Vertiefungsrichtungen (Betriebswirtschaftliche
   Methoden und Instrumente des Controlling, Softwarewerkzeuge und
   Einsatz höherer Programmiersprachen, Datenbankmodellierung und -
   programmierung, Informations- und Kommunikationsmanagement,
   Produktionswirtschaft und CIM-Implementierung, Organisations- und
   Personalwirtschaft) als Wahlpflichtfächer über 3 Semester angeboten.
   Jeder Studierende hat 2 Vertiefungsrichtungen mit jeweils 2 SWS
   über 3 Semester (= insgesamt 12 SWS) zu belegen.

5. Rechnerausstattung (nutzbar durch Wirtschaftsinformatik)

Zentrales RZ:
- EDV-Lernzentrum
- DOS, UNIX, Novell
Labor für Wirtschaftsinformatik

6. Sonstige Angaben

Studienbeginn im WS
Gründung des Studiengangs 1993

8. Forschungs- und Transferinstitutionen

Die TFH Wildau verfügt über ein Technologietransfer- und Weiterbildungszentrum (TWZ) mit eigenen Instituten, die den Studenten frühzeitig den erforderlichen Anwendungs- und Praxisbezug vermitteln. (Leitung: Prof. Dr. Ernst Desbusmann, Tel. 03375/500-365/368)

Fachhochschule Wilhelmshaven
Fachbereich Wirtschaft
Friedrich-Paffrath-Straße 101
Tel. 04421/804-1
Fax 04421/819-50

1. Bezeichnung des Fachbereichs bzw. Studiengangs/des Studienschwerpunktes

a) Fachbereich Wirtschaft
b) Studiengang Wirtschaft
c) Studienschwerpunkt Wirtschaftsinformatik

2. Akademischer Grad

Diplom-Kaufmann (FH) bzw. Diplom-Kauffrau (FH)

3. Professoren im Fachgebiet Wirtschaftsinformatik

Prof. Dr. Günter O. Hamann: *Datenverarbeitung - Programmiersprachen - Logik der Programmierung - Desk-Top-Publishing*
Prof. Dipl.-Wirtsch.-Ing. Helmut Schwanke: *Datenverarbeitung - COBOL -Programmierung - Datenbanken - Tabellenkalkulation - Software-Entwicklung*
Prof. Dr. Uwe Weithöner: *Datenverarbeitung - Anwendungssoftware in der Tourismuswirtschaft - Datenbanken - Kommunikations- und Netztechnik*

4. Organisation des Studiums

a) Studienabschnitte:
   Grundstudium (3 Semester)
   - drei Studiensemester
   - Abschluß: Vordiplom (Zeugnis)
   Hauptstudium (5 Semester)
   - drei Studiensemester
   - ein Studiensemester in der Praxis im fünften Semester (20 Wochen)
   - Diplomarbeit (drei Monate) mit Kolloquium im achten Semester (zweites Studiensemester in der Praxis) (3 Monate)
b) Fächer- und Stundenübersicht (inkl. SWS Wahlpflichtfächer)
   Grundstudium: 78 SWS
   Hauptstudium: 72 SWS (ohne Diplomarbeitsanteil)
   Summe: 150 SWS
   Folgende Lehrveranstaltungs-Schwerpunkte werden angeboten:
   - Betriebswirtschaftslehre, Volkswirtschaftslehre, Rechnungswesen, Grundlagen der Datenverarbeitung inklusive Programmierung, Mathematik, Statistik, Recht, Steuerrecht, Personalführung im Grundstudium
   - Finanzierung und Investition, Unternehmensführung, Geld-/Kredit-/ Währungspolitik, Wirtschaftspolitik im Hauptstudium
   - Studienschwerpunkte im Hauptstudium (jeweils 18 SWS): Neben Wirtschaftsinformatik muß ein weiterer Studienschwerpunkt aus folgendem Katalog gewählt werden: Marketing, Organisation, Personalwesen, Rechnungs- und Finanzwesen, Tourismuswirtschaft
c) Wahlpflichtfächer
   Im Grund und Hauptstudium müssen 12 SWS Wahlpflichtfächer, die frei gewählt werden können, abgeleistet werden. Auf dem Gebiet Wirtschaftsinformatik werden angeboten:
   Logik der Programmierung, Datenbankpraktikum, Tabellenkalkulation, Desk-Top-Publishing, Unternehmensplanspiel, Operations Research, Lagerhaltung, Angewandte Statistik und Ökonometrie

5. Rechnerausstattung (nutzbar durch Wirtschaftsinformatik)

Zentrales RZ:
- Hochschulnetzwerk (Ethernet, FDDI, Novell -Net-Ware, TCP/IP, X-WINDOW mehr als 400 Stationen in einzelnen Labors vernetzt) 40 Workstations und XTerminals (UNIX), vernetzt und geclustert mit DEC Servern
- 70 PC im Fachbereich Wirtschaft (vernetzt)
- Fax, BTX IBM 3270 und X25 Gateways im Netz

Labore Wirtschaftsinformatik:
- 25 vernetzte PC mit umfangreicher Peripherie (Scanner, Laserdrucker,
  Plotter)
- 1 UNIX Workstations (vernetzt)
- 5 PC-Novell-Net-Ware Experimentiersystem
- 4 Arbeitsplätze mit START-Anschluß; DATEV-Anschluß
- Integrierte Softwarepakete für Finanzbuchhaltung, Kostenrechnung,
  Materialwirtschaft, Einkauf, Produktionsplanung und Steuerung, Lohn
  und Gehalt, Personalinformation, Controlling, Bürokommunikation,
  installiert in einer Modellfirma. Buchungs- und Reservierungssystem
  für Tourismus.

6. Sonstige Angaben

Studienbeginn im SS und WS
Gründung des Studienschwerpunktes Wirtschaftsinformatik 1991
Diplomarbeiten und Projekte mit Praxisbezug in Zusammenarbeit mit
Firmen über Materialwirtschaft, Logistik Controlling, Auftragsabrech-
nung, Finanzplanung, Personalplanung u.a.m.

7. Auslandskontakte

Kontakte zu Hochschulen in Holland, England, Schweden und Spanien
mit Studentenaustausch

8. Forschungs- und Technologietransferinstitutionen

Technologietransfer-Kontaktstelle der Fachhochschulen Wilhelmshaven
(Ansprechpartner: Prof. Dr. Gerhard Haude, Dipl.-Wirtsch.-Ing. Peter
Berger, Tel. 04421/804-211)

Fachhochschule Wilhelmshaven
Friedrich-Paffrath-Straße 101
26389 Wilhelmshaven
Tel. 04421/804-1
Fax 04421/81950
Tel. Studienberatung 04421/804-361

1. Bezeichnung des Fachbereichs bzw. des Studiengangs

a) Fachbereich Wirtschaftsingenieurwesen
b) Studiengang Wirtschaftsinformatik

2. Akademischer Grad ggf. mit Zusatz laut Abschlußzeugnis

Diplom-Wirtschaftsinformatiker(in) (FH)

3. Professoren im Fachgebiet Wirtschaftsinformatik

Prof. Dipl.-Math. Edzard de Buhr: *Softwaretechnik - Expertensysteme - Software-Entwicklungsumgebungen - Betriebssysteme*
Prof. Dipl.-Math. Hanns Grützner: *Graphische Oberflächen - Multimedia - Angewandte Statistik*
Prof. Dr. rer. pol. Hans Bernd Schlegel: *Computergestützte Unternehmensführung - MIS - EUS - Projektmanagement - Computergestützte Administrationssysteme*
Prof. Dr.-Ing. Jörg Schneider: *Angewandte und Numerische Mathematik - Analytische und Numerische Mechanik*
Prof. Dipl.-Math. Alfred Wulff: *Technische Datenverarbeitung - Rechnerkommunikation*

4. Organisation des Studiums

a) Studienabschnitte
   Grundstudium (3 Semester)
   - drei Studiensemester
   - Abschluß: Vordiplom (Zeugnis)
   Hauptstudium (5 Semester)
   - drei Studiensemester
   - ein Studiensemester in der Praxis im fünften Semester (20 Wochen)
   - Diplomarbeit (3 Monate) mit Kolloquium im achten Semester (gleichzeitig zweites Studiensemester in der Praxis)

b) Fächer- und Stundenübersicht (inkl. SWS Wahlpflichtfächer)
   Grundstudium: 86 SWS
   Hauptstudium: 78 SWS (ohne Diplomarbeitsanteil)
   Summe: 164 SWS
   Folgende Lehrveranstaltungs-Schwerpunkte werden angeboten:
   - Mathematik, Statistik, Mikroelektronik, Volkswirtschaftslehre, Betriebswirtschaftslehre, Buchführung und Bilanzierung, Produktionswirtschaft, Recht, Kosten und Leistungsrechnung,Grundlagen der Datenverarbeitung, Betriebssysteme, Softwaretechnik, Programmieren, Einführung in die Wirtschaftsinformatik im Grundstudium
   - Marketing, Unternehmensführung, Großrechnersysteme, Datenbanken, Datenkommunikation, Objektorientierte Programmierung, Expertensysteme, Graphische Datenverarbeitung, Projektmanagement, Betriebliche Anwendungssysteme, Controlling, Unternehmensplanspiel, Seminar Wirtschaftsinformatik im Hauptstudium
c) Wahlpflichtfächer
   Jeder Studierende wählt im siebten und achten Semester zwei Studienschwerpunkte mit je 8 SWS. Vorgesehen sind die Studienschwerpunkte: Systemvertrieb, Anlagencontrolling, Managementinformationssysteme, Angewandte Statistik, Softwareproduktion

5. Rechnerausstattung (nutzbar durch Wirtschaftsinformatik)

Zentrales RZ:
- Hochschulnetzwerk (Ethernet, FDDI, Novell-Net-Ware, TCP/IP, XWINDOW) mehr als 400 Stationen in einzelnen Labors, vernetzt
- 40 Workstations und X-Terminals (UNIX), vernetzt und geclustert mit DEC-Servern
- 40 PC im Fachbereich Wirtschaftsingenieurwesen (vernetzt)
- Fax, BTX, IBM 3270 und X-25-Gateways im Netz
- Anschluß an das deutsche Forschungsnetz (DFN)
- CD-Server mit 30 Laufwerken im Netz
Labore Wirtschaftsinformatik:
- 3 UNIX-Workstations (vernetzt)
- 12 PC mit den Betriebssystemen SCO UNIX, OS/2, DOS, Windows (vernetzt)
- Umfangreiche Peripherie

6. Sonstige Angaben

Studienbeginn im WS
Beginn des Studiengangs im WS 1994/1995

Diplomarbeiten und Projekte mit Praxisbezug werden meist in Zusammenarbeit mit Firmen durchgeführt. Sie betreffen alle Berufsfelder des Wirtschaftsinformatikers.

7. Auslandskontakte

Kontakte zu Hochschulen in verschiedenen Ländern

8. Forschungs- und Transferinstitutionen

Technologietransfer-Kontaktstelle der FH Wilhelmshaven (Ansprechpartner: Prof. Dr. Gerhard Haude, Dipl. Wirtsch.-Ing. Peter Berger, Tel. 04421/804-211)

Hochschule Wismar
Fachhochschule für Technik, Wirtschaft und Gestaltung
Philipp-Müller-Straße
23966 Wismar
Tel. 03841/753 284/384
Fax 03841/753 383
Tel. Studienberatung 03841/753 230/265

1. Bezeichnung des Fachbereichs und Studiengangs

a) Fachbereich Elektrotechnik
b) Studiengang Informatik

2. Akademischer Grad ggf. mit Zusatz laut Abschlußzeugnis

Diplom-Informatiker(in) (FH)

3. Professoren im Fachgebiet Informatik

Prof. Dr.-Ing. habil. Heiner Pätow: *Datentechnik und Logische Schaltungen - Grundlagen der Computertechnik - Theoretische Grundlagen formaler Sprachen*
Prof. Dr.-Ing. Torsten Lorenz: *Grundlagen der Computertechnik - Computergrafik und grafische Datenverarbeitung*
Prof. Dr.-Ing. Ernst Jonas: *Programmierung - Software-Engineering - Betriebssysteme - Rechnernetze*

Prof. Dr. rer. nat. habil. Dieter Schott: *Logiksysteme*
Prof. Dr-Ing. habil. Rolf-Peter Tiedt: *Algorithmentheorie*
Prof. Dr.-Ing. habil. Klaus-Uwe Fehlauer: *Datenstrukturen - Datenbanken*

4. Organisation des Studiums

a) Studienabschnitte
   Grundstudium (3 Semester)
   - drei Studiensemester
   - Abschluß: Vorexamen (Zeugnis)
   Hauptstudium (5 Semester)
   - vier Studiensemester
   - ein Studiensemester in der Praxis im fünften Semester (20 Wochen)
   - Diplomarbeit im achten Semester (4 Monate) und Verteidigung
   Praxiserfordernisse: 13 Wochen fachpraktische Tätigkeit bis zum
   dritten Semester
b) Fächer- und Stundenübersicht (inkl. SWS Wahlpflichtfächer
   Grundstudium: 84 SWS
   Hauptstudium: 86 SWS (ohne Diplomarbeitsanteil)
   Summe: 170 SWS
   Folgende Lehrveranstaltungs-Schwerpunkte werden angeboten:
   - Mathematik, Wahrscheinlichkeitstheorie und Statistik, Numerik,
     Physik, Grundlagen Elektrotechnik/Elektronik, Datentechnik, Com-
     putertechnik, Anwendersysteme, Programmierung, Betriebssysteme,
     Algorithmentheorie, Logiksysteme, Grundlagen formaler Sprachen,
     Datenstrukturen, Datenbanken im Grundstudium
   - Programmiersysteme und Systemsoftware, Software-Engineering,
     Datenmanagement/Datenbanksysteme, Kommunikation/Computer-
     netze, Multimedia (grafisch orientiert), Künstliche Intelligenz
     (logische Programmierung, Wissenspräsentation, Wissensverarbei-
     tung), Computergrafik, Bilderkennungssysteme im Hauptstudium
c) Wahlpflichtfächer
   Insgesamt 8 SWS müssen aus dem folgenden Angebot gewählt werden: Datenmanagement/Datenbanksysteme, Software-Engineering,
   Computergrafik (die Fächerbezeichnungen sind noch nicht festgelegt,
   sie unterliegen einer ständigen Aktualisierung)

5. Rechnerausstattung (nutzbar durch Informatik)

Zentrales RZ:
- Kabinette 286-Rechner, IBM-RISC-Maschinen
Labore Informatik:
- Terminal-Anschlüsse an das internationale Netz WIN (HP-Maschine)

- Rechnerkabinett (CIP) mit 14 * 486-Rechner und 2 * Server RISC 6000
- Lokales Netz mit Server (MX-300), 2 Workstationen und 8 Arbeits-plätzen (UNIX-Labor)
- Weitere Arbeitsplatzrechner, Controller, Mikrocontroller etc.

6. Sonstige Angaben

Studienbeginn im WS
Gründung des Studiengangs 1993
Projekte mit der Praxis im Hauptstudium

7. Auslandskontakte

John-Moores-University Liverpool (Großbritannien)
University Dublin (Irland) geplant

8. Forschungs- und Transferinstitutionen

Infolge des zunächst nur einjährigen Studienablaufes und noch ausste-hender Berufungen (3 Professoren) sind z. Zt. noch keine Forschungsar-beiten vereinbart bzw. vertraglich gebunden worden

Hochschule Wismar
Fachhochschule für Technik, Wirtschaft und Gestaltung
Philipp-Müller-Straße
23966 Wismar
Tel. 03841/753 284
Fax 03841/753 383
Tel. Studienberatung 03841/753 249

1. Bezeichnung des Fachbereichs bzw. der Studienrichtung

   a) Fachbereich Elektrotechnik
   b) Studiengang Elektrotechnik
   c) Studienrichtung Technische Informatik

2. Akademischer Grad ggf. mit Zusatz laut Abschlußzeugnis

   Diplom-Ingenieur(in) (FH)

3. Professoren im Fachgebiet Technische Informatik

Prof. Dr. rer. nat. habil. Dr.-Ing. Heinz Pätow: *Mikroprozessor- und Mikrorechnersysteme - Assemblerprogrammierung - Rechnerarchitekturen - Automatentheorie - Logische Programmiersprachen*

Prof. Dr.-Ing. Torsten Lorenz: *Algorithmen und Datenstrukturen - Mikrocontroller - Mikrorechnerschaltungsentwurf - Spezialprozessoren - Grafische Datenverarbeitung*

Prof. Dr.-Ing. Ernst Jonas: *Betriebssysteme - Programmiersprache C - Rechnernetze - Systemprogrammierung*

4. Organisation des Studiums

a) Studienabschnitte
   Grundstudium (3 Semester)
   - drei Studiensemester
   - Abschluß: Vorexamen (Zeugnis)
   Hauptstudium (5 Semester)
   - vier Studiensemester
   - ein Studiensemester in der Praxis im fünften Semester (20 Wochen)
   - Diplomarbeit im achten Semester (4 Monate)
   Praxiserfordernisse: 13 Wochen fachpraktische Tätigkeit bis zum dritten Semester

b) Fächer- und Stundenübersicht (inkl. SWS Wahlpflichtfächer)
   Grundstudium: 87 SWS
   Hauptstudium: 93 SWS (ohne Diplomarbeitsanteil)
   Summe: 180 SWS
   Folgende Lehrveranstaltungs-Schwerpunkte werden angeboten:
   - Mathematik, Physik, Grundlagen der Elektrotechnik, Einführung in die Informatik und Programmiertechnik, Grundlagen der Digitaltechnik, Elektronische Bauelemente und Schaltungen, Werkstoffkunde, Konstruktion, Technologie, Grundlagen der Meßtechnik, Grundlagen der Automatisierungstechnik, Grundlagen der Elektroenergietechnik, Technische Mechanik; Mikrorechentechnik, Leistungselektronik und elektrische Antriebe, Grundlagen der Nachrichtenübertragungstechnik, Grundlagen der Qualität und Zuverlässigkeit im Grundstudium
   - Theoretische Elektrotechnik, Algorithmen und Datenstrukturen, Betriebssysteme, Automatentheorie, Echtzeitsysteme, Künstliche Intelligenz, Mikrorechnerschaltungstechnik, Assemblerprogrammierung, Programmiersprache C, Mikrocontroller, Schaltkreisentwurf, Rechnerarchitekturen, Spezialprozessoren, Rechnernetze, Systemprogrammierung, Grafische Datenverarbeitung im Hauptstudium

c) Wahlpflichtfächer

Es sind 8 SWS zu belegen, die vorrangig einen Bezug zum Studiengang haben sollten. Angebote: Informationstechnik, Bussysteme,
Softwaretechnologie, Wissensverarbeitung, Anwendungen der Künstlichen Intelligenz (z. B. Technische Expertensysteme), Echtzeitsysteme, PVA-Programmierung etc.

5. Rechnerausstattung (nutzbar durch Technische Informatik)

Zentrales RZ:
- Kabinette 286-Rechner, IBM-RISC-Maschinen
Labore Technische Informatik:
- Rechnerkabinett 14 PC mit 286-Prozessoren
- CIP-Kabinett, 14 * 486-Rechner und 2 * Server RISC 6000
- Lokales Netz mit Server (MX-300) und 2 Workstationen sowie 8 Ar-
  beitsplätzen (UNIX-Labor)
- Mikrocontroller, Systemcontroller, Praktikumsplätze
- Modem-Anschluß an das internationale Netz WIN (HP-Maschine)

6. Sonstige Angaben

Studienbeginn im WS und SS (geplant)
Gründungsjahr des Studiengangs Elektrotechnik mit der Studienrichtung
„Technische Informatik" im Jahre 1992 (hervorgegangen aus früherer
Technischen Hochschule)
Forschungszusammenarbeit auf dem Gebiet der Neuronalen Netze mit
der University Liverpool (in Vorbereitung)

7. Auslandskontakte

John-Moores-University Liverpool (Großbritannien)
High-Speed-School (University), Louisville (USA)
University Dublin (Irland)

Hochschule Wismar
Fachhochschule für Technik, Wirtschaft und Gestaltung
Postfach 1210
23952 Wismar
Tel. 03841/753-0
Fax 03841/753-383

1. Bezeichnung des Fachbereichs bzw. des Studiengangs

   a) Fachbereich Wirtschaft
   b) Studiengang Wirtschaftsinformatik

2. Akademischer Grad ggf. mit Zusatz laut Abschlußzeugnis

   Diplom-Wirtschaftsinformatiker(in) (FH)

3. Professoren im Fachbereich Wirtschaftsinformatik

   Prof. Dr. Rüdiger Blach: *Systemprogrammierung - Betriebssystme - Objekt-orientierte Technologien*
   Prof. Dr. Jürgen Cleve: *Künstliche Intelligenz - Expertensysteme - Theoretische Grundlagen der Informatik*
   Prof. Dr. Joachim Frahm: *Softwaretechnik - Softwaremanagement - Informationsmanagement - DV-Anwendungen im Personalwesen*
   Prof. Dr. Harald Mumm: *Datenbanksysteme - Programmierungstechniken - Objektorientierte Programmierung*
   Prof. Dr. Herbert Neunteufel: *Multi-Media-Anwendungen - Dokumentationstechniken mit EDV - Kostenmodelle*
   Prof. Dr. Gunnar Prause: *Betriebssysteme - Rechner-Netze, DV-Anwendungen im Rechnungswesen - Controlling - Multi-Media*
   N.N
   – Informationsmanagement/Informatik und Gesellschaft
   – Grundlagen der Informatik/Künstliche Intelligenz
   – Grundlagen der Informatik/Betriebswirtschaftliche Modelle
   – Wirtschaftsinformatik/Betriebssysteme
   – Wirtschaftsinformatik/Softwaretechnik
   – AllgemeineBetriebswirtschaftslehre/Wirtschaftsinformatik/Datenbanksysteme

weitere Professoren des Studiengangs Betriebswirtschaft

4. Organisation des Studiums

  a) Studienabschnitte
    Grundstudium (3 Semester)
    - drei Studiensemester
    - Abschluß: Diplom-Vorprüfung
    Hauptstudium (5 Semester)
    - drei Studiensemester
    - ein Studiensemester in der Praxis im sechsten Semester (26 Wochen)
    - im achten Semester werden die praxisnahe Diplomarbeit (x Monate) angefertigt, die studienabschließenden Fachprüfungen abgelegt und im Umfang von 8 SWS Wahlpflichtveranstaltungen absolviert

  b) Fächer- und Stundenübersicht (inkl. SWS Wahlpflichtfächer)
    Grundstudium: 84 SWS
    Hauptstudium: 84 SWS (ohne Diplomarbeitsanteil)
    Summe: 168 SWS
    Folgende Lehrveranstaltungs-Schwerpunkte werden angeboten:
    - betriebswirtschaftliches Studium (identisch mit dem Studiengang Betriebswirtschaft) einschließlich Statistik und Informatik im Grundstudium
    - wirtschaftsinformatisches Studium mit den Schwerpunkten Anwendungsprogrammierung, Systemprogrammierung, DV-Anwendungssysteme, Softwaretechnik, Datenbank- und Datenkommunikationssysteme, Theoretische Informatik, KI-Anwendungen im Hauptstudium

  c) Wahlpflichtfächer
    Im Umfang von 4 SWS ist im Grundstudium ein Fach aus dem Katalog der folgenden Fächer zu wählen:
    Auslandskunde und Kommunikationslehre, Allgemeine gesellschaftswissenschaftliche Fächer, Ingenieurwissenschaften/Technik. Im Umfang von 8 SWS ist im Hauptstudium (achtes Semester) ein Fach aus dem Katalog der folgenden Fächer zu wählen:
    - DV-Anwendungen im Rechnungswesen
    - DV-Anwendungen im Produktion
    - DV-Anwendungen im Personalwesen und Verwaltung
    - DV-Anwendungen im Marketing
    - DV-Anwendungen in der öffentlichen Verwaltung

5. Rechnerausstattung (nutzbar durch Wirtschaftsinformatik)

  Zentrales RZ:
  - Novell-Netz mit 10 Arbeitsstationen (CAD-Pool)
  - Anschluß an das Deutsche Forschungsnetz

Labore Wirtschaftsinformatik:
- LAN-Netz mit 12 Stationen
- Novell-Netz mit 14 Arbeitsplatzrechnern
- Mehrplatzsystem mit 6 Terminals (MX 300)
- Multimediastation
- 12 Projektarbeitsplätze

6. Sonstige Angaben

Studienbeginn im WS
Der Studiengang wurden im WS 92/93 an der Hochschule Wismar eingerichtet

7. Auslandskontakte

Auslandskontakte mit Hochschulen:
Polen (Universität Szczecin)
Niederlande (Polytechnik Leeuwarden)
USA (Universität Louisville)
Weitere Kontakte sind in Vorbereitung

Fachhochschule Würzburg-Schweinfurt-Aschaffenburg
Abteilung Würzburg
Münzstraße 12
97070 Würzburg
Tel. 0931/304-(0)308
Fax 0931/304-317
email grötsch@vax.rz.uni-wuerzburg.d400.de

1. Bezeichnung des Fachbereichs bzw. des Studiengangs/der Studienrichtungen

    a)   Fachbereich Informatik, Kunststofftechnik und Vermessung
    b)   Studiengang Informatik
    c1) Studienrichtung Technik
    c2) Studienrichtung Wirtschaft

2. Akademischer Grad ggf. mit Zusatz laut Abschlußzeugnis

Diplom-Informatiker(in) (FH), Studienrichtung Technik
Diplom-Informatiker(in) (FH), Studienrichtung Wirtschaft

3. Professoren im Studiengang Informatik

Prof. Dipl.-Inform. Bernd Breutmann: *Datenbanksysteme - Objektorientierte Systeme - Unternehmensmodellierung - Datenmodellierung - CASE-Einsatz*
Prof. Dipl.-Ing. Horst Grauer: *Grafische Datenverarbeitung - Betriebssysteme - Objektorientierte Programmierung*
Prof. Dipl.-Inform. Eberhard Grötsch: *Industrie-Automation - Echtzeitverarbeitung - Programmierung - Compilerbau - Grundlagen der Informatik*
Prof. Dr. Klaus Junker-Schilling: *Rechnernetze - Datenkommunikation - Sicherheit in Kommunikationssystemen - Programmierung*
Prof. Dipl.-Math. Jürgen Lehmann: *Optimierung - Statistik - CIM - Finanzmathematik*
Prof. Dr. Jürgen Spielmann: *Software-Engineering - Qualitätssicherung - Projektmanagement - DV-Anwendungen in der Wirtschaft*
Prof. Dr. Hans-Dieter Tegtmeier: *Datenverarbeitungssysteme - Rechnertechnik - Systemprogrammierung*
N.N.: *PPS - Unternehmensorganisation*

4. Organisation des Studiums

a) Studienabschnitte
   Grundstudium (2 Semester)
   - zwei Studiensemester
   - Abschluß: Vordiplom (Zeugnis)
   Hauptstudium (6 Semester)
   - vier Studiensemester
   - Studienarbeit im siebten Studiensemester
   - Diplomarbeit im achten Studiensemester (6 Monate)
   - ein Studiensemester in der Praxis im dritten Semester (18 Wochen)
   - ein Studiensemester in der Praxis im sechsten Semester (18 Wochen)
b) Fächer- und Stundenübersicht (inkl. SWS Wahlpflichtfächer)
   Grundstudium: 54 SWS
   Hauptstudium: 108 SWS (ohne Diplomarbeitsanteil)
   Summe: 162 SWS
   Folgende Lehrveranstaltungs-Schwerpunkte werden angeboten:
   - Grundlagen der Informatik, Datenverarbeitungssysteme, Programmieren, Mathematik, Physikalische Grundlagen, Grundzüge der

Volks- und Betriebswirtschaftslehre, Englisch, Allgemeinwissenschaftliche Wahlpflichtfächer (2 SWS) im Grundstudium
- Algorithmen und Datenstrukturen, Statistik, Software-Engineering I und II, Betriebssysteme, Datenbanken, Compiler, Datenkommunikation, Fachbezogene Wahlpflichtfächer (s. c), 16 SWS), Allgemeinwissenschaftliche Wahlpflichtfächer (4 SWS) im Hauptstudium
Studienrichtung Technik (zusätzlich im Hauptstudium):
Maschinennahe Programmierung, Numerische Mathematik, Technische Physik, Rechnertechnik, Echtzeitsysteme, DV-Anwendungen in der Technik
Studienrichtung Wirtschaft (zusätzlich im Hauptstudium):
Betriebswirtschaftslehre, Rechnungswesen, Operations Research, Rechnerarchitektur, Informatik im Unternehmen, DV-Anwendungen in der Wirtschaft

c) Wahlpflichtfächer
Insgesamt 16 SWS sind aus den angebotenen Fächern auszuwählen:
Automatisierungstechnik, Bildverarbeitung, CIM, Einführung in die Industrieautomation, Elektronik für Informatiker, Finanzmathematik, Fuzzy Logic, Individuelle Datenverarbeitung und Benutzerservice, Kryptographie, Lokale Netze, Marketing + Controlling, Methoden der Organisationsentwicklung für Wirtschaftsinformatiker, Nachrichtensysteme und Übertragungstechnik, Neuronale Netze, Objektorientierte Programmierung mit C++ und Motif, Objektorientierte Systeme, Objektorientierter Entwurf: Analyse und Design, Qualitätssicherung, Praktische Digitaltechnik, Sicherheit in Kommunikationssystemen, Standard Generalized Markup Language, Standardsoftware, Systemtheorie, Systemprogrammierung, Telekommunikationsdienste, Unternehmensmodellierung (Corporate Data Modelling), Wissensbasierte Systeme

5. Rechnerausstattung (nutzbar durch Informatik)

Zentrales RZ und Labore Informatik:
- 1 OSF-Server - Digital-Alpha AXP 3000-400
- 1 Unix-Server - Digital 5000-33
- 6 Unix-Workstations - Digital 5000-33
- 10 X-Termials - Digital VXT 2000
- 1 RS-6000 Workstation IBM AIX
- 2 MX300 Siemens SINIX
- 20 AT 486 Tower-PC
- 15 Linux / DOS Tower PC 486 Tower
- 15 PS/2 DOS-PC IBM Modell 80

6. Sonstige Angaben

Studienbeginn im WS
Gründung des Studiengangs 1975
Projekte werden auch in Verbindung mit Studien- oder Diplomarbeiten und Firmen in den am Studiengang angesiedelten Arbeitsschwerpunkten durchgeführt.

7. Auslandskontakte

Der Studiengang Informatik ist an fünf ERASMUS-Netzen aktiv beteiligt, in einem davon als Koordinator. Es finden Austauschmaßnahmen mit über zehn Hochschulen im EG-Bereich statt. Mit der University of Central Lancashire (UK) besteht eine Vereinbarung über den Abschluß eines Doppeldiploms, an dem Studenten im letzten Studienjahr teilnehmen. Neben Studentenaustausch werden grenzüberschreitende Lehrveranstaltungen durchgeführt.

Im Rahmen des COMETT Programms (Kooperation Hochschule-Wirtschaft) ist die FH Würzburg-Schweinfurt Träger einer TT-Stelle (TT = Technologietransfer) der EG:

Ausbildungspartnerschaft Hochschule Wirtschaft im Sektor "Fortgeschrittene Anwendungen der Software-Technologie" (kurz: APHW FAST). Der Partnerschaft gehören über 40 Hochschulen und Unternehmen im ganzen EG-Bereich an. Sie organisiert Praktikantenaustausch, Weiterbildungsseminare und Workshops. (Ansprechpartner: Prof. Dipl-Inform. Bernd Breutmann, Tel. 0931/304-330/310)

**Hochschule für Technik, Wirtschaft
und Sozialwesen Zittau/Görlitz (FH)
Theodor-Körner-Allee 16
02763 Zittau
Tel. 03583/61-0
Fax 03583/510626
Tel. Studienberatung 03583/61-505**

1. Bezeichnung des Fachbereichs bzw. des Studiengangs/der Studienrichtung

   a) Fachbereich Elektrotechnik/Informatik
   b) Studiengang Informatik
   c) Studienrichtung Wirtschaftsinformatik

2. Akademischer Grad ggf. mit Zusatz laut Abschlußzeugnis

   Diplom-Informatiker(in) (FH)
   Studienrichtung Wirtschaftsinformatik

3. Professoren im Studiengang Informatik

   Prof. Dr. sc. Günther Bauer: *Grundlagen der Informatik/Software-Engineering - Entwicklungsmethoden - CASE-Tools - Wiederverwendung*
   Prof. Dr. Rainer Böhm: *Grundlagen der Informatik/Hardware - Transputer - Mikrocontroller - Entwicklung von Mikrorechnerbaugruppen*
   Prof. Dr. Ralph Großmann: *Grundlagen der Informatik/Softwaresysteme - Datenbanktechnik - Logische Programmierung (PROLOG) - KI*
   Prof. Dr.-Ing. Wolf-Dieter Otte: *Grundlagen der Informatik/Betriebsysteme - Architektur von Betriebssystemen - Systemprogrammierung*
   Prof. Dr. Dietmar Reichel: *Grundlagen der Informatik/Betriebsysteme - KI*
   Prof. Dr. Marietta Spangenberg: *Grundlagen der Informatik/Hardware - Kommunikationssysteme für den kommerziellen Bereich*
   Prof. Dr. Manfred Thiel: *Grundlagen der Informatik - Software-Engineering*
   Prof. Dr. Sigwart Thürmer: *Grundlagen der Informatik/Betriebssysteme*
   Prof. Dr. Bernhard Urban: *Grundlagen der Informatik/Wirtschaftsinformatik*
   Prof. Dr. Christian Wagenknecht: *Grundlagen der Informatik/Theoretische Informatik - Theorie und Praxis der Programmierung, insbesondere funktionale Programmierung - Computeralgebrasysteme*

4. Organisation des Studiums

a) Studienabschnitte
   Grundstudium (4 Semester)
   - vier Studiensemester
   - Abschluß: Diplomvorprüfung (Zeugnis)
   Hauptstudium (4 Semester)
   - drei Studiensemester
   - ein Studiensemester in der Praxis im sechsten Semester (22 Wochen)
   - Diplomarbeit im achten Semester (4 Monate)
   - mündliche und schriftliche Diplomprüfung nach dem siebten Semester
   - Verteidigung der Diplomarbeit nach dem achten Semester
b) Fächer- und Stundenübersicht (inkl. SWS Wahlpflichtfächer)
   Grundstudium: 120 SWS
   Hauptstudium: 52 SWS (ohne Diplomarbeitsanteil)
   Summe: 172 SWS
   Folgende Lehrveranstaltungs-Schwerpunkte werden angeboten:
   - Mathematik, Wirtschaftswissenschaften (VWL, Grundzüge BWL), Buchführung/Bilanzierung, Kosten- und Leistungsrechnung, Unternehmensplanung, Recht, Englisch für Informatiker, Theoretische Grundlagen der Informatik, Hardware, Betriebssysteme, Grundlagen der Programmierung, Software-Engineering (Software-Entwurf, Entwicklung von Anwendungssystemen), Datenbankentwurf und -nutzung im Grundstudium
   - Wirtschaftswissenschaften (Unternehmensführung und -organisation, Finanzwirtschaft, Führungs- und Organisationslehre, Simulation), Mathematik (Operationsforschung, Statistik), Verteilte Informationsverarbeitung, Software-Engineering (Entwicklung von Anwendungssystemen, Projektmanagement), Informatik im Unternehmen (Produktionsorganisation, CAD/CAM, PPS/CIM, Praktikum CIM-Labor) Software-Systeme in der Wirtschaft (Datenbank-Anwendung, DSS/MIS) im Hauptstudium
c) Wahlpflichtfächer
   Aus nachfolgenden Wahlpflichtfächern müssen 12 SWS ausgewählt werden:
   Informatik im Bank- und Versicherungswesen, NC-Programmierung Datenschutz/Datensicherheit, Qualitätssicherung, Arbeitsplatzgestaltung, Bürokommunikation, Systemnahe Programmierung, Steuerrecht, DV-Einsatz im kaufmännischen Bereich

5. Rechnerausstattung (nutzbar durch Wirtschaftsinformatik)

Labore Wirtschaftsinformatik:
- Novell-Netzlabor: 2 Kabinette mit je 13 Stationen und 1 Server
- Netz-Labor mit 6 Stationen und 1 Server
- RISC-Labor: 2 Kabinette mit je 12 Stationen und 1 Server
- Hardware-Labor mit 6 Stationen und 1 Server
- UNIX-Labor mit 16 Stationen und 1 Server

6. Sonstige Angaben

Studienbeginn im WS
Gründung des Studiengangs 1992

7. Auslandskontakte

zur Zeit keine

8. Forschungs- und Transferinstitutionen

Institut für Angewandte Informatik e. V.
(Leitung: Dr. Lothar Ulrich, Tel. 03581/482812)

Hochschule für Technik und Wirtschaft Zwickau (FH)
Dr. Friedrichs-Ring 2a
08056 Zwickau
Tel. 0375/536-1520
Fax 0375/536-1202
Tel. Studienberatung 0375/536-1520
email urban@informatik.th-zwickau.de

1. Bezeichnung des Fachbereichs bzw. des Studiengangs/der Studienrichtungen

a) Fachbereich Physikalische Technik/Informatik
b) Studiengang Informatik
c1) Studienrichtung Ingenieurinformatik
c2) Studienrichtung Wirtschaftsinformatik
c3) Studienrichtung Mathematische Methoden der Angewandten Informatik

2. Akademischer Grad ggf. mit Zusatz laut Abschlußzeugnis

Diplom-Informatiker (in) (FH)

3. Professoren im Fachbereich Informatik

Prof. Dr. Elmar Conrad: *Software-Engineering - Logik und Automatentheorie - Programmiersprachen*
Prof. Dr. Manfred Goepel: *Wirtschaftsinformatik - BWL - Industrielle An-
wendungen - Algorithmen und Programmiersprachen*
Prof. Dr. Erwin Hofmann: *Datenbanken/Datenbankdesign - Objektorien-
tierte Programmierung/- Systeme - Algorithmen und Programmierspra-
chen - CIM*
Prof. Dr. Ludwig Krauß: *Informationstechnik - Netze/Kommunikationssys-
teme*
Prof. Dr. Dieter Lenk: *Systemprogrammierung - Maschinensprachen - Al-
gorithmen und Programmiersprachen*
Prof. Dr. Werner Remke: *Grafische Datenverarbeitung - Softwaresysteme -
CAD*
Prof. Dr. Helmar Seidel: *KI - Logische Programmierung - Wissensbasierte
Systeme - Softwareengineering - Algorithmen und Programmiersprachen*
Prof. Dr. Rolf Urban: *Betriebssysteme - Grundlagen der Informatik - Pro-
grammiersprachen - Netz-/Kommunikationssoftware*

4. Organisation des Studiums

a) Studienabschnitte:
   Grundstudium (4 Semester)
   - vier Studiensemester
   - Abschluß: Vordiplom (Zeugnis)
   Das Grundstudium verläuft für alle Studienrichtungen gleich. Erst im
   Laufe des vierten Semesters muß sich der Student entscheiden, welche
   Studienrichtung er einschlagen möchte.
   Hauptstudium (4 Semester)
   - drei Studiensemester
   - ein Studiensemester in der Praxis im fünften Semester (20 Wochen)
   - Diplomarbeit im achten Semester (3 Monate)
b) Fächer- und Stundenübersicht (inkl. SWS Wahlpflichtfächer)
   Grundstudium: 119 SWS
   Hauptstudium   59 SWS (ohne Diplomarbeitsanteil)
   Summe: 178 SWS

Folgende Lehrveranstaltungs-Schwerpunkte werden angeboten:

- Mathematik, Physik, Elektrotechnik/Elektronik, Automatisierungs- und Meßtechnik, BWL, Recht, Englisch für Informatiker, Grundlagen der Informatik, Logik, Algorithmierung/Programmierung, Software-Engineering, Informationstechnik, Betriebssysteme/Systemprogrammierung, Datenbanken, Computergraphik, Grundlagen der KI im Grundstudium
- Objektorientierte Systeme, CA-Techniken, Wissensbasierte Systeme, Kommunikationssysteme/Rechnernetze, Betriebsysteme II, Recht im Hauptstudium (Fachstudium)

Hinzu kommen in den einzelnen Studienrichtungen:

Studienrichtung Ingenieur-Informatik (IK):

- Prozeßrechentechnik, Mathematik für Ingenieure, Technische Mechanik

Studienrichtung Wirtschaftsinformatik (WI):

- Informationsmanagement, Kommerzielle Informatik-Anwendungen, Operations Research, Statistik, BWL II

Studienrichtung Mathematische Methoden der Angewandten Informatik (MM...):

- Analysis, Numerische Mathematik, Stochastische Prozesse, Operations Research, Mathematische Modellierung

c) Wahlpflichtfächer

Aus folgenden Angebotskomplexen sind je nach Studienrichtung Mindest-SWS - es werden mehr angeboten - zu belegen

Fächerkomplex	IK	WI	MM...
Hardware/Betriebssysteme	6	4	6
Datenbanken/Wissensverarbeitung	4	2	2
Computergraphik/CA-Techniken	3	-	6
Programmiersprachen	4	4	4
Informations-Management II	-	4	-
Mathematische Fächer	2	2	7
Technische Fächer	4	-	2
Ökonomische Fächer	-	4	4
	23	20	31

Für ein Projektpraktikum im siebten Semester stehen Themen aus allen Fachgebieten zur Auswahl.

5. Rechnerausstattung (nutzbar durch Informatik)

Zentrales RZ:
- 7 Kabinette mit insgesamt 98 vernetzten PC
- 2 vernetzte Pools mit 24 SUN-Workstations
- 4 CAD-Mehrplatz-Systeme mit insgesamt 26 Workstations
- Anschluß an das Deutsche Forschungsnetz (DFN
Labore Informatik:
- Hardwarelabor, Systemlabor (PC und Workstations, Stand alone oder Netzanschluß)
- Grafik- und Multimedia-Labor
- Labor für Wirtschaftsinformatik und Künstliche Intelligenz

6. Sonstige Angaben

Studienbeginn im WS
Gründung des Studiengangs 1992
Die Fachhochschule kann auf sehr lange Tradition als Ingenieur- und Fachschule, seit 1969 als Ingenieurhochschule verweisen.

7. Auslandskontakte

TH Pilzen, TH Györ (Ungarn)

Informationen für ausländische Studienbewerber

○ Informationen über das Studium an den Fachhochschulen der Bundesrepublik Deutschland sind beim Deutschen Akademischen Austauschdienst (DAAD) erhältlich.

    ○○ Adresse: Deutscher Akademischer Austauschdienst (DAAD)
                     Kennedyllee 50
                     D-53175 Bonn 2
                     Tel.: 0228/882-0
                     Fax 0228/882-444

    ○○ Titel der relevanten Broschüre:
                DAAD (Deutscher Akademischer Austauschdienst) (Herausgeber):
                Studium in Deutschland - Informationen über das Studium an deutschen Fachhochschulen für Ausländer - 3. Auflage, 8/93, ISBN 3-87192-501-9

○ Inhalt obiger Broschüre:

   1.   In Deutschland studieren

   2.   Die Fachhochschule
       - Was ist eine Fachhochschule
       - Zur Geschichte der Fachhochschule
       - Die Fachhochschule mit ihren Einrichtungen
       - Was die Fachhochschulen bieten

   3.   Der Student an der Fachhochschule
       - Das Studium an der Fachhochschule
       - Der Weg an die Fachhochschule
       - Der Alltag an der Fachhochschule

   4.   Anhang
       - Adressen der Hochschulen, Studiengänge, Literatur, Studienkollegs etc.

○ Weitere Informationen sind ebenso von den Ministerien der Bundesländer, denen die Hochschulen unterstehen, erhältlich.

○ Der Nachweis guter deutscher Sprachkenntnisse ist notwendig. Neben dem DAAD kann auch beim Goethe-Institut nachgefragt werden: Adresse der Zentralverwaltung in der Bundesrepublik Deutschland:

> Goethe Institut
> Zentralverwaltung
> Helene-Weber-Allee 1
> D-80637 München
> Tel.: 089/15921-0

○ Der schnellste Weg zur Beratung ist das Akademische Auslandsamt der gewünschten Hochschule. In einigen Bundesländern gibt es Studienkollegs für Ausländer, die hier erfragt werden können.

Anhang 1:

Neue Empfehlungen der Gesellschaft für Informatik für das Informatikstudium an Fachhochschulen
(hier gekürzt)
Quelle: Informatik-Spektrum, Bd. 7, Heft 3, 1984, S. 187-191

Erarbeitet vom GI-Arbeitskreis 7.1.2: "Informatik an Fachhochschulen"
Sprecher: Prof. Dr. Heidi Heilmann, Fachhochschule Furtwangen[0]

Zusammenfassung. Die Bedeutung praxisbezogener, kurzer Hochschulstudiengänge für die Versorgung von Wirtschaft und Verwaltung mit Informatikern ist gestiegen, ein Ende des Nachholbedarfs zeichnet sich noch nicht ab. Die Anforderungen an die Qualität der Informatikstudiengänge nehmen zu, weil Informatik immer mehr zur Lösung von Aufgaben mit hoher Komplexität eingesetzt wird. Die neuen Empfehlungen der Gesellschaft für Informatik für das Informatikstudium an Fachhochschulen gehen von den Empfehlungen von 1975 aus. Sie stellen Studieninhalte von Informatikstudiengängen an Fachhochschulen vor und beschreiben Informatik als Lehrfach in anderen Fachhochschulstudiengängen.

Inhaltsübersicht

1. Gründe für eine Überarbeitung der Empfehlungen von 1975

2. Der Bedarf an Fachhochschulabsolventen aus Informatikstudiengängen

3. Der Studiengang Informatik und das Fach Informatik an Fachhochschulen

3.1 Informatikstudiengänge

3.2 Studienschwerpunkt Informatik

3.3 Aufbaustudium Informatik

3.4 Informatik in anderen Fachhochschulstudiengängen

3.5 Informatik-Weiterbildung an Fachhochschulen

4. Die Inhalte der Informatikstudiengänge

5. Die Gliederung des Fachhochschulstudiums der Informatik

6. Unterrichtsformen und Praxisbezug

7. Zur Zusammensetzung und Tätigkeit des Arbeitskreises
7.1.2:„Informatik an Fachhochschulen" der Gesellschaft für
Informatik e. V.

1. Gründe für eine Überarbeitung der Empfehlungen von 1975

Das Präsidium der Gesellschaft für Informatik e. V. hat im November
1975 Empfehlungen für ein Informatikstudium an Fachhochschulen verabschiedet. [Böhme 1977] Ziel dieser ersten Empfehlungen war es, einen
einheitlichen Rahmen für die Informatikausbildung an Fachhochschulen
abzustecken und der verwirrenden Vielfalt von Studiengangsbezeichnungen, Inhalten und Abschlüssen entgegenzuwirken.

In der Zwischenzeit hat die Zahl der Fachhochschulen mit Informatikstudiengängen zugenommen: 1983 führten rund 30 Fachhochschulen mindestens
einen Informatikstudiengang durch, an rund 10 dieser 30 Fachhochschulen
waren zwei oder mehr Informatikstudiengänge eingerichtet. Studiengänge
der Technischen Informatik überwiegen mit insgesamt rund 20 Studiengängen, Allgemeine und Wirtschaftsinformatik waren jeweils mit der Größen-
ordnung von zehn Studiengängen vertreten, Spezialrichtungen noch seltener. Informatik im Rahmen von Nicht-Informatik-Studiengängen hat als
Pflicht- und Wahlpflichtfach wesentlich an Bedeutung gewonnen. Diese
Entwicklung kann sowohl an Fachhochschulen als auch an Universitäten
beobachtet werden. (vgl. z. B. [Seibt 1981]) Sie geht auf den immer breite-
ren Einsatz des Computers in Wirtschaft und Verwaltung zurück, der auch
Ursache des steigenden Bedarfs an Informatik-Absolventen ist. Die nach
wie vor schnelle, innovative Weiterentwicklung der Computerhardware und
ihre Einbettung in weltweite Kommunikationssysteme verlangt eine laufende Anpassung technischer Studiengänge, hat aber auch Konsequenzen für
die Allgemeine Informatik und Wirtschaftsinformatik. Die sinkenden
Hardwarekosten und die gegenläufige Entwicklung der Softwarekosten
haben neue Konzepte erforderlich gemacht. Es sei nur an das Stichwort
Software-Engineering und - beispielhaft - an Aspekte wie Endbenutzerpro-
grammierung oder Software-Engineering-Environment-Systems erinnert.
Dagegen gelten die Grundlagen der ersten Empfehlungen aus dem Jahre
1975 unverändert:

Die Fachrichtung Informatik an Fachhochschulen umfaßt die drei Studiengänge Allgemeine Informatik, Technische Informatik und Wirtschaftsinformatik. In Baden-Württemberg und in Bayern hat sich ein Studium von acht
Semestern, in das zwei Praxissemester eingebunden sind, bewährt.
Empfohlen wird, mindestens ein Praxissemester während des Studiums
vorzusehen.

Geändert haben sich Inhalte der Informatikstudiengänge und das Ausmaß
an Informatik, das in anderen Studiengängen im Interesse des Berufser-
folges der Absolventen vermittelt werden soll. Vor allem diesen Themen
sind die neuen Empfehlungen gewidmet.

2. Der Bedarf an Fachhochschulabsolventen aus Informatikstudien-
gängen

Der Bedarf von Wirtschaft und Verwaltung übersteigt auf absehbare Zeit
noch das Angebot von Absolventen. Dies gilt für Fachhochschulabsolventen in gleichem Maße wie für die Informatiker von Universitäten. In
[Domsch 1983] wird eine Bedarfsdeckung bei Fachhochschulabsolventen
von durchschnittlich 43,8%, im Bereich der Wirtschaftsinformatik sogar
nur von 17,5% ermittelt.

Dies ist auf die unzureichende Ausbildungskapazität der Fachhochschulen
und nicht etwa auf mangelnden Bekanntheitsgrad der Informatik-Studiengänge zurückzuführen. Ebenso wie die anderen Hochschulen müssen auch
die Fachhochschulen zu örtlichem Numerus Clausus übergehen und viele
Bewerber abweisen. Die Gesellschaft für Informatik hat auf diese für die
internationale Wettbewerbsfähigkeit der Bundesrepublik Deutschland be-
drohliche Entwicklung hingewiesen [Gesellschaft für Informatik e. V.
1982] und Gegenmaßnahmen vorgeschlagen.

Die Arbeitgeber von Informatikern (FH) beurteilen deren Praxisbezogen-
heit positiv. (vgl. [Domsch 1983]) Untersuchungen haben ergeben, daß bei
Fehlen eines einzustellenden Diplom-Informatikers von einer Universität in
25% der Fälle nicht auf andere Fachrichtungen der Universitäten, sondern
auf Diplom-Informatiker (FH) zurückgegriffen wird. [Domsch 1982] Auch
ein Ausweichen auf Fachhochschulabsolventen aus Studiengängen mit
Studienschwerpunkt Informatik (vgl. Punkt 3.2) wird zunehmend möglich[00).

3. Der Studiengang Informatik und das Fach Informatik an Fachhochschulen

Diese Empfehlungen unterscheiden zwischen Informatikstudiengängen, Studienschwerpunkt Informatik, Aufbaustudium Informatik, Informatik in anderen Fachhochschulstudiengängen und der Informatik-Weiterbildung an Fachhochschulen.

3.1 Informatikstudiengänge

Zu den Informatikstudiengängen zählen Allgemeine Informatik, Technische Informatik und Wirtschaftsinformatik, neben die noch einige Spezialrichtungen - z. B. Telekommunikation an der Fachhochschule Fulda - treten. Nach wie vor einen Sonderfall bildet die Medizinische Informatik an der Fachhochschule Heilbronn, die in Zusammenarbeit mit der Universität Heidelberg „Diplom-Informatiker der Medizin" (ohne den Zusatz "FH") ausbildet. (vgl. [Böhme 1977])

Die Bezeichnungen Allgemeine Informatik und Wirtschaftsinformatik werden relativ einheitlich benutzt: alternative Benennungen sind z. B. „Systemprogrammierung" in Darmstadt für Allgemeine Informatik oder „Informatik in der Wirtschaft" anstelle von Wirtschaftsinformatik in München. In der Technischen Informatik ist das Spektrum möglicher Benennungen sehr viel weiter gespannt. Wie zum Zeitpunkt der ersten Empfehlungen erschweren Studiengänge wie „Informationsverarbeitung", „Informationstechnik", „Informatik in der Technik", „Ingenieur-Informatik" die Transparenz des Studienganges für die Öffentlichkeit. Die Ursache liegt u. a. in der relativ frühen Einrichtung von Studiengängen der Technischen Informatik und in der Beibehaltung des ursprünglich gewählten Namens.

Informatikstudiengänge haben eine Ausbildungsdauer von 6 bis 8 Semestern und schließen mit dem Grad Diplom-Informatiker, ggf. mit dem landesüblichen Zusatz, ab. Bei Studiengängen der Technischen Informatik kann alternativ auch der Titel Diplom-Ingenieur der Fachrichtung Informatik, bei der Wirtschaftsinformatik der Titel Diplom-Betriebswirt der Fachrichtung Informatik verliehen werden.

3.2 Studienschwerpunkt Informatik

Ein Studienschwerpunkt Informatik im Rahmen eines sonstigen Fachhochschulstudiengangs umfaßt mindestens 30 Semesterwochenstunden aus dem

Informatikbereich. Er führt nicht zum Titel eines Diplom-Informatikers, sondern zu dem eines Diplom-Ingenieurs, Diplom-Mathematikers oder Diplom-Betriebswirts (ggf. mit landesüblichem Zusatz).

Beispiele sind: Der Studiengang Betriebswirtschaftslehre mit Studienschwerpunkt Informatik; verschiedene Ingenieurdisziplinen (Bauingenieurwesen, Elektrotechnik, Maschinenbau, Wirtschaftsingenieurwesen, Schiffbau), sowie die der Allgemeinen Informatik verwandten Mathematik-Studiengänge an einer Reihe von Fachhochschulen.

Die inhaltliche Ausfüllung der (mindestens) 30 Semesterwochenstunden des Studienschwerpunktes hängt vom zugehörigen Hauptstudiengang ab: Je nachdem, ob es sich um einen betriebswirtschaftlichen, einen mathematischen oder um einen Ingenieurstudiengang handelt, ist eine Auswahl aus den Studieninhalten der Wirtschaftsinformatik, der Allgemeinen Informatik bzw. der Technischen Informatik zu treffen. Empfohlen wird, den Studienschwerpunkt Informatik in Studienplänen und Studienführern klarer zum Ausdruck zu bringen, als dies bisher geschieht.

3.3 Aufbaustudium Informatik

Aufbaustudiengänge der Informatik schließen sich an ein abgeschlossenes Fachhochschulstudium einer anderen Fachrichtung an. Sie umfassen im Mittelwert drei bis vier Semester und können mit einem zusätzlichen Diplom verbunden sein.

Inhaltlich können sie sowohl auf einen der drei Informatik-Hauptstudiengänge - also Allgemeine Informatik, Wirtschaftsinformatik, Technische Informatik als auch auf eine Informatik-Spezialrichtung ausgerichtet sein.

Vorkenntnisse in Informatik als Grundlagen- oder Schwerpunktfach können i. a. bei den Absolventen aus dem 1. Studienabschluß vorausgesetzt werden. Wahlpflichtfächer sind im wesentlichen ebenfalls aus dem Vorstudium abgedeckt.

3.4 Informatik in anderen Fachhochschulstudiengängen

Informatik als wichtigstes Fach vieler anderer Studiengänge und Fachrichtungen soll mindestens 6 Semesterwochenstunden umfassen. Folgende Lernziele sollen erreicht werden:

O O   die Fähigkeit zum Erkennen potentieller Informatikeinsatzgebiete,

O   die Fähigkeit zum Transfer fachspezifischer Probleme und Lösungsansätze an den Informatiker,

O   die Fähigkeit zur Beurteilung von Lösungsvorschlägen und

O   die Fähigkeit zur selbständigen Realisierung von Lösungsvorschlägen der Informatik mit geeigneten Endbenutzersprachen-

Als Inhalte werden vorgeschlagen:

O   Aufbau und Funktionsweise von DV-Anlagen,

O   Programmiertechnik (nicht zwingend die Vermittlung einer bestimmten Programmiersprache, sondern u. a. das Kennenlernen von Programmierlogik und strukturierter Vorgehensweise),

O   Überblick über den fachspezifischen DV-Einsatz.

3.5 Informatik-Weiterbildung an Fachhochschulen

Einen Lehrauftrag im Sinne der Weiterbildung nehmen Fachhochschulen derzeit nur begrenzt war. Grundsätzlich denkbar erscheinen folgende Weiterbildungsrichtungen[000]:

O   Kontaktstudium zur Vertiefung/Ergänzung der Wissensbasis für frühere Informatik-Absolventen

O   Systematisierte Weiterbildungskonzepte für Teilnehmer aus der Wirtschaft (auch solche ohne Studienabschluß): evtl. könnten solche Konzepte auch auf bestimmte Branchen oder größere Unternehmungen bezogen sein.

O   Informatik-Zusatzausbildung für Lehrer an berufsbezogenen/allgemeinbildenden Schulen

In ein Weiterbildungskonzept an Fachhochschulen sind - soweit es nicht um ein Kontaktstudium früherer Absolventen geht - mit Sicherheit sehr sorgfältige Überlegungen einzubringen. Gestaltung und Finanzierung des Weiterbildungsangebots sind nicht einfach zu lösen. Kooperation mit und Abgrenzung zu anderen Weiterbildungsinstitutionen sind zu definieren.

4. Die Inhalte der Informatikstudiengänge

Alle Informatikstudiengänge an Fachhochschulen betonen Kenntnisse zur unmittelbaren praktischen Anwendung und stellen theoretische Grundlagen nicht in den Vordergrund der Ausbildung. Für die drei Informatikstudiengänge Allgemeine Informatik, Technische Informatik, Wirtschaftsinformatik werden zehn gemeinsame Themenblöcke vorgeschlagen. Den ersten neun Themenblöcken

○ Theoretische Grundlagen der Informatik
○ Mathematik
○ Physikalisch-technische Grundlagen
○ Methoden und Verfahren
○ Systemarchitekturen
○ Hardware
○ Software
○ Wirtschaftswissenschaften
○ Anwendungen
○ Allgemeine Fächer

sind in Tabelle 1 einzelne Fächer durch Ankreuzen (x) zugeordnet worden. Zuordnungen zum 10. Block -Wahlpflichtfächer - wurden nicht getroffen, weil praktisch jedes Fach ausschnittweise oder vertiefend Gegenstand eines Wahlpflichtfaches sein kann.

Die Kreise (0) in der Zuordnungsmatrix der Tabelle 1 deuten an, welche Themenblöcke ein Fach ganz oder teilweise alternativ eingebunden werden könnte.

Richtwerte zum Anteil der Themenblöcke an den drei Informatikstudiengängen nennt Tabelle 2. Die Prozentzahlen sind als tendenzielle Anteile der jeweiligen Themenblöcke am Gesamtstudiengang (ohne Praxissemester) zu sehen. Modifikationen können sich z. B. durch eine alternative Fächerzuordnung i. S. der Tabelle 1, aber auch durch spezielle Interessenrichtungen eines bestimmten Studiengangs ergeben. Auch das Angebot an Wahlpflichtfächern beeinflußt die definitive Belegung der einzelnen Themenblöcke.

Fächer	Theoretische Grundlagen der Informatik	Mathematik	Physikalisch-technische Grundlagen	Methoden und Verfahren	Systemarchitekturen	Hardware	Software	Wirtschaftswissenschaften	Anwendungen	Allgemeine Fächer	Wahlpflichtfächer
Mathematische Logik	x	o			o						
Informationstheorie	x										
Graphentheorie	x	o									
Automaten- und Algorithmentheorie	x				o						
Formale Sprachen	x					o					
Analysis		x									
Algebra		x									
Wahrscheinlichkeitsrechnung, Statistik		x		o				o	o		
Numerik		x							o		
Analytische Geometrie		x									
Physik			x								
Elektrotechnik			x								
Elektronik			x		o						
Meßtechnik			x						o		
Systemtheorie	o			x							
Systemanalyse und -entwurf				x	o		o		o		
Systemzuverlässigkeit				x	o	o	o				
Simulation				x					o		
Operations Research				x				o	o		
Projektmanagement				x						o	
Rechnerarchitektur					x	o					
Betriebssystemarchitektur					x		o				
Kommunikationsnetze					x	o	o		o		
Mensch-Maschine-Kommunikation					x	o	o		o		
Digitaltechnik			o		x						
DV-Anlagen					o	x					
Mikroprozessortechnik					o	x	o		o		
Halbleitertechnik			o		x						
Algorithmen und Datenstrukturen	o						x		o		
Programmiersprachen							x		o		
Software-Engineering				o			x		o		
Datenbanken							x		o		
Systemprogrammierung							x				
Graphische Datenverarbeitung							x		o		
Compilerbau							x				
Betriebswirtschaftslehre								x	o		
Organisationslehre								x	o		
Betriebliches Rechnungswesen								x	o		
Volkswirtschaftslehre								x	o		
Wirtschaftsrecht								x	o		
Organisation des DV-Einsatzes				o					x		
Datensicherheit und Datenschutz							o	o	x		
Künstliche Intelligenz								o	x		
Administrative Anwendungen								o	x		
Mathematische Anwendungen		o							x		
Prozeßdatenverarbeitung					o	o	o		x		
Technische Anwendungen									x		
Sonstige Anwendungen									x		
Informatik und Gesellschaft								o	o	x	
Fremdsprachen											x
Arbeitstechniken				o							x
Führungslehre										o	x
Arbeitsrecht											x

Tabelle 1 Themenblöcke und Fächer des Informatikstudiums an Fachhochschulen

5. Die Gliederung des Fachhochschulstudiums der Informatik

Das Studium der Informatik an Fachhochschulen umfaßt sechs Studiensemester, zu denen mindestens ein - nach den Erfahrungen süddeutscher Fachhochschulen besser zwei - Praxissemester hinzukommen sollten. Praxissemester vermitteln einen Einblick in die Realität des angestrebten Berufsbildes und erlauben die praktische Anwendung gelernten Stoffes. Sie knüpfen Kontakte, die sich bei der Wahl einer praxisbezogenen Diplomarbeit und bei der späteren Stellensuche des Absolventen als wertvoll erweisen.

Für die sechs Studiensemester wird eine Mindestzahl von 160 Semesterwochenstunden unterstellt, wobei die landesübliche Zahl der Vorlesungswochen eines Jahres angemessen zu berücksichtigen ist.

Es wird eine Trennung von Grund- und Hauptstudium im Verhältnis 2 bis 3 Semester Grundstudium zu 4 bis 3 Semestern Hauptstudium empfohlen. Dazwischen soll eine Prüfung liegen. Ergänzend dazu (vor allem bei der 3:3 Aufteilung) kann eine Prüfung am Ende des ersten Studienjahres vorgesehen werden, die dem Studenten eine frühzeitige Bewertung seiner Studiengangeignung erleichtert.

6. Unterrichtsformen und Praxisbezug

Vorlesungen an Fachhochschulen werden in vielen Fällen durch Übungen ergänzt, können aber auch in seminaristischer Form mit Übungen gekoppelt werden. Aufgrund der geringen Semesterfrequenzen gibt es an den Fachhochschulen keine Großlehrveranstaltungen, so daß Zwischenfragen und Diskussionen auch in Vorlesungen möglich sind.

In Praktika und Seminaren muß der Student konkrete Arbeitsleistungen, häufig mit Computerunterstützung, erbringen. Im Rahmen der Projektarbeit entwickeln studentische Kleingruppen konkrete Lösungen für Probleme aus der Praxis. Audio-visuelle Hilfsmittel können u. a. in allgemeinen Fächern - z. B. Arbeitstechniken und Führungslehre - eingesetzt werden.

Themenblock	Allgemeine Informatik	Technische Informatik	Wirtschafts- Informatik
Theoretische Grundlagen der			
Informatik	10%	5%	5%
Mathematik	10%	10%	10%
Physikalisch-technische Grundlagen	5%	20%	0%
Methoden und Verfahren	15%	5%	10%
Systemarchitekturen	10%	5%	5%
Hardware	5%	15%	5%
Software	15%	10%	15%
Wirtschaftwissenschaften	5%	5%	15%
Anwendungen	10%	5%	15%
Allgemeine Fächer	5%	10%	10%
Wahlpflichtfächer	10%	10%	10%

5% entsprechen 8-9 Semesterwochenstunden

Tabelle 2 Richtwerte zum Anteil der Themenblöcke an den Informatikstudien gängen

Der Praxisbezug ist durch die wissenschaftliche Qualifikation und die von den Hochschullehrern geforderte Praxiserfahrung außerhalb der Universität gewährleistet. Praxissemester bieten dem Studenten unmittelbare Praxiserfahrung. Diese kann durch Exkursionen ergänzt und durch aus dem Kontakt zur Wirtschaft entstandene Diplomarbeiten vertieft werden.

7. Zur Zusammensetzung und Tätigkeit des Arbeitskreises 7.1.2: „Informatik an Fachhochschulen" der Gesellschaft für Informatik e.V.

Der Arbeitskreis 7.1.2 wurde im Februar 1983 auf einer Sitzung des ständigen GI-Fachausschusses 7.1 „Informatik an Hochschulen" beschlossen. Die konstituierende Sitzung fand im April 1983 statt. Von April bis Oktober 1983 trat der Arbeitskreis mehrfach zusammen, um die in den Empfehlungen enthaltenen Überlegungen zu diskutieren und abzugrenzen. Die endgültigen Empfehlungen wurden im Umlaufverfahren abgestimmt. Dem Arbeitskreis in der endgültigen Zusammensetzung gehörten an:

○ Vertreter von Fachhochschulen mit Informatik-Studiengängen (Berlin, Darmstadt, Esslingen, Fulda, Furtwangen und Karlsruhe)

○ Vertreter von Fachhochschulen mit Studienschwerpunkt Informatik (Aalen, Dieburg, Saarbrücken)

○ Vertreter von Absolventen beschäftigenden Unternehmungen (IBM, Siemens)

Anmerkungen: hier nicht aufgeführt (gekürzt) (der Herausgeber dieses Führers)

Literatur

Böhme G.: Empfehlungen für ein Informatikstudium an Fachhochschulen. In: Angewandte Informatik, H.3, S. 127-131 (1977)

Böhme G.: Blätter zur Berufskunde, 2-IA 31, Band 2: Diplom-Informatiker an Fachhochschulen. Hrsg.: Bundesanstalt für Arbeit (1981)

Brauer W., Haacke W., Münch S.: Studien- und Forschungsführer Informatik. Hrsg.: GMD und DAAD (1980)

Bund-Länder-Kommission für Bildungsplanung und Forschungsförderung und Bundesanstalt für Arbeit (Hrsg.): Studien- und Berufswahl 1982/83. (6.23: Informatik, S. 129-132) Bad Honnef (1982)

Domsch M., Krüger M., Streicher H.: Ausbildung und Einsatz von Informatikern in der Bundesrepublik Deutschland. SCS-Studien, Hamburg (1983)

Domsch M., Krüger M.: Informatiker - Eine empirische Arbeitsmarktstudie der F.G.H. Forschungsgruppe Hamburg im Auftrag der SCS Scientific Control Systems GmbH. Informatik Spektrum, 5: 259-264 (1982)

Begleitempfehlungen der Fachrichtungskommission Informatik, eingesetzt vom Bayerischen Staatsminister für Unterricht und Kultus zum Vorschlag einer Rahmenstudienordnung für den Fachhochschulstudiengang Informatik vom 1.3.1982

Fortschreibung des Gesamtplans zur Ausstattung der Hochschulen des Landes Baden-Württemberg mit Datenverarbeitungsanlagen für den Zeitraum 1979-1985 (EDV-Gesamtplan II)

Gemeinsame Stellungnahme des Fachausschusses Informationsverarbeitung der GAMM und des Fachausschusses 6 der NTG zu den Empfehlungen des BMWF zur Ausbildung auf dem Gebiet der Datenverarbeitung. In: Elektronische Datenverarbeitung, Heft 8 (1969)

Gesellschaft für Informatik e. V., Pressemitteilung: Numerus Clausus in der Informatik - hochwertige Arbeitsplätze von morgen durch unzureichende Lehr- und Forschungskapazität von heute gefährdet? Bonn, 3.2.1983. (Parallel veröffentlicht im Informatik Spektrum, 5: 1-3 (1982)

Gesellschaft für Informatik e. V., Fachausschuß 9/10 „Ausbildung": Informatik-Ausbildung an Hochschulen der Bundesrepublik Deutschland, Volker Claus und Rul Gunzenhäuser, Mai 1981

Schmitz P.: Erfahrungen von Absolventen der Betriebs- und Wirtschaftsinformatik - Ergebnisse einer Umfrage. Angewandte Informatik, H. 10, S. 417-423 (1980)

Seibt D.: Stand der Betriebs- und Wirtschaftsinformatik-Ausbildung an deutschsprachigen wissenschaftlichen Hochschulen. Angewandte Informatik, H. 3, S. 107-114 (1981)

Anmerkungen des Herausgebers

o)   Inzwischen Universität Stuttgart

oo)   Auch aus der Sicht von 1983/84 ist diesen Gedankengängen schwer zu folgen. Die Praxis sieht den Informatiker/Wirt-schaftsinformatiker von einer Fachhochschule als qualifizierten Akademiker, der in dem den Fachhochschulen eigenen Paradigma ausgebildet ist. Einschlägige Umfragen zeigen gleichhohe Qualifikationen und Einstellungspositionen (der Herausgeber dieses Führers).

ooo)   Es gibt heute eine ganze Reihe von Aufbaustudiengängen u. ä. an Fachhochschulen, mit der Wirtschaft getragene Weiterbildungsinstitutionen, für die Wirtschaft geöffnete Vorlesungen etc. Sicherlich führt die Überlastung der Hochschulen dazu, auf diesem Gebiete zurückzustecken zu müssen (der Herausgeber dieses Führers).

⇨ Neue Schwerpunkte in den GI-Empfehlungen 1995

Die neuen Empfehlungen der GI zur Informatik an Fachhochschulen werden zur Zeit erarbeitet. Nach dem Entwurf (8/94) setzen sie voraussichtlich in den folgenden Bereichen neue Schwerpunkte:

O   Veränderte Rahmenbedingungen in wirtschaftlicher, technologischer und gesellschaftspolitischer Hinsicht werden beschrieben und daraus neue Anforderungen an die Informatik-Ausbildung abgeleitet.

O   Die detaillierte Beschreibung der Ausbildungsinhalte mit Hilfe einer Zuordnungsmatrix wird aufgegeben zugunsten einer Darstellung mit Eckwerten für Grund- und Hauptstudium der verschiedenen Studiengänge und einer exemplarischen Aufzählung von typischen Lehrveranstaltungen.

○ Ausführlicher wird eingegangen auf neue Inhalte der Informatik, auf eine verstärkte Bedeutung von Nichtinformatikfächern (z. B. aus dem Bereich der Sozial- und Gesellschaftswissenschaften) sowie auf den Stellenwert von Wahlpflichtveranstaltungen.
○ Informatikschwerpunkte sowie Informatik in anderen Studiengängen werden eingehender behandelt als in früheren Empfehlungen.
○ Schließlich werden die Strukturformen in der Lehre sowie der Praxisbezug der Ausbildung deutlicher herausgearbeitet.

Werner Burhenne (4/95)

Anhang 2:

Wirtschaftsinformatik in wirtschaftswissenschaftlichen Studiengängen an Fachhochschulen
- Empfehlungen zur Integration der Wirtschaftsinformatik -

Quelle: Informatik Spektrum, Bd. 13, Heft 5,
1990, S. 293-295

Zusammenfassung

Vorliegende Empfehlungen wurden von der Arbeitsgruppe „Wirtschaftsinformatik in wirtschaftswissenschaftlichen Studiengängen an Fachhochschulen" im Fachausschuß 7.1 „Informatik in Studiengängen an Hochschulen" der Gesellschaft für Informatik (GI), Bonn, erarbeitet. Das Präsidium der GI hat die Empfehlungen am 25.06.90 verabschiedet.

Es wird ein Stufenkonzept der Integration der Wirtschaftsinformatik in wirtschaftswissenschaftliche Studiengänge an Fachhochschulen vorgeschlagen, dem, von einer wissenschaftlichen Fundierung ausgehend, eine Berufsfeld-bezogene Orientierung zugrunde gelegt ist und das curricularen Detaillierungsgrad aufweist.

Inhaltsübersicht

1. Einführung

2. Stufen der Integration der Wirtschaftsinformatik

3. Die Empfehlungen im einzelnen: Lernziele und Lehrinhalte

4. Zuordnung von Wahlpflichtvorlesungen

5. Ausblick

6. Mitglieder der Arbeitsgruppe

7. Literatur

   Anmerkungen

Präambel

Die Durchdringung aller Lebensbereiche, insbesondere aller betrieblichen Bereiche, mit Informationstechnologie macht es notwendig, gerade in praxisorientierten Studiengängen und in einer praxisorientierten Lehre diesen Veränderungen gerecht zu werden. Die DV-Orientierung vieler Bereiche der Betriebswirtschaftslehre ist geboten, die DV-Orientierung einer anwendungsorientierten Betriebswirtschaftslehre unumgänglich. Die Integration DV-technischer und wirtschaftsinformatischer Lehr- und Lerninhalte in wirtschaftswissenschaftliche Studiengänge sollte dabei perspektivisch und nicht nur reagierend erfolgen. Dies setzt sicher ein durch laufende anwendungsorientierte eigene Erfahrung gebildetes Verständnis des Lehrenden voraus.

Auf der instrumentalen Seite der Ausgestaltung der Vorlesungen, Übungen und Seminare verlangt dies eine DV-technische Infrastruktur in der Hochschule, die dem Studenten auch die Nutzung aus Eigeninitiative heraus ermöglicht. Diese Infrastruktur - Gruppengröße, Geräteausstattung, Geräte und Softwarebetreuung - ist an deutschen Hochschulen, insbesondere an Fachhochschulen und dort vor allen Dingen in betriebswirtschaftlichen Studiengängen nur äußerst unzureichend vorhanden. Die Verwirklichung dieser Empfehlungen setzt eine Verbesserung dieser Zustände unabdingbar voraus.

1. Einführung

Die Vermittlung von Wissen zur methodischen Entwicklung und Steuerung praxisgerechter, integrierter Anwendungssysteme ist die Aufgabe des Hochschulstudiums der Wirtschaftsinformatik. Diese Anwendungssysteme stellen das Bindeglied zwischen Hardware/Systemsoftware und den kommerziellen Benutzern dar. Im Zentrum des Interesses steht dabei die ganzheitliche Analyse des Inhalts betriebswirtschaftlicher Informationssysteme und deren Gestaltung und Betrieb im Sinne von Mensch-Aufgabe-Technik-Systemen.

In allen betrieblichen Bereichen sind computergestützte Anwendungssysteme zu entwickeln und zu betreiben, die administrative und dispositive Aufgaben beinhalten und strategische Fragestellungen unterstützen.
Zu den **administrativen Anwendungssystemen** gehören z. B. Systeme zur/zum

- Auftragsabwicklung,
- Lager-und Materialflußüberwachung,
- Lohn-und Gehaltsabrechnung,
- Beschaffungswesen,
- Kostenrechnung.

Zu den **dispositiven Anwendungssystemen** gehören z. B. Systeme zur/zum

- Produktionsplanung,
- Fertigungsvorbereitung und Fertigungssteuerung,
- Computer Integrated Manufacturing (CIM).

Besondere Ausprägungen dispositiver Anwendungssysteme stellen Informationssysteme für das Management dar, die dem Entscheidungsträger u. a. aktuelle und umfassende Informationen und Argumentationshilfen aus dem Bereich des Rechnungswesens/Controllings, des Marketings, der Vertriebskontrolle und -lenkung und der Personalwirtschaft zur Verfügung stellen.

Ziel der nachfolgenden Empfehlungen ist daher die Darstellung möglicher und empfehlenswerter Stufungen der Intensität der Integration einer so verstandenen Wirtschaftsinformatik in wirtschaftswissenschaftliche Studiengänge an Fachhochschulen (zu der Stufung vgl. auch [3]).

2. Stufen der Integration der Wirtschaftsinformatik

Viele betriebswirtschaftliche Fragestellungen werden durch den Einsatz der DV verändert. Eine Betriebswirtschaftslehre bar jeder Berücksichtigung dieser Wirkungen sollte heute nicht mehr betrieben werden. Beginnend mit der mehr instrumental ausgerichteten DV-Orientierung der Betriebswirtschaftslehre wird über mehrere Stufen der Integration wirtschaftsinformatischer Inhalte schließlich die „reine" Wirtschaftsinformatik als Gestaltungswissenschaft computergestützter betrieblicher Informationssysteme erreicht.

Je nach angestrebtem konkreten Berufsfeld des Diplom-Betriebswirts bzw. Diplom-Kaufmanns muß der Absolvent in einer **ersten Stufe** neben der in Zukunft wohl unverzichtbaren Fähigkeit, mit computergestützten Anwendungssystemen seines Arbeitsbereiches arbeiten zu können, diese Systeme in ihrem Anwendungsbezug verstehen und die Entwicklung der Wirtschaftsinformatik im eigenen Fach beobachten und werten können. Darüber hinaus wird ggf. eine Vertiefung dieser Grundbildung durch fachspezifische Spezialanwendungen notwendig.

Auf der **zweiten Stufe** soll der Absolvent in die Lage versetzt werden, bei Implementierungsproblemen in seinem Tätigkeitsbereich unterstützend tätig zu werden.

In der **dritten Stufe** schließlich muß er fähig sein, die fachliche DV-Planung im Rahmen seines Tätigkeitsfeldes mitzugestalten und bei der Realisierung mitzuwirken.

Die **vierte Stufe** definiert den „reinen" Wirtschaftsinformatiker, der die Lehrinhalte der theoretischen, der praktischen Informatik und der Betriebswirtschaft in der Wirtschaftsinformatik integriert. Ziel eines solchen Studiums ist die ganzheitliche Beherrschung der Entwurfsmethodik und Entwurfsmethoden von kommerziellen Anwendungssystemen unter Einbezug aller relevanter Einflußgrößen und Gestaltungsmittel wie z. B. Systemsoftware, Datenbanken, Betriebssysteme und Kommunikationssysteme/Netze. Diese Stufe ist nicht Bestandteil dieser Empfehlungen. Sie wurde bereits 1984 unter dem Titel „Neue Empfehlungen der Gesellschaft für Informatik für das Informatikstudium an Fachhochschulen" von der GI erarbeitet [2].

3. Die Empfehlungen im einzelnen: Lernziele und Lehrinhalte

Die folgenden Detaillierungen der obigen Stufung unterscheiden sich damit durch zunehmende Anteile der Wirtschaftsinformatik am Gesamtstudium wirtschaftswissenschaftlicher Studiengänge. Die Nutzung des Begriffs Wirtschaftsinformatikanteil zeigt - im Gegensatz zum Gebrauch des Begriffes Informatikanteil - an, daß in den genannten Vorlesungen stets die Integration der Stoffinhalte „Informatik/DV ⇔ betriebswirtschaftliche Fragestellungen bzw. organisatorische Umgebung des Nutzers" notwendig ist. Der Lehrende sollte daher - bis auf wenige Ausnahmen (siehe Stufe 1b) - möglichst Wirtschaftsinformatiker sein.

Die mit den Empfehlungen angesprochenen Studiengänge werden normalerweise den Abschluß Diplom-Betriebswirt bzw. Diplom-Kaufmann erreichen - in den meisten Bundesländern mit dem Zusatz Fachhochschule bzw. FH - bei Stufe 2 ggf. verbunden mit der Angabe des Schwerpunktes „Wirtschaftsinformatik" (einer von zwei/drei möglichen) oder bei Stufe 3 mit einem einzigen Schwerpunkt bzw. besser „Vertiefungsstudium Wirtschaftsinformatik" (vgl. im folgenden auch Abbildung 1).

Stufe 1a: Grundbildung in Wirtschaftsinformatik

Lernziel dieser Grundausbildung ist die Fähigkeit des Studenten, die DV für seine fachlichen Fragestellungen zu nutzen, wobei keine besondere DV-bezogene Spezialisierung in einer Speziellen BWL vermittelt werden soll. Die fachlichen Belange reichen hierbei von der Nutzung von Endbenutzertools bis hin zur Standardsoftware für betriebliche Anwender. Im Rahmen einer Berufsfeld-orientierten Strukturierung kann der spätere Absolvent als „allgemeiner Nutzer" gekennzeichnet werden. Es handelt sich bei Stufe 1a) also um die Grundbildung für alle Studenten der Betriebswirtschaft, die im Grundstudium vermittelt werden sollte. Von Wichtigkeit ist hierbei, daß der Student einfache Fragestellungen seines Fachgebietes in eine problemorientierte prozedurale Programmiersprache umsetzen kann. Nur so ist das notwendige Verständnis für mögliche Leistungsspektren und Nutzungsformen fundierbar.

Bezogen auf die Lehrinhalte sollten folgende Kenntnisse vermittelt werden:

SWS 4 + 2[1)]   Grundkenntnisse über die Basiskomponenten und Funktionen heutiger Rechnersysteme und betrieblicher Informations- und Kommunikationssysteme und ihrer organisatorischen Gestaltung (Hardware, Betriebssysteme, Anwendungssoftware, Datenorganisation, Bürokommunikation, Telekommunikation etc., moderne Entwicklungen (z. B. KI)).

Programmkonstruktion und Programmierung in einer problemorientierten prozeduralen Programmiersprache

SWS   2   Rechnerpraktikum (Nutzung und Anwendung von Hardware und Software, insbesondere von Endbenutzertools, z. B. Tabellenkalkulation, Textverarbeitung, Datenbanken, Geschäftsgraphik, Standardsoftware für betriebliche Anwendungen)

SWS	2	Auswirkungen der modernen Informations- und Kommunikationstechnik auf Individuum, Arbeitsorganisation und Gesellschaft

Summe 1a	10

Stufe 1b: Fachspezifische Zusatzbildung in Wirtschaftsinformatik

Lernziel dieser Zusatzausbildung zur Grundbildung der Stufe 1a ist eine DV-bezogene Spezialisierung im Rahmen einer oder ggf. mehrerer Speziellen Betriebswirtschaftslehren, die im Hauptstudium vertieft werden. Diese besondere fachspezifische Nutzung und Anwendung von Hardware und Software ist nicht Bestandteil dieser Empfehlungen. Sie ist mit den jeweiligen Fachdozenten im konkreten Anwendungsbezug zu erarbeiten. Unter Spezialisierung wird hierbei ein enger Bereich innerhalb des Spektrums möglicher DV-Anwendungen in einer betrieblichen Funktion verstanden. Beispiele wären „Btx im Marketing" oder computergestützte (einzelne) Planungssysteme.

Stufe 2: Wirtschaftsinformatischer Schwerpunkt I

Ziel dieser Stufe ist die Einführung in die Entwurfsmethodik (einschließlich Phasenschema) des fachlichen Teils einer Systementwicklung, die Vermittlung von Kenntnissen des dazu notwendigen DV-organisatorischen Umfeldes und Kenntnisse und Beurteilungsfähigkeiten in Bezug auf die dabei zu lösenden Probleme im Rahmen des Informationsmanagements, der Datenmodellierung und der Integration unterschiedlicher betrieblicher Funktionsbereiche.

Der Absolvent mit diesem Studienschwerpunkt I soll bei Implementierungsproblemen - z. B. der Installation von Finanzbuchhaltungssoftware - mitwirken können. Er ist fähig, bei der Formulierung der Anforderungsdefinition und Erarbeitung des fachlichen Teils eines Pflichtenheftes eigenverantwortlich mitzuarbeiten.

Im Rahmen einer Berufsfeld-orientierten Strukturierung kann der spätere Absolvent als fachlicher Mitplaner von DV-Systemen bezeichnet werden. Typische Berufsfelder sind der betriebswirtschaftlich orientierte DV-Koordinator, der Leiter einer betriebswirtschaftlichen Abteilung oder der Vertriebsbeauftragte eines DV-Herstellers.

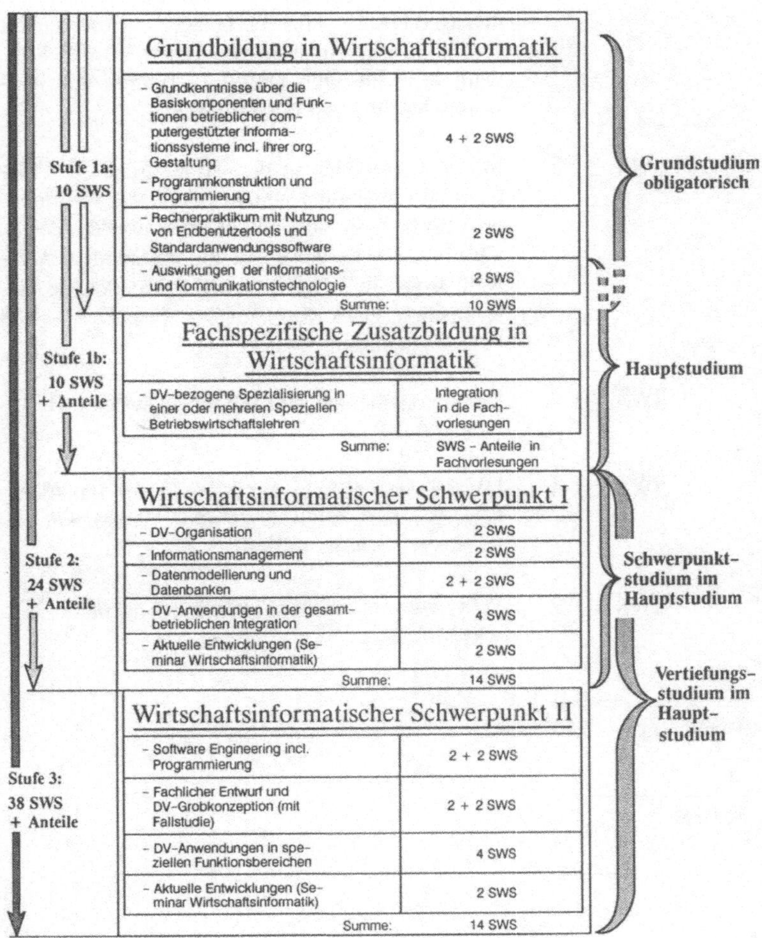

Abb. 1   Stufenmodell der Integration der Wirtschaftsinformatik in wirtschaftswissenschaftliche Studiengänge

Bezogen auf die Lehrinhalte sollten folgende Kenntnisse vermittelt werden:

SWS	2	DV-Organisation (Erhebungsmethoden, Projektmanagement, Phasenschema, Pflichtenheft (Fachkonzept), Auswahl von Hardware und Software (einschließlich einiger Verfahren der Aufwandschätzung von DV-Projekten))
SWS	2	Informationsmanagement (Strategische DV-Planung und Steuerung und Kontrolle der Informationsverarbeitung auf unternehmensweiter Ebene, jeweils unter Berücksichtigung der modernen Informations- und Kommunikationstechnologie einschließlich eines Ressourcen-, Kapazitäts- und Personalmanagements)
SWS	2 + 2	Datenmodellierung und Datenbanksysteme (DBS) Übung: DBS
SWS	4	DV-Anwendungen in den betrieblichen Funktionsbereichen und deren Integration (dargestellt anhand von Gesamtmodellen)
SWS	2	Wirtschaftsinformatik-Seminar ($\Rightarrow$ aktuelle Entwicklungen)

Summe2)   14

Summe
kumulativ: 24

Stufe 3: Wirtschaftsinformatischer Schwerpunkt II

Aufbauend auf Stufe I ist das Ziel dieser Stufe die Vermittlung von Fähigkeiten, die die selbständige Erstellung eines fachlichen Entwurfs und die Mitentwicklung der DV-technischen Grobkonzeption und von Teilen des Softwaresystems ermöglichen. Unter Berufsfeld-orientierter Strukturierung sind die fachliche DV-Planung und der Mitentwurf von Software-Systemen angesprochen, also z. B. der DV-Berater, der Organisator etc.

Bezogen auf die Lehrinhalte sollen folgende Kenntnisse vermittelt werden:

SWS 2 + 2   Methoden des Software Engineering
              Übung: Entwicklung eines modularen Anwen-
              dungspakets (aufbauend auf der Sprache von 1a)

SWS 2 + 2   Fachlicher Entwurf und DV-Grobkonzeption (mit
              Fallstudie)

SWS   4   1 - 2 (umfassende) DV-Anwendungen in betriebli-
              chen Funktionsbereichen

SWS   2   Wirtschaftsinformatik-Seminar (⇨ aktuelle Ent-
              wicklungen)

Summe 3)   14

Summe
kumulativ: 38

================

4. Zuordnung von Wahlpflichtvorlesungen

Der notwendige Freiraum bei der eigenverantwortlichen Auswahl von
Wahlpflichtvorlesungen sollte für alle Studenten wirtschaftswissenschaftlicher Ausrichtung auf wirtschaftsinformatische Fächer ausgedehnt werden
können. Solche Wahlpflichtvorlesungen (WPV) sollten dabei für Studenten
aller drei Stufen angeboten werden. Diese sind ggf. in unterschiedlichen
Schwierigkeitsgraden, was die wirtschaftsinformatische Durchdringung angeht, anzubieten. Für Studenten, die nicht Schwerpunkt II, jedoch Schwerpunkt I absolvieren, sollten die Vorlesungen aus II als WPV geöffnet werden.

Folgende WPV stellen Beispiele dar. Die notwendige betriebswirtschaftliche Ausrichtung ist selbstverständlich zu suchen. Die Pflichtvorlesungen
der Stufe 1 bis 3 werden hier nicht nochmals aufgeführt.

Gruppe 1 (Informatik in Speziellen Betriebswirtschaftslehren)
        - CIM (Computer Integrated Manufacturing)
        - Personalinformationssysteme
        - Unternehmensplanspiel

- Operations Research-Anwendungen
- etc.

Gruppe 2 (DV-Management)
- DV-Vertragsrecht
- Datenschutz/Datensicherung
- Wirtschaftlichkeit der DV/DV-Controlling
- etc.

Gruppe 3 (Management-Unterstützung)
- Expertensysteme
- DSS/MSS (Decision Support Systeme/Management Support Systeme)
- Online Datenbanken
- etc.

Gruppe 4 (Programmiersprachen)
- Sprachen der vierten Generation (4 GL)
- Weitere problemorientierte Programmiersprachen
- etc.

Gruppe 5 (Informationsmanagement)
- Kommunikationssysteme/Netze - Bürokommunikation
- Strategische DV-Planung
- etc.

Gruppe 6 (Werkzeuge zur Arbeitsunterstützung)
- Textverarbeitung
- Desk Top Publishing
- Tabellenkalkulation
- etc.

Gruppe 7 (Informatik und Gesellschaft)
- Vorlesungen mit vertiefendem Bezug „Auswirkungen der Informations- und Kommunikationstechnologie auf Individuum, Arbeitswelt und Gesellschaft"

5. Ausblick

Empfehlungen zur Ausbildung im Bereich Informatik/Wirtschaftsinformatik können aufgrund der heutigen, enormen technologischen Veränderungen nur mittelfristig Gültigkeit haben, wenn sie einen curricularen Konkretisierungsgrad vorweisen sollen. Der „instrumentale" Charakter dieser Empfehlungen schien dem Arbeitskreis derzeit notwendig, weil die Wirtschaftsinformatik heute eine Vielzahl von Neugründungen von vollzügigen Studiengängen aber auch von Studiengängen mit Anteilen an Wirtschaftsinformatik erlebt. Die wirtschaftsinformatische Ausrichtung betriebswirtschaftlicher Studiengänge schafft Basisstrukturen, in denen bzw. auf denen später leicht technologischen Änderungen gefolgt werden kann. Die auch zielorientierte, berufsorientierte Darstellung dürfte dabei wohl beibehalten werden können; ein Großteil der letztlich grundsätzlichen Fächer auch.

6. Mitglieder der Arbeitsgruppe

Prof. Dr. Rainer Bischoff (GI-Vertreter; Vorsitz)
Fachbereich Wirtschaftsinformatik
Fachhochschule Furtwangen (Schwarzwald)
Gerwigstraße 11, 7743 Furtwangen 1

Prof. Dipl.-Kfm. Helmut Blaß
Fachbereich Wirtschaft 11
Fachhochschule Rheinland-Pfalz, Abteilung Koblenz
Am Finkenherd 4, 5400 Koblenz-Karthause

Prof. Dr. Hartmut Döringer
Studiengang Organisation/Wirtschaftsinformatik
Fachbereich Betriebswirtschaft III
Fachhochschule Rheinland-Pfalz, Abteilung Ludwigshafen/Worms
Emst-Boehe-Straße 4, 6700 Ludwigshafen

Prof. Dr. Hans Gipper
Fachbereich Wirtschaft
Fachhochschule Aachen
Rochusstraße 2 - 10, 5100 Aachen

Prof. Dr. Norbert Sturm
Fachbereich Wirtschaft
Fachhochschule Nordostniedersachsen
Volkershall 1, 2120 Lüneburg

Prof. Dr. Klaus Werner Wirtz
Fachbereich Wirtschaft
Fachhochschule Niederrhein
Webschulstraße 41 - 43, 4050 Mönchengladbach 1

7. Literatur

[1] Bischoff, R.: Informatik in wirtschaftswissenschaftlichen Studiengängen an Fachhochschulen unter besonderer Berücksichtigung des Computer-Investitionsprogramms (CIP). In: Informatikgrundlagen in der Lehre, Studien zu Bildung und Wissenschaft 57, hrsg. vom Bundesminister für Bildung und Wissenschaft, Bonn 1987, S. 160 - 177

[2] GI-Arbeitskreis 7.1.2: Neue Empfehlungen der Gesellschaft für Informatik für das Informatikstudium an Fachhochschulen. Informatik Spektrum, Nr. 3, 7. Jg. 1984, S. 211 - 216

[3] GI-Arbeitskreis im FA 7.1: Empfehlungen zur Integration der Informatik in Ingenieurstudiengänge an Fachhochschulen. Informatik Spektrum, Nr. 5, 11. Jg. 1988, S. 277 - 280

[4] Scheer, A.-W.: EDV-orientierte Betriebswirtschaftslehre 3. Auflage. Berlin - Heidelberg - New York 1987

[5] Wissenschaftsrat (Hrsg.): Empfehlungen zur Informatik an den Hochschulen, o. 0. (Köln) 1989

Anmerkungen

1) SWS x + y heißt x SWS Vorlesung und y SWS Übung/Praktikum. SWS = Semesterwochenstunden

Anhang 3:

**Fachbereichstag Informatik
an
Fachhochschulen**

**Ansprechpartner
Funktionsträger
Informationen**

Stand: 4/95

Vorstand (Amtszeiten: 1994-1995)

Prof. Dr. R. Bischoff - Vorsitzender - FH Furtwangen - Gerwigstraße 11, 78120 Furtwangen - Tel.: 07723/920-(0)-184 - Fax: 07723/920 610 - Tel. privat: 07723/3790 - email: bischoff@fh-furtwangen.de

Prof. Dipl.-Math. W. Burhenne - stellv. Vorsitzender - FH Darmstadt - Schöfferstraße 8B, 64295 Darmstadt - Tel.: 06151/16-(0)8416/8411 - Fax: 06151/16 8935 - Tel. privat: 06151/145 684

Prof. Dipl.-Phys. J. Freytag - stellv. Vorsitzender - FH Hamburg - Berliner Tor 3, 20099 Hamburg - Tel.: 040/2488-3159 - Fax: 040/2488 3121 - Tel. privat: 040/821062 - Fax privat: 040/829 100 - email: freytag@informatik.fh-hamburg.de

Prof. Dipl.-Phys. G. Christaller - Vorstandsbeauftragter für Hochschul-Neugründungen - FH Lausitz/Senftenberg - Großhainer Straße 57, 01968 Senftenberg - Tel.: 03573/85-600/601 - Fax: 03573/85-609 - Tel. privat: 030/2133323 - email: christaller@fh-lausitz.de

Prof. Dipl.-Math. F. Pieper - Vorstandsbeauftragter für GI-Angelegenheiten/Haushaltsbeauftragter - (auch Präsidiumsmitglied der GI 1993 - 1995) - FH Ulm - Prittwitzstraße 10, 89075 Ulm - Tel.: 0731/502-(0)-8159 - Fax: 0731/610 485 (privat)

Prof. Dr. U. Schmidtmann - Vorstandsbeauftragter für Presse/Kommunikation - FH Ostfriesland - Constantiaplatz 4, 26723 Emden - Tel.: 04921/807-(0)-321 - Fax: 04921/807-201 - email: sc@server.et-inf.fho-emden.de

Ausschüsse

I   **Überarbeitung der Struktur des Memorandums (seit 10/92)**
       - am 27.09.93 erweitert um die Fragestellung der Problematik des Mittelbaus

Sprecher:
Prof. Dipl.-Phys. J. Freytag, FH Hamburg (siehe oben)

Mitglieder:
Prof. Dr. R. Großmann, Hochschule für Technik, Wirtschaft und Sozialwesen, Zittau/Görlitz
Prof. Dr. G. Matthiessen, Hochschule Bremerhaven
Prof. Dipl.-Ing. S. Myrzik, Hochschule Bremen
Prof. Dr. V. Richter, FH Anhalt, Köthen/Bernburg/Dessau
Prof. Dr. Ch. Schulz, FH Wiesbaden (ab 9/93)

II   Weiterqualifikation von Absolventen an Fachhochschulen (seit 3/92)

Sprecher:
Prof. Dr. A. Kaufmann (seit 11/93), FH Gießen-Friedberg -
Wiesenstraße 14 - 35390 Gießen - Tel.: 0641/309-520-
Fax: 0641/309-301 - Tel. privat: 06071/62308

Mitglieder:
Prof. Dr. R. Bischoff, FH Furtwangen
Prof. Dipl.-Math. W. Burhenne, FH Darmstadt
Prof. Dipl.-Math. F. Pieper, FH Ulm

III   Auslandskontakte Fachhochschulen (seit 9/93)

Sprecher:
Prof. Dr. K.-U. Witt, FH Rheinland-Pfalz/Abt. Trier - Schneidershof
- 54293 Trier -Tel.: 0651/8103-316/345 - Tel. privat: 02272/4787

⇨   Umfrage in 10/94 abgeschlossen

IV   Neuberechnung Curricularer Normwert (CNW) (seit 10/92)

Sprecher:
Prof. Dr. U. Schmidtmann, FH Ostfriesland/Emden (siehe umseitig)

Mitglieder:
Prof. Dr. K. Schiffers, FH Aachen
Prof. Dr. W. Thiele, FH Ostfriesland/Emden

V   Erstellung eines zentralen Studienführers Informatik an Fachhochschulen (seit 9/93) (Änderung: 6/94)

Herausgeber:
Prof. Dr. R. Bischoff, FH Furtwangen

Autoren:
Prof. Dr. R. Bischoff, FH Furtwangen
Prof. Dipl.-Math. W. Burhenne, FH Darmstadt
Prof. Dipl.-Phys. G. Christaller, FH Lausitz/Senftenberg
Prof. Dr. O. Hoffmann, FH Gießen-Friedberg
Prof. Dr. A. Klages, FH Fulda
Prof. Dipl.-Ing. F. Steimer, FH Furtwangen

VI   Fachliche Basisterminologie in der Informatik
Problematik der Vergabe des Titels Diplom-Informatiker (seit 9/93)

Sprecher:
N. N.

Mitglieder:
Prof. Dipl.-Math. W. Burhenne, FH Darmstadt
Prof. Dr. H. Franzen, TFH Berlin
Prof. Dr. A. Klages, FH Fulda

⇨   Stellungnahme in 9/94 abgeschlossen

VII   Länderausschuß (laufend)   ⇨   pro Bundesland 1 Mitglied

Sprecher:
der Vorsitzende des FBT-I (siehe umseitig)

Mitglieder:

Baden-Württemberg:	Prof. Dipl.-Math. F. Pieper, FH Ulm
Bayern:	Prof. Dr. H. J. Wagner, FH Regensburg
Berlin:	Prof. Dr. H. Franzen, TFH Berlin
Brandenburg:	Prof. Dipl.-Phys. G. Christaller, FH Lausitz/Senftenberg
Bremen:	Prof. Dr. G. Matthiessen, H Bremerhaven
Hamburg:	Prof. Dipl.-Phys. J. Freytag, FH Hamburg
Hessen:	Prof. Dipl.-Math. W. Burhenne, FH Darmstadt
Mecklenburg-Vorpommern:	Prof. Dr.-Ing. E. Jonas, H Wismar
Niedersachsen:	Prof. Dr. U. Schmidtmann, FH Ostfriesland/Emden
Nordrhein-Westfalen:	Prof. Dr. A. Achilles, FH Dortmund
Rheinland-Pfalz:	Prof. Dr. H. Römer, FH Rheinland-Pfalz/Abt.Worms
Saarland:	N. N.
Sachsen:	Prof. Dr. H. Geiler, Hochschule für Technik und Wirtschaft, Mittweida
Sachsen-Anhalt:	Prof. Dr. V. Richter, FH Anhalt, Köthen/Bernburg/Dessau
Schleswig-Holstein:	N. N:
Thüringen:	Prof. Dipl.-Math. H. Hoffmann, FH Schmalkalden

VIII Qualifikationsprofile diplomierter Informatiker

Sprecher:
N. N.

Mitglieder:
Prof. Dipl.-Phys. G. Christaller, FH Lausitz/Senftenberg (für TI)
Prof. Dr. H. Rieder, FH Rheinland-Pfalz/Abt. Trier (für WI; Vertreter des AK-WI)
Prof. Dr. H. Schnitzspan, FHT Mannheim (für AI)

Gemeinsame Ausschüsse/Arbeitskreise mit anderen Institutionen

IX Arbeitskreis mit Mitgliedern des Fachausschusses 7.1 (Informatik in Studiengängen an Hochschulen) der GI „Überarbeitung der Empfehlungen zum Informatik-Studium an Fachhochschulen"

Mitglieder des FBT-I:
Prof. Dipl.-Math. W. Burhenne, FH Darmstadt
Prof. Dipl.-Phys. J. Freytag, FH Hamburg (siehe umseitig; auch Sprecher des FA 7.1 der GI)
Prof. Dr. A. Kaufmann, FH Gießen-Friedberg (Vertreter des AK-WI)

Informationen

Aufgaben des FBT-I

Der FBT-I versteht sich als fachkompetenter hochschulpolitischer Ansprechpartner in bezug auf alle Probleme, die Studiengänge der Informatik an Fachhochschulen und der Informatik als anwendungsbezogene Wissenschaft betreffen. Er ist der Gesprächspartner bzw. Ansprechpartner für Studienbewerber/Studenten, andere Vereinigungen im Hochschulbereich, Behörden/Ministerien, Wirtschaft und Öffentlichkeit, auch auf internationaler Ebene.

Mitglieder

Mitglied des FBT-I kann jede Hochschule, Spezies Fachhochschule, der Bundesrepublik Deutschland werden, die einen eigenständigen Informatik-

Studiengang mit überwiegendem Anteil Informatik anbietet. Zur Zeit sind dies Studiengänge Allgemeine Informatik/Softwaretechnik, Medieninformatik, Technische Informatik/Ingenieur-Informatik und Wirtschaftsinformatik.

Mitgliederstand 10/94: 48 Hochschulen mit über 70 Studiengängen Informatik; 2 studentische Vertreter

Jahrestagungen[1]/Mitgliederversammlungen

1. Mitgliederversammlung (Gründung; Initiator: Prof. Dr. G. Siegel, TFH Berlin) an der FH Hamburg am 09.05.85
2. Mitgliederversammlung an der FH München am 28.10.85
3. Mitgliederversammlung an der FH Köln am 02.06.86
4. Mitgliederversammlung an der FH Karlsruhe am 27.04.87
5. Mitgliederversammlung an der FH München am 21.10.87
6. Mitgliederversammlung an der FH Würzburg-Schweinfurt am 16.05.88
7. Mitgliederversammlung an der FH Hamburg am 17.10.88
8. Mitgliederversammlung an der TFH Berlin am 08.05.89
9. Mitgliederversammlung an der FH Augsburg am 20.10.89
10. Jahrestagung an der Universität Stuttgart am 11./12.10.90
11. Jahrestagung an der FH Darmstadt am 16./17.10.91
12. Jahrestagung an der FH Ostfriesland/Emden vom 25.10.92 - 27.10.92
13. Jahrestagung an der HTW Mittweida vom 26.09.93 - 28.09.93
14. Jahrestagung an der H Wismar vom 25.09.94 - 27.09.94
⇨ 15. Jahrestagung an der HTW Zwickau vom 24.09.95 - 26.09.95

gez. Bischoff

---

1) Mit wissenschaftlichem/hochschulpolitischem/kulturellem Bei- bzw. Rahmenprogramm

Anhang 4:

Wirtschaftsinformatik
an
Fachhochschulen

- Arbeitskreis im Fachbereichstag Informatik -

Ansprechpartner
Funktionsträger
Informationen

Stand: 4/95

Leitung

Prof. Dr. R. Bischoff - Sprecher -
FH Furtwangen - Gerwigstraße 11, 78120 Furtwangen
Tel.: 07723/920-(0)-184 - Fax: 07723/920 610 -
Tel. privat: 07723/3790; - email: bischoff@fh-furtwangen.de
Amtszeit 11/93 - 9/95

Prof. Dr. P. Schwanenberg - stellv. Sprecher -
FH Köln/Abt. Gummersbach - Am Sandberg 1, 51643 Gummersbach
Tel.: 02261/819 6275 - Fax: 02261/819 615;
Amtszeit: 9/94 - 9/96

Ausschüsse

I   CNW-Neuberechnung für WI (seit 10/91)

Sprecher: Prof. Dr. W. Thiele (ab 11/92)
FH Ostfriesland - Constantiaplatz 4, 26723 Emden -
Tel.: 04921/ 807-265/266 - Fax: 04921/807-201

Mitglieder: Prof. Dr. J. Frahm, FH Wismar
Prof. Dr. A. Kaufmann, FH Gießen-Friedberg
Prof. Dr. G. Platz, FH Aachen
Prof. Dipl.-Inform. R. Senger, FH Karlsruhe

II   Erarbeitung von inhaltlichen Rahmen-Empfehlungen für die Schwerpunktfächer eines Wirtschaftsinformatikstudiums (seit 10/90)

Sprecher: Prof. Dr. A. Klages,
FH Fulda - Marquardstraße 35, 36039 Fulda -
Tel.: 0661/9640-(0)-300/323 - Fax: 0661/964 349 -
Tel. privat: 0421/251817

Mitglieder: Prof. Dr. U. Hoffmann, FH Nordostniedersachsen/Lüneburg
Prof. Dr. J. A. Müller, HTW Dresden
Prof. Dr. H. Rieder, FH Rheinland-Pfalz/Abt. Trier

III Entsendung von Mitgliedern in Ausschüsse des FBT-I

- Weiterqualifikation (II): Prof. Dr. A. Kaufmann (Sprecher), FH Gießen-Friedberg
- CNW-Neuberechnung (IV): Prof. Dr. W. Thiele, FH Ostfriesland/Emden
- Studienführer (V): Prof. Dr. R. Bischoff, FH Furtwangen
- Fachliche Basisterminologie (VI): Prof. Dr. A. Klages, FH Fulda (beendet)
- Qualifikationsprofile diplomierter Informatiker (VII): Prof. Dr. H. Rieder, FH Rheinland-Pfalz/Abt. Trier

Gemeinsame Ausschüsse/Arbeitskreise mit anderen Institutionen

IV Arbeitskreis mit Mitgliedern des Fachausschusses 7.1 (Informatik in Studiengängen an Hochschulen) der GI „Überarbeitung der Empfehlungen zum Informatik-Studium an Fachhochschulen"

Mitglieder des AK-WI:

> Prof. Dr. A. Kaufmann, FH Gießen-Friedberg
> Wiesenstraße 14, 35390 Gießen - Tel.: 0641/309-520
> Fax: 0461/309 301 - Tel. privat: 06071/62308

V   Fachkommission Wirtschaftsinformatik (bei HRK und KMK)

Erarbeitung einer bundesweiten Rahmenprüfungsordnung für die vollzügige Wirtschaftsinformatik

Mitglieder des AK-WI:

> Prof. Dr. R. Bischoff, FH Furtwangen
> Prof. Dr. A. Kaufmann, FH Gießen-Friedberg
> Prof. Dr. A. Klages, FH Fulda
> Prof. Dr. J.-A. Müller, HTW Dresden
> Prof. Dr. J. Raasch, FH Hamburg
> Prof. Dipl.-Inform. R. Senger, FH Karlsruhe

Informationen

Aufgaben des AK-WI

Der AK-WI (im FBT-I) versteht sich als fachkompetenter und hochschulpolitischer Gesprächspartner bzw. Ansprechpartner in bezug auf alle
Probleme des Studiums der Wirtschaftsinformatik an den Hochschulen,
Spezies Fachhochschulen, und der Wirtschaftsinformatik als anwendungsbezogene Wissenschaft für Studienbewerber/Studenten, andere Vereinigungen im Hochschulbereich, Behörden/Ministerien, Wirtschaft und Öffentlichkeit, auch auf internationaler Ebene.

Mitglieder

Mitglied des AK-WI kann jede Hochschule, Spezies Fachhochschule, der
Bundesrepublik Deutschland werden, die einen eigenständigen Studiengang
der Wirtschaftsinformatik anbietet bzw. die im Rahmen eines betriebswirtschaftlichen (wirtschaftswissenschaftlichen) Studiengangs den
Schwerpunkt/die Vertiefung Wirtschaftsinformatik mit zumindest ca. 25 -
30 SWS Wirtschaftsinformatik führt.

Mitgliederstand: 37 Hochschulen, 1 stud. Vertreter

Jahrestagungen

1. Jahrestagung (Gründung; Initiator: Prof. Dr. R. Bischoff, FH
   Furtwangen) an der FH Darmstadt 1988
2. Jahrestagung an der FH Furtwangen 1989
3. Jahrestagung an der FH Wedel 1990
4. Jahrestagung im Hause der SNI-AG in München 1991
5. Jahrestagung im Hause der Software AG in Alsbach/Hähnlein
   1992 (Diskussionsforum Fachhochschule '92: Wirtschaftsinformatik morgen: Prinzipien strategischer Softwareentwicklung)
6. Jahrestagung an der FH Aachen 1993 (14.11. - 15.11.93)
7. Jahrestagung an der HTW Dresden (11.09. - 13.09.94)
⇨ 8. Jahrestagung an der FH Rheinland-Pfalz/Abt. Trier (10.09.95 -
   12.09.95)

gez. Bischoff

Literaturverzeichnis
(zentral)

[Behr 1992]
Behr, G.: Begriffe im Kontext Informatik - eine Literaturrecherche -. Fachhochschule Furtwangen (Schwarzwald), FB Wirtschaftsinformatik, internes Papier, Furtwangen 9/1992 (80 Seiten)

[Bischoff (Berufsfelder) SS 94]
Bischoff, R.: Berufsfelder des Wirtschaftsinformatikers - heute. In: Der Informatiker - ein Führer in die Praxis für alle Absolventen der Informatik und Wirtschaftsinformatik. Atlas Verlag, München, SS 94, S. 38-47

[Bischoff (Berufsfelder) 1994]
Bischoff, R.: Berufsfelder in der Informatik. In: Lexikon der Informatik und Datenverarbeitung, hrsg. von Hans Jochen Schneider, 4. Auflage, R. Oldenbourg Verlag, München - Wien 1994 (im Druck)

[Bischoff (Diplom-Wirtschaftsinformatiker) 1991]
Bischoff, R.: Diplom-Wirtschaftsinformatiker(in)/Diplom-Informatiker(in) der Fachrichtung Wirtschaftsinformatik (Fachhochschule), (...). Blätter zur Berufskunde, 2-IA 44, 1. Auflage, hrsg. von der Bundesanstalt für Arbeit, Bertelsmann Verlag, Bielefeld 1991

[Bischoff (Entwicklung) 1986]
Bischoff, R.: Zur Entwicklung von Informatik und Wirtschaftsinformatik in der Bundesrepublik Deutschland - 15 Jahre Studiengang Wirtschaftsinformatik an der Fachhochschule Furtwangen -. HMD, Nr. 130, 23. Jg. 1986, S. 148 - 160

[Bischoff (Informatik, Geschichte) 1994]
Bischoff, R.: Informatik, Geschichte der. In: Lexikon der Informatik mit Datenverarbeitung, hrsg. von Hans-Jochen Schneider, 4. Auflage, R. Oldenbourg Verlag, München - Wien 1994 (im Druck)

[Bischoff (Informatik, Studium) 1994]
Bischoff, R.: Informatik, Studium der. In: Lexikon der Informatik und Datenverarbeitung, hrsg. von Hans-Jochen Schneider, 4. Auflage, R. Oldenbourg Verlag, Mannheim - Wien 1994 (im Druck)

[Bischoff (Verantwortung) 1991]
Bischoff, R.: Verantwortung in der Informatik - Verantwortung des Hochschullehrers? - Einige Anmerkungen zur „Technologiefolgenabschätzungsdiskussion" -. In: Wirtschaftsinformatik der 90er Jahre - Trends und Lösungen, Tagungsband „20 Jahre Wirtschaftsinformatik an der Fachhochschule Furtwangen", Furtwangen 10./11. Oktober 1991, hrsg. von Rolf M. Katzsch, Forkel-Verlag, Wiesbaden 1991, S. 152-186

[Bischoff (Wirtschaftsinformatik) 1992]
Bischoff, R.: Wirtschaftsinformatik an Fachhochschulen. Studium, Angewandte Forschung und Transfer. 2. Auflage, Springer-Verlag, Berlin et al. 1992

[Bischoff et al. (Empfehlungen) 1990]
Bischoff, R.; Blaß, H.; Döringer, H.; Gipper, H.; Sturm, N.; Wirtz, K.-W. (GI-Arbeitskreis Wirtschaftsinformatik im wirtschaftswissenschaftlichen Studiengängen an Fachhochschulen im Fachausschuß 7.1): Wirtschaftsinformatik in wirtschaftswissenschaftlichen Studiengängen an Fachhochschulen - Empfehlungen zur Integration der Wirtschaftsinformatik -. Informatik Spektrum, Bd. 13, Heft 5, 1990, S. 293-295

[Bischoff et al. (Wirtschaftsinformatik morgen) 1992]
Bischoff, R.; Gipper, H.; Schwanenberg, P.; Wirtz, K.W. (Hrsg.): Diskussionsforum Fachhochschule '92, Tagungsband „Wirtschaftsinformatik morgen: Prinzipien strategischer Softwareentwicklung", Darmstadt 12./13.11. 1992, hrsg. im Auftrage des Arbeitskreises Wirtschaftsinformatik an Fachhochschulen, Forkel Verlag, Ludwigshafen 1992

[Bischoff-Kümmel et al. 1990]
Bischoff-Kümmel, G.; Dargel, W., Zander, F., Krause, W., Mundhenke, E., Freytag, J., Siegel, G. (Arbeitskreis im Fachausschuß 7.1 der GI): Empfehlungen zur Integration der Informatik in nichttechnische Studiengänge (ohne Betriebswirtschaft) an Fachhochschulen. Informatik Spektrum, Bd. 13, 1990, S. 293 -296

[BMBW 1989]
BMBW (Hrsg.): Fachhochschul-Brevier '88. Schriftenreihe: Grundlagen und Perspektiven für Bildung und Wissenschaft, Nr. 23, Bonn 1989

[BMFT 1975]
BMFT (Hrsg.): Empfehlungen für den Ausbau der DV-Ausbildung. Forschungsbericht des Bundesministeriums für Forschung und Technologie. DV 75-07, Bonn 1975

[Böhme (Diplom-Informatiker) 1993]
Böhme, G.: Diplom-Informatiker/Diplom-Informatikerin (Fachhochschule),
Allgemeine Informatik, Medieninformatik. Blätter zur Berufskunde, 2-
IA 31, 6. Auflage, hrsg. von der Bundesanstalt für Arbeit, Bertelsmann
Verlag, Bielefeld 1993

[Böhme (Empfehlungen) 1977]
Böhme, G.: Empfehlungen für ein Informatikstudium an Fachhochschulen.
Angewandte Informatik, Heft 3, 1977, S. 127-131

[Böhme (Informatiker) 1972]
Böhme, G.: Informatiker (grad.). Blätter zur Berufsfkunde, hrsg. von der
Bundesanstalt für Arbeit, 2-IA 31, 1. Auflage, Bertelsmann Verlag,
Bielefeld 1972

[Brauer 1994]
Brauer, W.: Diplom-Informatikerin/Diplom-Informatiker. Blätter zur Be-
rufskunde, 3-IA 02, 2. Auflage, hrsg. von der Bundesanstalt für Arbeit,
Bertelsmann Verlag, Bielefeld 1994

[Brauer et al. 1989]
Brauer, W.; Haake, W.; Münch, S; unter Mitarbeit von Böhme, G.: Studi-
en- und Forschungsführer Informatik. 2. Auflage, Springer-Verlag,
Berlin et al. 1989

[Bues WS 85/86]
Bues, M.: Nur Praxis lehrt Praxis. Der Transfer zwischen Hochschule und
Wirtschaft ist eine Zweibahnstraße, Computerwoche-Uni Service, WS
85/86

[Burhenne 1993]
Burhenne, W.: Allgemeine Informatik an Fachhochschulen. In: Informatik
als Schlüssel zur Qualifikation, hrsg. von K.G. Troitsch, Springer-
Verlag, Berlin et al. 1993, S. 64-71

[Burhenne et al. 1988]
Burhenne, W., Freytag, J.; Motsch, W.; Püschel, W.; Siegel, G.; Stegemann, G.; Harbusch, H.; Güttler, H. (Arbeitskreis des FA 7.1 der GI):
Empfehlungen zur Integration der Informatik in Ingenieurstudiengänge
an Fachhochschulen. Informatik Spektrum, Bd. 11, 1988, S. 277-280

[Fischer 1994]
Fischer, H. B.: Berufsbilder des Diplom-Informatikers/der Diplom-Informatikerin. Der Informatiker, Ausgabe SS 1994, Atlas-Verlag, München 1994, S. 24-37

[Freytag (Informatik) 1993]
Freytag, J.: Das Studium der Informatik an Fachhochschulen. In: Informatik als Schlüssel zur Qualifikation, hrsg. von K.G. Troitsch, Springer-Verlag, Berlin et al. 1993, S. 59-63

[Freytag (Memorandum) 1994]
Freytag, J.: Memorandum über Stand und Entwicklungsmöglichkeiten der Informatik an Fachhochschulen, hrsg. vom Fachbereichstag Informatik an Fachhochschulen (FBT-I), 5. Auflage, Hamburg 1994 (im Druck)

[GI-Arbeitskreis 7.1.2 1984a]
GI-Arbeitskreis 7.1.2 (Informatik an Fachhochschulen): Neue Empfehlungen der Gesellschaft für Informatik für das Informatik-Studium an Fachhochschulen. Angewandte Informatik, Nr. 5, 1984, S. 211-216 (gekürzt)

[GI-Arbeitskreis 7.1.2 1984b]
GI-Arbeitskreis 7.1.2 (Informatik an Fachhochschulen): Neue Empfehlungen der Gesellschaft für Informatik für das Informatik-Studium an Fachhochschulen. Informatik Spektrum, Bd. 7, Heft 3, 1984, S. 187-191 (ungekürzt)

[GI-Fachausschuß 7.4 1992]
GI-Fachausschuß 7.4 (Hrsg.): Zur Berufssituation der Informatiker 1991, Ergebnisse der Mitgliederbefragung der GI 1991/92. Informatik Spektrum, Bd 15, 1992, S. 335-351

[Ha 1994]
Ha, Th. H. H.: Absolventenbefragung. Diplomarbeit im FB Allgemeine Informatik an der Fachhochschule Furtwangen (Betreuer: Prof. Dr. W. Bauer), SS 94, Furtwangen 1994

[Haake/Fischbach 1972]
Haake, W.; Fischbach, F.: Informatik. Studium und Beruf. Bad Honnef 1972

[Köhler et al., 1991]
Köhler, C.O.; Ellsässer, K.-H.; Engelbrecht, R.; Vosseler, C.: Medizinischer Informatiker/Medizinische Informatikerin. Blätter zur Berufskunde, 3-IA 04, 2. Auflage, hrsg. von der Bundesanstalt für Arbeit, Bertelsmann Verlag, Bielefeld 1991

[Krückeberg/Schneider 1991]
Krückeberg, F.; Schneider, H.-J.: Informatik. In: Lexikon der Informatik und Datenverarbeitung, hrsg. von H.-J. Schneider, 3. Auflage, R. Oldenbourg Verlag, München-Wien 1991, S. 380-382

[Langenheder et al. 1992]
Langenheder W.; Müller, G.; Schinzel, B. (Hrsg.): Informatik - cui bono? Springer-Verlag, Berlin et al. 1992

[Nielinger 1990]
Nielinger, H.: Diplom-Ingenieur/Diplom-Ingenieurin, Diplom-Informatiker/Diplom-Informatikerin (Fachhochschule). Technische Informatik/Ingenieur-Informatik. Blätter zur Berufskunde 2-IA 33, 1. Auflage, hrsg. von der Bundesanstalt für Arbeit, Bertelsmann Verlag, Bielefeld 1990

[o. V. 1969]
o. V.: Gemeinsame Stellungnahme des Fachausschusses Informationsverarbeitung der GAMM (Gesellschaft für Angewandte Mathematik und Mechanik) und des Fachausschusses 6 der NTG (Nachrichtentechnische Gesellschaft) zu den Empfehlungen des BMwF zur Ausbildung auf dem Gebiet der Datenverarbeitung (20.6.1968). Elektronische Datenverarbeitung, Nr. 8, 1969, S. 400-401

[o. V. 1970]
o. V.: Vorschlag für ein Studienmodell „Informatik" an Fachhochschulen, vorgelegt von einem Ausschuß des Kultusministers von Nordrhein-Westfalen, Elektronische Datenverarbeitung, Nr. 7, 1970, S. 327-331

[Pieper 1993]
Pieper, F.: Technische Informatik an Fachhochschulen. In: Informatik als Schlüssel zur Qualifikation, hrsg. von K. G. Troitsch, Springer-Verlag, Berlin et al. 1993, S. 79-82

[Rohr/Zander 1994]
Rohr, S.; Zander, E.: DV-Gehälter 1994/95. Vergütungsstudie für die Datenverarbeitung. Strukturen - Funktionen - Tendenzen. Computerwoche Verlag GmbH, München 1994

[Schulte 1987]
Schulte, P.: Systematik zur Bestandsaufnahme des Technologie- und Wissenstransfers an den deutschen Fachhochschulen. In: Technologie- und Wissenstransfer an den deutschen Fachhochschulen, Schriftenreihe: Studien zu Bildung und Wissenschaft, Nr. 46, hrsg. von BMBW, Bonn 1987, S. 17-27

[Ständige Konferenz..., FRK 1992]
Ständige Konferenz der Rektoren und Präsidenten der staatlichen Fachhochschulen der Länder der Bundesrepublik Deutschland (Fachhochschulrektorenkonferenz, FRK) (Hrsg.): Fachhochschulführer. 2. Auflage, Campus Verlag, Frankfurt - New York 1992

[Trampisch 1992]
Trampisch, H. J.; Haux, R.; Nowak, H.; Stobrawa, F. F.; Hense, H. W.; Köpke, W.; Lehmacher; W. (Hrsg.): Medizinische Informatik, Biometrie und Epidemiologie. Praxis -, Studien- und Forschungsführer. Gustav Fischer Verlag, Stuttgart - Jena - New York 1992

[Wirtz 1993]
Wirtz, K.W.: Wirtschaftsinformatik an Fachhochschulen. In: Informatik als Schlüssel zur Qualifikation, hrsg. von K.G. Troitsch, Springer-Verlag, Berlin et al. 1993, S. 72-78

[Zemanek 1992]
Zemanek, H.: Das geistige Umfeld der Informationstechnik. Springer-Verlag, Berlin et al. 1992

Namensregister der Professoren in den einzelnen Fachbereichen/Studiengängen

A

Abel, Bernd, 232

Abmayr, Wolfgang, 182

Abts, Dietmar, 185

Achilles, Albrecht, 100

Aichele, Martin, 130

Albers, Felicitas , 109

Ammann, Eckhard, 210

Angele, Jürgen, 91

Anlauff, Heidi, 182

Armbruster, Karl, 207

Arndt, Wolfgang, 162

Arning, Ferdinand, 66

Arweiler, Jürgen, 222

Arz, Johannes, 97

Aßmus, Wolfgang, 100

Awad, Georges, 81

B

Bakker, Rainer, 130

Baltzer-Fabarius, Thomas , 210

Balzert, Heidemarie, 100

Bannert, Gabriele, 78

Bápat, Purushottam, 162

Bär, Dieter, 150

Baran, Reinhard, 140

Barten, Ewald, 100

Bastian, Klaus, 171

Bauer, Günther, 260

Bauer, Wolfgang, 125

Bayer, Wolfgang , 145

Bechtel, Hans-Joachim, 105

Beck, Arnold, 105

Beck, Heinrich, 70

Beckmann, Hans-Ottmar, 168

Behl, Michael, 119

Beidatsch, Horst, 105

Beuschel, Werner, 88

Beyer, Dietmar, 232

Binder-Hobbach, Jutta, 225

Bischoff, Rainer, 133

Bittel, Oliver, 162

Blach Rüdiger, 254

Blaich, Jürgen , 109

Bläsius, Karl Hans, 220

Blaß, Helmuth, 216

Bleimann, Udo, 97

Bock, Wilfried, 148

Böhm, Michael, 140

Böhm, Rainer, 260

Böhme, Dieter, 195

Boldt, Michael, 100

Bonin, Hinrich, 189

Bopp, Achim, 127

Borutzky, Wolfgang, 157

Böttcher, Walter, 81

Brandenburg, Harald, 78

Brauer, Johannes, 187

Brecht, Werner, 81

Brecht, Winfried, 174

Breitschuh, Ulrich, 68

Breutmann, B., 257

Breymann, Ulrich, 95

Brinkmann, Rolf, 155

Brinkschulte, Uwe, 148

Brück, Hans, 70

Brückner, Ingrid, 91

Brunsch, Lothar, 241
Buchanan, Thomas, 175
Büchau, Bernd, 234
Büchel, Gregor, 155
Buchholz, Bernhard, 81
Bues, Manfred, 133
Bühler, Erhard, 195
Bühler, Hans-Ulrich, 122
Buhr, Rainer, 116
Burde, Tilman, 204
Burgermeister, Jürgen, 189

C

Campenhausen, Johannes, 122
Canzler, Thomas, 140
Carls, Helga, 140
Christaller, Georg, 168
Christiansen, Peter, 213
Clever Jürgen, 254
Conrad, Elmar, 263
Creutzburg, Reiner, 86

D

de Buhr, Edzard, 247
Dehnert, Gerd, 242
Deichelmann, Hermann, 98
Delfs, Hans, 192
Dengler, Karl, 182
Denzel, Bernadin, 133
Dippel, Dieter, 98
Docquier, Ferdinand, 100
Döring, Hans-Georg, 202
Döringer, Hartmut, 217
Dreher, Björn, 238
Drescher, Torsten, 157
Dreßler, Peter, 70
Drewes, Bernd, 81

Duttle, Josef, 204
Duwe, Harald, 199

E

Eberhardt, Bernd, 148
Eck, Reinhard, 192
Ehrenberger, Wolfgang, 122
Ehricke, Heino, 234
Eirund, Helmut, 147
Eißler, Werner, 207
Elben, Werner, 98
Emde, Klaus Peter, 216
Emmerich, Willi, 210
Erben, Wilhelm, 165
Erbs, Heinz-Erich, 98
Ernst, Hartmut, 228
Esser, Friedrich, 140
Exner, Dieter, 112

F

Fähnders, Erhard, 140
Fais, Wilhelm, 79
Falkenberg, Egbert, 119
Falkner, Gudrun, 234
Fank Matthiast, 236
Fehlauer, Klaus-Uwe, 250
Feindor, Burghard, 228
Feindor, Roland, 228
Fendt, Heinrich, 114
Ferdinand, Wagner, 169
Fieles-Kahl, Norbert, 207
Finke, Jürgen, 145
Fischer, Arno, 86
Fischer, Joachim, 112
Flabb, Hans Otto, 155
Fleischer, Peter, 125
Focke, Siegmar, 105

Frahm Joachim, 254
Frank, Klaus, 98
Frank, Ludwig, 228
Franke, Eckhard, 112
Franzen, Helmut, 81
Frenkel, Ekkehard, 125
Freytag, Jürgen, 140
Frick, Anton, 211
Fricke, Hartmut, 162
Friedrich, Hans-Dieter, 81
Frobenius, Wolf-Dieter, 91
Frühauf, Wolfgang, 207
Fuchs, Gerhard, 122
Fuchs, Reinhart, 68

G

Gadow, Peter, 242
Galinski, Bernd, 138
Gäng, Lutz-Achim, 116
Garloff, Jürgen, 162
Gaudlitz, Rainer, 178
Geiler, Joachim, 178
Geisse, Hellwig, 136
Geißler, Mario, 178
Gemmar, Peter, 220
Gentzsch, Wolfgang, 204
Gerken, Wolfgang, 141
Gernet, Erich, 138
Giesecke, Peter, 116
Gießler, Walter, 145
Gilberg, Erich, 116
Gillner, Reinhard, 122
Gläser, Klaus, 217
Gläser, Martin, 130
Gleich, Wilfried, 182
Glöckle, Herbert, 211
Godbersen, Heinrich, 81
Goede, Karl, 189

Goelden, Heinz Willi, 204
Goepel, Manfred, 263
Goldammer, Eberhard, 100
Goldberg, Peter, 151
Golz, Martin, 231
Gonser, Peter, 192
González, Miguel A. Garcia, 130
Görlich, Rene, 81
Görlitz, Gudrun, 81
Göttel, Peter, 157
Götze Wolfgang, 236
Gramm, Detlef, 81
Grauer, Horst, 257
Grawe, Hubert, 189
Groch, Wolf-Dieter, 98
Gröhl, Manfred, 116
Groote, Uta, 98
Gross, Siegmar, 122
Großmann, Ralph, 260
Grötsch, Eberhard, 257
Grude, Ulrich, 81
Gruhler, Gerhard, 207
Grütz, Michael, 165
Grützner, Hanns, 247
Güsmann, Bernd, 119

H

Haas, Peter, 100
Haaß, Wolf-Dieter, 195
Habel, Fritz, 81
Haberäcker, Peter, 182
Hackenbracht, Dieter, 119
Haferkorn, Frieder, 100
Hagedorn, Rainer , 109
Hager, Klaus, 162
Hahn, Horst, 213
Hamann, Christian, 81
Hamann, Günter O., 244

Hame, Walter, 148
Hamouda, Mohamed, 127
Handel, Gerhard, 207
Hanemann, Klaus-Lothar, 91
Hannemann, Manfred, 119
Harbusch, Klaus, 91
Harms, Volker, 199
Härterich, Susanne, 217
Hartmann, Karsten, 175
Hartmann, Uwe, 234
Hartung, Georg, 155
Hayessen, Egbert, 122
Hedtstück, Ulrich, 166
Heineck, Horst, 145
Heinzel, Werner, 122
Heitmann, Hans H., 141
Helm, Uwe, 141
Hemmert, Ulrich, 185
Hennekemper, Wilhelm, 100
Henselmann, Gerd, 232
Hentrich, Günter, 127
Hentschel, Bernd, 241
Herkert, Petra, 127
Heubach, Frank, 141
Hirschmann, Reiner, 105
Hoch, Markus, 127; 130
Hoefer, Eberhard E. E., 127
Hoffmann, Adolf G., 152
Hoffmann, Hartmut, 231
Hoffmann, Oskar, 136
Hoffmann, Ulrich, 189
Hofmann, Erwin, 263
Höhne, Klaus-Peter, 192
Holl, Alfred, 192
Höller, Heinzpeter, 232
Hopfer, Reiner, 105
Horn, Christian, 125
Hornung, Roland, 204

I

Ihme, Falko, 88
Illik, Anton, 127
Illik, J. Anton, 133
Isernhagen, Rolf, 91
Iwe, Heino, 105

J

Jacobi, Ingeborg, 178
Jacobs, Jürgen, 189
Jacobson, Erik, 119
Jaeger, Frank, 171
Jahn, Axel, 70
Jahn, Karl-Udo, 171
Jänicke, Karl-Heinz, 86
Jochum, Friedbert, 157
Jonas, Ernst, 249; 252
Jossifov, Vesselin, 73
Junker, Horst, 79
Junker-Schilling, Klaus, 257

K

Kaerger, Dieter, 152
Kahlbrandt, Bernd, 141
Kaiser, Karl-Thomas, 91
Kaltenhäuser, Heiner, 141
Kampowsky, Winfried, 234
Karlowsky, Ingo H., 195
Katzsch, Rolf, 133
Keidel, Ralf, 225
Keller, Wolfgang, 207
Kemmler, Friedrich, 127
Kern, Ralf-Ulrich, 192
Kern-Bausch, Lore, 70
Kernler, Helmut, 133
Kerres, Michael, 130
Kestner, Wolfgang, 98

Kettmann, Lothar, 105
Ketz, Helmut, 207
Keutner, Helmut, 81
Killy, Gerhard, 211
Kinnebrock, Werner, 213
Kirn, Martin, 202
Klaas, Lothar, 213
Klages, Albrecht, 122
Klages, Ulrich, 91
Klein, Eduard, 166
Klein, Günter, 128
Klein, Heinz, 128
Klement, Volker, 137
Klemke, Gunter, 141
Klocke, Heiner, 157
Klöditz, Detlef, 68
Klösener, Karl Heinz, 220
Klüver, Wolfgang, 70
Knabe, Christoph, 81
Knappmann, Rolf-Jürgen, 207
Knebl, Helmut, 192
Knöll, Heinz-Dieter, 189
Knoll, Manfred, 162
Knorr, Peter, 114
Koch, Heribert, 157
Koch, Lothar, 105
Köhler, Klaus, 182
Koitz, Rainer, 105
Kollar, Ladislaus, 168
Kopp, Herbert, 204
Korbinian, Kern, 182
Kordecki, Clemens, 82
Kothe, Monika, 82
Kovalevski, Wladimir, 82
Krägeloh, Klaus-Dieter, 100
Krämer, Heinrich, 171
Kratz, Gerhard, 119
Krauß, Ludwig, 263

Krautwald, Willy, 182
Kreyßig, Jürgen, 91
Krich-Prinz, Ursula, 182
Krier, Norbert, 98
Kröger, Reinhold, 238
Kropp, Harald, 225
Krost, Helmut, 82
Kruczynski, Klaus, 174
Kruscha, Johannes, 168
Kuchling, Karlheinz, 243
Kulla, Bernhard, 204
Kuntz, Walter, 128

L

Lacher, Erwin, 182
Lampe, Klaus, 82
Landsberg, von, Georg, 157
Lang, Klaus, 213
Lange, Walter, 112
Laßner, Wolfgang, 168
Laux, Fritz, 211
Lawrenz, Wolfhard, 91
Lehmann, Jürgen, 257
Lehnart, Norbert, 141
Leiberich, Peter, 151
Leibscher, Ralf, 166
Leidhold, Hans-Peter, 171
Lenk, Dieter, 263
Lenk, Reinhard, 182
Lenze, Burkhard, 100
Lesshafft, Karl, 189
Lewandowski, Bernfried, 182
Ley, Frank, 100
Liepach, Manfred , 109
Linn, Rolf, 220
Lobenstein, Detlef, 168
Loose, Harald, 86
Lorenz, Torsten, 249; 252

Löschner, Jochen, 95
Lottes, Eduard, 95
Lötzbeyer, Werner, 162
Lübcke, Jürgen, 95
Luck, von, Kai, 141
Lückert, Josef, 157
Luttenberger, Theodor, 225
Lutz, Michael, 70

M

Mach, Walter, 231
Maier, Helmut, 207
Malgut, Günter, 171
Malz, Helmut, 162
Mangler, Wolf-Dieter, 185
Marke, Wolfgang, 182
Märtin, Christian, 70
Martin, Reiner, 166
Marx, Thomas, 133
Massar, Rolf, 225
Matull, Ewald, 195
Mauersberger, Wolfgang, 196
Mauruschat, Peter, 112
May, Michael, 76
May, Rolf, 128
Meixner, Gerhard, 70
Metzler, Uwe., 73
Meyer, Gottfried, 204
Meyer, Helga, 242
Meyer, Uwe, 95
Meyer-Wachsmuth, Horst, 189
Middelmann, Heinz, 225
Miszalok, Volkmar, 82
Mitschke, Gerd, 119
Mittelbach, Henning, 182
Moos, Alfred, 148
Motsch, Walter, 182
Mülder, Wilhelm, 185

Müller, Arno, 187
Müller, Dietrich, 207
Müller, Hans-Dieter, 151
Müller, Johann-Adolf, 105
Müller, Martin, 217
Müller, Rainer, 128
Müller, Thomas, 114
Müller-Markmann, Burkhardt, 128
Mumm Harald, 254
Mündemann, Friedhelm, 86
Munder, Irmtraud, 130
Mylius, Winfried, 68
Myrzik, Sigmar, 95

N

Naake, Lothar, 105
Nägler, Günter, 171
Naumann, Elke, 76
Naundorf, Uwe, 116
Nestler, Wilfried, 105
Neunteufel Herbert, 254
Niemeier, Hans Volker, 125
Niessen, Klaus, 217
Nöll, Karl-Ludwig, 238
Nüchel, Wilhelm, 155
Nürnberg, Reinhard, 162
Nußbaum, Rainer, 222

O

Ockert, Dietrich, 116
Oechsle, Rainer, 220
Oechslein, Helmut, 229
Ongyert, Dieter, 125
Orth, Andreas, 119
Oswald, Eugen, 238
Oßwald, Rüdiger, 76
Otte, Wolf-Dieter, 260

Ottens, Manfred, 82
Owsnicki-Klewe, Bernd, 141

P

Paessens, Heinrich, 114
Passing, Reinhard, 225
Pätow, Heiner, 249
Pätow, Heinz, 252
Patzelt, Werner, 100
Pätzold, Walter, 105
Paul, Ernst, 204
Pavlista, Targo, 82
Peetz, Willi, 158
Pekrun Wolfgang, 236
Pelz, Kuno, 192
Petcovic, Dusan, 229
Petermann, Uwe, 171
Pfeiffer, Guido, 141
Pfügel, Dieter, 125
Philippsen, Werner, 95
Piller, Udo, 155
Plate, Georg, 187
Pleßke, Hartmut, 166
Poestges, Rolf, 185
Pohlmann, Gottfried, 116
Porkert, Kurt, 202
Pott, Ernst, 116
Prause Gunnar, 254
Prinz, Gustav-Adolf, 158
Pufahl, Siegfried, 95
Puhani, Josef, 217
Püschel, Walter, 225
Pyrkosch, Klaus, 218

R

Raasch, Jörg, 141
Radi, Gebhard, 125

Rami, Thomas, 128
Ratsch, Christian, 82
Rau, Karl-Heinz, 202
Rauchhaus, Heidrun, 175
Rausch, Peter, 213
Recknagel, Winfried, 182
Reich, Ulrich, 151
Reichardt, Hannelore, 117
Reichel, Dietmar, 260
Reichhardt, Johannes, 98
Reimann, Dietmar, 171
Reimers, Walter, 153
Reinhold, Volker, 145
Rempe, Werner, 263
Renitz, Jürgen., 73
Reuter, Wolfdieter, 100
Richter, Detlef, 238
Richter, Manfred, 158
Richter, Volkmar, 68
Riebesehl, Dieter, 189
Rieck, Dieter, 105
Rieckeheer, Rainer, 192
Rieder, Helge Klaus, 222
Rießinger, Thomas, 119
Rietmann, Paul, 100
Riggert, Wolfgang, 114
Rimscha, Michael, 114
Risse, Thomas, 95
Rockschies, Joachim, 66
Rogalla, Winfried, 91
Römer, Helmut, 225
Roos, Rainer, 151
Rösch, Britta, 213
Roschmann, Karl-Heinz, 166
Rottmann-Söde, Wilhelmine, 119
Ruck, Jürgen, 178
Rüdiger, Roland, 91
Rudolph, Fritz Nikolaus, 220

Rülling, Wolfgang, 128
Ruppert, Martin, 226
Rutkowski, Konrad, 117

S

Sauer, Jürgen, 204
Schaal, Dieter, 162
Schäfer, Dietrich, 155
Schäfer, Gerd, 105
Schäfer, Reinhold, 238
Schäfer-Richter, Gisela, 100
Schäfer-Schönthal, Albrecht, 130
Schätter, Alfred, 202
Schebesta, Wolfgang, 74
Scheer, Manfred, 137
Scheibl, Hans-Jürgen, 74
Scheidt, Horst-Wolfgang, 158
Scherff, Jürgen, 133
Scheruhn, Hans-Jürgen, 147
Scheschonk, Gerd, 82
Schicker, Erwin, 204
Schiele, Karin, 82
Schiemann-Lillie, Martin, 196
Schiffers, Klaus W., 66
Schlamp, Peter, 182
Schlegel, Hans Bernd, 247
Schleiff, Martin, 175
Schlimbach, Gerhard, 226
Schmauch, Cosmia, 151
Schmid, Albrecht, 162
Schmidek, Johan, 74
Schmidt, Uwe, 117
Schmidtmann, Uwe, 196
Schmitt, Franz-Josef, 70
Schmitt, Wolfgang, 137
Schneider, Axel, 171
Schneider, Henner, 98
Schneider, Jörg, 247

Schneider, Klaus-Jürgen, 117
Schneider, Roland, 100
Schneider, Uwe, 178
Schneider, Wolfgang, 91
Schoedon, Peter M., 66
Schofer, Rolf, 130
Scholz, Hans, 98
Schönherr, Siegfried, 171
Schott, Dieter, 250
Schraft, Walter, 202
Schreier, Ulf, 133
Schrödinger, Arthur, 130
Schroll, Peter, 226
Schubert, Matthias, 120
Schulz, Christoph, 238
Schulz, Konrad, 178
Schütt, Ingo, 145
Schwager, Jürgen, 207
Schwanenberg, Peter, 158
Schwanke, Helmut, 244
Schwarzbeck, Karl, 204
Schwegler, Horst, 125
Schwenzfeger, Gunther, 68
Schwinn, Hans, 226
Seichter, Helmut, 211
Seidel, Helmar, 263
Seifert, Manfred, 151
Seiffert, Eckhart, 68
Selder, Erich, 120
Selder, Helmut, 70
Senger, Robert, 151
Seutter, Friedhelm, 91
Sieck, Jürgen, 76
Siedersleben, Johannes, 229
Siegel, Günter, 82
Siemers, Christian, 234
Siemsen, Hayo, 196
Silber, Gerhard, 117

Smith, Craig, 196
Soceanu, Alexandru, 205
Socher-Ambrosius, Rolf, 196
Söder, Alexander, 205
Sokolowsky, Peter, 117
Solymosi, Andreas, 82
Spangenberg, Marietta, 260
Spielmann, Jürgen, 257
Spillner, Andreas, 95
Stanek, Friedrich, 182
Stanierowski, Margret, 79
Stark, Georg, 71
Stegemann, Gerhard-Hans, 66
Steimer, Fritz, 130
Steinbinder, Detlev, 226
Steinbuch, Pitter A., 148
Steinbuß, Wilhelm, 223
Steinhorst, Wolfgang, 92
Steinmann, Dieter, 223
Steinov, Rumen, 122
Stenzel, Horst, 158
Stettin, Rudolf, 122
Steyer, Frank, 82
Steyer, Margit, 105
Stiefel, Bernd, 231
Stork, Burkhard, 71
Streng, Wolfgang, 182
Stübner, Rudolf, 178
Stuhr, Klaus-Peter, 153
Sturm, Karl-Heinz, 82
Stütz, Bernhard, 234
Stützle, Gerhard, 182
Süß-Gebhard, Christine, 205
Swik, Rolf, 100

T

Tamm, Matthias, 187
Taraszov, Oleg, 122

Tegtmeier, Hans-Dieter, 257
Teichmann, Stephan, 241
Tempelmeier, Theodor, 229
Tepper, Wolfgang, 112
Teppner, Ulrich, 82
Theeli,, 79
Theobald, Horst, 101
Thiel, Manfred, 260
Thiele, Wolfgang, 199
Thorn, Wolfgang, 226
Thürmer, Sigwart, 260
Thuselt, Frank, 231
Tiedt, Rolf-Peter, 250
Tontch, Hermann, 158
Totzauer, Günter, 196
Treßer, Heinz, 218
Tröster, Rudolf, 128
Turetschek, Günter, 98

U

Uerlings, Gunter, 155
Ulrich, Helmut, 205
Ungvári, Laszeo, 241
Unruh, Gerd, 125
Urban, Bernhard, 260
Urban, Rolf, 263

V

Valiulis, Vitantas, 241
Vogel, Horst, 192
Vogt, Carsten, 155
Voland, Gert, 162
Völker, Winfried, 117
Völler, Reinhard, 141

W

Wacker, Dieter, 117

Wagenknecht, Christian, 260
Wagner, Hans-Jürgen, 205
Waldowski, Michael, 130
Walter, Wilhelm, 131
Walther, Lutz, 149
Wambach, Richard, 82
Warschburger, Volker, 122
Weber, Andreas, 114
Weber, Günther, 98
Weber, Helmut, 238
Weber, Hubert, 205
Weber, Wolfgang, 98
Weber-Wulff, Debora, 82
Wecker, Dieter, 117
Weigand, Ludwig , 192
Weigert, Martin, 169
Weithöner, Uwe, 244
Welker, Gunter, 82
Wente, Klaus, 98
Wentzel, Christoph, 98
Wenzel, Christoph, 98
Wenzel, Paul, 166
Wenzel, Ralf, 196
Werner, Günter, 178
Werner, Ralph, 151
Werner, Udo, 68
Werthschützky, Roland, 128
West, Gerhard, 196
Wettengl, Tassilo, 122
Wiesemann, Günther, 92
Wiesmann, Stefan, 98
Wiesner, Barbara, 86
Wilke, Friedrich, 158
Winkler, Gerhard, 98
Wirth, Christoph, 117
Wirtz, Werner, 185
Witt, Frank-Jürgen, 133
Witt, Kurt-Ulrich, 220

Wloka, Uwe, 105
Wodarzik, Ulrich F., 226
Wöhner, Winfried, 105
Wolf, Rudolf, 120
Wöstenkühler, Gerd, 145
Wulff, Alfred, 247
Wunderlich, Bert A., 202

Y

Yass, Mohammed, 149

Z

Zavodnik, PhD, Raymond, 205
Zehfuß, Horst, 182
Zimmerling, Dankwart, 98
Zimmermann, Stefan, 226
Zimmermann, Walter Ludwig, 226
Zirpel, Martin, 95
Zöller-Greer, Peter, 120
Zschockelt, Peter, 79